Norbert Franck

Praxishandbuch Kommunikative Kompetenz

Die Schlüsselqualifikationen
für Studium und Beruf

BELTZ JUVENTA

Der Autor

Dr. Norbert Franck studierte in Berlin Erziehungswissenschaft, Psychologie und Soziologie. Er war viele Jahre in leitender Position in der Presse- und Öffentlichkeitsarbeit im Non-Profit-Bereich tätig. Seit über zwanzig Jahren leitet er Kommunikationsworkshops und lehrt an Hochschulen in Deutschland und Österreich. Er ist Autor zahlreicher Bücher über wissenschaftliches Arbeiten, Schreiben und Präsentieren.
Bei Beltz liegt vor: *So gelingt Kommunikation*.
www. franck-kommunikation.de

Dieses Buch ist erhältlich als:
ISBN 978-3-7799-3941-2 Print
ISBN 978-3-7799-5199-5 E-Book (PDF)

1. Auflage 2019

Herstellung und Satz: Ulrike Poppel
Druck und Bindung: Beltz Grafische Betriebe, Bad Langensalza
Printed in Germany

Weitere Informationen zu unseren Autor_innen und Titeln finden Sie unter: www.beltz.de

Inhalt

Vorwort

Auf den nächsten Seiten spreche ich Sie direkt an. Ich übernehme Verantwortung und schreibe deshalb in der ersten Person. Schließlich geht um Kommunikation. Und die sollte konkret und direkt sein. Das Sie und das Ich ermöglichen es, ohne Umschweife konkret und direkt zur Sache zu kommen.

Ich gebe Anregungen und mache Vorschläge, wie Sie Meinungen und Gefühle, Vorschläge und Forderungen, Wissen und Wünsche angemessen kommunizieren können. Es geht um Schlüsselqualifikationen, die Voraussetzung für beruflichen Erfolg sind und dazu beitragen können, den (Beziehungs-)Alltag zufriedenstellend zu gestalten.

Angemessen? Erfolg? Zufriedenstellend? Geben Sie mir einen Vertrauensvorschuss!

Sie lesen dieses Buch mit Gewinn, wenn Sie die Bereitschaft mitbringen, sich auf neue Erfahrungen einzulassen.

Es lohnt sich. Versprochen.

Norbert Franck
Berlin, Frühjahr 2019

Bequemlichkeit ist eine starke Emanzipationsbremse. Es ist bequem, nur von Männern zu schreiben und zu versichern, Frauen seien selbstverständlich *mitgemeint*. Damit werden Frauen entnannt. Das ist für die Wahrnehmung der Geschlechter nicht folgenlos – und wäre in einem Buch über Kommunikation die Sprache des letzten Jahrhunderts. Ich bin sicher: Es strapaziert Sie nicht, Studentinnen und Studenten oder Partnerin und Partner zu lesen.

Einleitung

Umgehend sind Sie mittendrin im kommunikativen Geschehen. Bitte schauen Sie sich die folgenden Kommunikationssituationen näher an:

Fachbereich Psychologie. Claudia hat über Attribuierungsfehler referiert. Nach der Aufforderung der Dozentin, Fragen zu stellen, meldet sich Bernd zu Wort: „Hältst Du immer solche Referate?"
Claudia: „Was hat Dir denn nicht gefallen?"

Oskar arbeitet seit einem halben Jahr im Tutoren-Team des Fachbereichs Kultur- und Sozialwissenschaften. Die Arbeit macht ihm Spaß. Mit allen Kommilitoninnen und Kommilitonen des Teams versteht er sich gut. Mit fast allen: Er hat den Eindruck, dass Severin ihm aus dem Wege geht und er keinen Draht zu ihm bekommt. Oskar bedauert das, da ihm Severin sympathisch ist. Es verunsichert Oskar, dass er nicht weiß, wie er das Verhalten von Severin interpretieren soll. Deshalb spricht er ihn an: …

Petra hat am Wochenende vier Stunden gemalt. Außerdem hat sie eingekauft, mit ihrem Sohn Paul Schularbeiten gemacht und am Sonntag gekocht. Es ist Sonntagabend.
Ihr Partner: „Das ganze Wochenende hast Du nur gemalt."
Petra: „Ist ja nicht wahr, ich habe eingekauft, gekocht und mit Paul Hausaufgaben gemacht."
Ihr Partner: „Ja, aber dann nur an der Staffelei gestanden."
Petra: „Höchstens vier Stunden."

Herr Über zu seiner Chefin: „Frau Neumann, ich bin von Freitag bis einschließlich Sonntag dienstlich in Nürnberg. Ich würde gerne einen Tag Freizeitausgleich anschließen, um mir ein wenig die Stadt anzuschauen."
Frau Neumann (schüttelt energisch den Kopf): „Sie wissen, dass wir einen enormen Termindruck haben. In 8 Tagen müssen die Entwürfe für die Groß AG fertig sein. Deshalb kann ich auch Ihnen keine Ausnahme von der Urlaubssperre gewähren."
Herr Über: „Also, das finde ich jetzt … Ich opfere mein gesamtes Wochenende, nachdem ich die ganze Woche schon Überstunden gemacht habe, und Sie …"
Frau Neumann (unterbricht): „Herr Über, bleiben Sie bitte sachlich! Emotionen bringen uns nicht weiter. Die fristgerechte Fertigstellung der Entwürfe hat absolute Priorität, und ich erwarte von Ihnen, dass Sie das im Auge behalten!"
Herr Über: „Da fehlen mir die Worte! Dann werde ich mir eben künftig zweimal überlegen, ob ich das ganze Wochenende für die Firma opfere. Also, das ist doch wirklich kleinlich!"

Worum es in diesem Handbuch geht

Hätte Claudia selbstbewusster antworten können? Wie sollte Oskar das Gespräch eröffnen und wie Petra souveräner auf die Pauschalisierungen ihres Partners reagieren? Was ist an der Reaktion von Frau Neumann (und in der Folge von Herrn Über) problematisch? Inwiefern ist dieses Gespräch ein Musterbeispiel für misslungene Kommunikation?

Wenn Sie die Antworten auf diese Fragen interessieren, dann haben Sie zum richtigen Buch gegriffen. In diesem Praxishandbuch finden Sie Antworten. Alltagstaugliche.

In allen Beiträgen geht es um anwendungsorientiertes Wissen darüber, wie Kommunikation in unterschiedlichen Lebensbereichen gelingen kann. Es geht um Alternativen zum Schweigen und Quasseln, zum Dampfplaudern und Aneinander-Vorbeireden, zum Runterputzen und Trotzen. Es geht um Kritik statt Meckern und Mäkeln, um ein klares Nein statt Ausreden, um Präsentieren statt Langweilen, um Offenheit – und mehr. Es geht um Fähigkeiten, die in nahezu jedem Beruf von Ihnen gefordert, aber an der Hochschule nicht vermittelt werden. Über diese Schlüsselqualifikation für beruflichen Erfolg und privates Glück spricht man dort gewöhnlich nicht.

Wir lernen Sprechen. Aber in der Regel nicht Kommunizieren. Wir lernen Auto- und Radfahren, Sprachen und den Umgang mit PC-Programmen. Kommunikation nicht. Obwohl das menschliche Miteinander entschieden komplizierter ist als Autofahren und jedes PC-Programm.

Deshalb sind Kommunikationsprobleme nicht verwunderlich. Viele Menschen geben viel Geld für schöne, weiße und wohlgeformte, Zähne aus. Doch wenn sie den Mund aufmachen, verblasst der schöne Schein: Die Fähigkeit, ein Gespräch zu führen, das den Namen verdient, kommt nicht von allein.

Die Anregungen in diesem Handbuch helfen, selbstbewusst aufzutreten, eine Beziehung glücklicher gestalten und eine Freundschaft vertiefen zu können, im Beruf vernünftig mit Kolleginnen und Vorgesetzten umzugehen, leichter auf Menschen zuzugehen und sich durch Fragen nicht verunsichern zu lassen, die Angst vor „Problemgesprächen" abzubauen und …

Wie Sie dieses Handbuch nutzen sollten

Dieses Praxisbuch soll Sie unterstützen. In dieser Perspektive sollten Sie es lesen. Informieren Sie sich, so meine Empfehlung, nach der Lektüre des grundlegenden Eröffnungskapitels über *Kommunikation* über die Themen, die Sie aktuell beschäftigen, über die Herausforderungen, denen Sie sich in nächster Zeit stellen wollen oder müssen. Wenn Sie sich um ein Praktikum oder ein

Volontariat bewerben wollen, ist das Kapitel → *Bewerbung* hilfreich. Wenn Sie in einem Seminar deutlich sagen wollen, was Ihnen an der Organisation und dem Lerntempo missfällt und was Sie gerne anders haben möchten, können die Kapitel → *Störungen anmelden,* → *Feedback* und → *Kritisieren* ein guter Einstieg sein.

Sie finden in diesen Kapiteln zahlreiche Verweise auf weitere Anregungen. Diesen Verweisen sollten Sie dann nachgehen, wenn Sie den Eindruck haben, dass sie für eine konkrete Anforderung oder Herausforderung nützlich sind. Sagen Sie es, um beim Beispiel zu bleiben, bereits sicher und selbstbewusst, wenn Sie etwas stört oder ärgert, dann kann das Kapitel interessant sein, in dem es darum geht, wie Sie anderen helfen können, Kritik anzunehmen.

Eine weitere Kommunikationssituation soll Sie einstimmen: Wie hätten Sie entschieden?

Antje Bach hat nach dem Studium rasch Karriere gemacht: Sie leitet eine Abteilung mit sieben Mitarbeiterinnen und Mitarbeitern. Torben Lohmann ist seit sechs Monaten in ihrem Team (zuvor war er zwei Jahre in einer anderen Abteilung). Seit zwei Monaten fehlt er montags. Seine Fehlzeiten beeinträchtigen die Arbeit. Antje Bach musste deshalb in den letzten Wochen Überstunden anordnen. Sie will dieses Problem (endlich) anpacken. Antje Bach sieht fünf Möglichkeiten:

1. Mitarbeiter ihres Teams fragen, ob sie wissen, was mit Herrn Lohmann los ist.
2. Die Leiterin der Abteilung fragen, in der Herr Lohmann früher arbeitete, ob er damals auch so häufig gefehlt hat.
3. Ein Gespräch mit Torben Lohmann führen.
4. Die Angelegenheit mit ihrem Chef besprechen.
5. Herrn Lohmanns Versetzung in eine andere Abteilung veranlassen, sobald sich dafür eine Chance bietet.

Zu 1: Eine Abteilungsleiterin sollte sich stets Informationen aus erster Hand besorgen. Das Klima in der Abteilung ginge in Richtung Gefrierpunkt, wenn sich die Abteilungsleiterin bei Mitarbeiterinnen und Mitarbeitern über einen ihrer Kollegen erkundigen würde. Denn niemand könnte mehr sicher sein, dass nicht auch über sie oder ihn Informationen eingeholt werden.

Zu 2: Nicht nur Führungskräfte sollten sich an den zentralen Kommunikationsgrundsatz halten: Informationen aus erster Hand besorgen. Deshalb ist die Erkundigung bei Torben Lohmanns vorheriger Abteilungsleiterin nur zweite Wahl. Was könnten Frau Bachs Gründe sein, nicht Herrn Lohmann selbst zu fragen? Ist sie unsicher, ob er häufig fehlt, seit er in ihrer Abteilung ist? Ist sie misstrauisch und befürchtet, dass er die Frage nach Fehlzeiten in der Vergangenheit nicht ehrlich beantworten wird?

Zu 4: Dieser Lösungsvorschlag folgt einer zentralen Maxime aus der *Anlei-*

tung zum Unglücklichsein: Suche die Lösung für ein Problem nie an dem Ort, an dem sie zu finden ist (Watzlawick 1983).

Zu 5: Der letzte Vorschlag ist das Eingeständnis, ich kann Probleme nicht kommunikativ, sondern nur administrativ lösen. Die Alternative: ACBD – always consult before deciding!

Diese Alternative entspricht meinem Grundverständnis: *kommunizieren.* Wie kann Kommunizieren gelingen? Antworten finden Sie auf den nächsten Seiten.

Kommunikation

Wie miteinander reden gelingen kann

Auf Initiative der 3sat-Redaktion *Kulturzeit* wählte 1999 eine Jury prominenter Persönlichkeiten 100 Wörter, die das 20. Jahrhundert spiegeln sollen. Darunter: *Friedensbewegung* und *Globalisierung*, *Stau* und *Sex* sowie *Kommunikation* (Höfle 1999).

Was interessiert an Kommunikation? Leichter zu beantworten ist die Frage, wann interessiert Kommunikation? Vornehmlich dann, wenn sie gestört ist und deshalb der Kommunikationsprozess selbst zum Thema von Kommunikation wird:

- *Wie hat sie das gemeint?*
- *Warum reagiert er so pikiert?*
- *Habe ich was Falsches gesagt?*
- *Was will der denn von mir?*

Es braucht nicht viel, damit Kommunikation misslingt. Das zeigt das folgende Alltagsbeispiel: Oliver ist auf dem Sprung zum Unisport. Seine Freundin: „Oliver, der Mülleimer ist voll."

Auch wenn Sie sich noch nicht mit Kommunikationspsychologie beschäftigt haben, registrieren Sie: Olivers Partnerin hat *nicht* gesagt, was sie eigentlich will.

Solche Sätze hören wir oft – Sätze, in denen eine unausgesprochene Aufforderung enthalten ist: „Du, es ist kein Orangensaft mehr im Haus." Oder: „Die Fahrräder müssten unbedingt mal sauber gemacht werden."

Nehmen wir an, Oliver neigt zu Sarkasmus: Er nimmt die Aussage seiner Freundin wörtlich und gibt ihr recht: „Wie schnell bei uns immer der Mülleimer voll ist!" („Ach, das ist ja schade!" „Ja, unbedingt; die Räder sehen wirklich schrecklich aus!").

Hört Oliver Kritik, antwortet er vielleicht: „Um was soll ich mich denn noch alles kümmern?" Und wenn er den impliziten Appell überhört, ist seine Partnerin enttäuscht oder verärgert, weil sie meint, sie hätte doch gesagt, *er* solle den Müll mitnehmen (Orangensaft besorgen, die Fahrräder sauber machen): *Er muss doch wissen, dass ich das gemeint habe!*

Ein zweites Beispiel: Petra und Jonas arbeiten in einem Raum. Das Telefon von Jonas klingelt. Petra nach einigen Sekunden: „Dein Telefon klingelt."

Drei Wörter, eine überflüssige Feststellung, banale Kommunikation. Sage ich, was mein Gegenüber weiß, kann das verärgern, enttäuschen oder verunsichern.

- Verärgern: „Kann das Telefon nicht mal ein paar Sekunden klingeln, ohne dass Du gleich ...“ „Ich hör’ doch gut!“
- *Enttäuschen:* Er überrascht sie am Abend mit einem leckeren 3-Gang-Menu. Sie: „Das hat bestimmt viel Arbeit gemacht.“ Oder: „Das wäre aber nicht notwendig gewesen.“
- *Verunsichern:* Bianca kauft sich teure und farblich gewagte Schuhe. Sven: „Du hast ja neue Schuhe.“

Wie kann Kommunikation gelingen? Darum geht es im Folgenden. In fünf Schritten:

1. Wie Kommunikation vor sich geht – Ein Modell
2. Zwei Grundfunktionen von Kommunikation
3. Sprecherin, Sprecher: Was kann ich tun?
4. Hörerin, Hörer: Was kann ich tun?
5. Das Zusammenspiel: Was können wir tun?

Auch wenn wir wenig sagen, sagen wir viel

„Dein Telefon klingt.“ Ein schlichter Satz, der einen großen Interpretationsspielraum eröffnet. Der Grund: Eine Äußerung enthält mehr als eine Sachaussage. „Jede Kommunikation enthält einen Inhalts- und einen Beziehungsaspekt“, lautet das zweite Axiom über Kommunikation, das Watzlawick u. a. formuliert haben (1996, S. 53 – zum ersten Axiom siehe S. 159).

Friedemann Schulz von Thun hat dieses Modell weiterentwickelt. Er spricht von einem *Kommunikationsquadrat:* Eine Äußerung hat vier Seiten: Mit dem

1. Inhalt einer Aussage („Dein Telefon klingelt“) teilen wir
2. etwas über uns mit (zum Beispiel: „Das stört mich“) und
3. darüber, wie wir zum Angesprochenen stehen (zum Beispiel: „Du nimmst zu wenig Rücksicht auf mich“) und was
4. unser Gegenüber tun oder unterlassen soll („Nimm den Hörer ab!“).

Der *Inhalt* (1.) einer Äußerung ist also „begleitet“ von einer *Selbstauskunft* (2.) – einer Ich-Botschaft – und einer *Beziehungsaussage* (3.) – einer Du- und/oder einer Wir-Botschaft – sowie einem *Appell* (4.).

Ins Bild gesetzt:

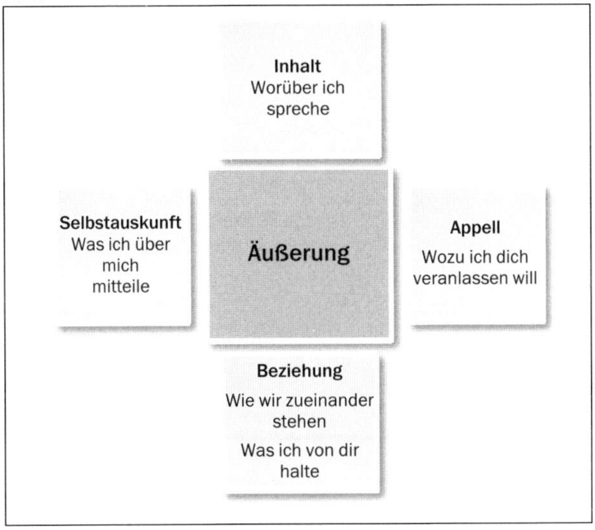

Abbildung 1: Das Kommunikationsquadrat

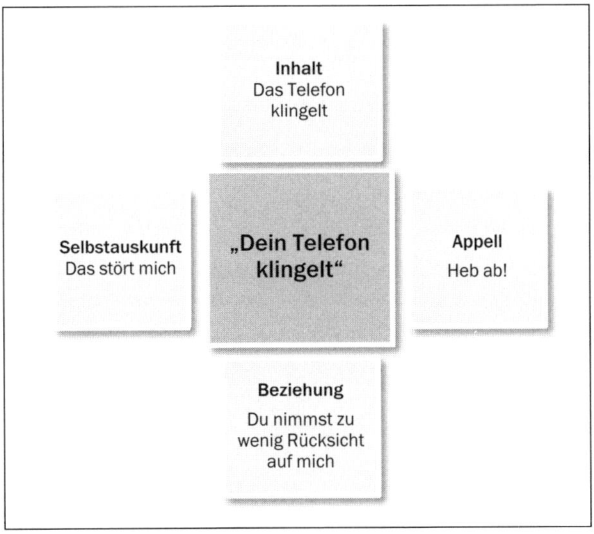

Abbildung 2: Die 4 Seiten einer Äußerung

Alle vier Seiten sind immer gleichzeitig im Spiel. Appell, Selbstauskunft und Beziehungsaussage können – wie in den vorangegangenen Beispielen – in einer Äußerung implizit ausgesprochen werden. Oder sie werden ausdrücklich formuliert:

Appell. Tina zur Freundin: „Vergiss nicht, mir den Link zu mailen.“ Professorin zur Institutssekretärin: „Bitte schicken Sie die Einladung noch heute an den Kollegen.“

Selbstauskunft. Frau A zu Herrn B: „Ich bin verärgert darüber, dass …". Jens zu Jenny: „Ich fand das toll, wie Du die Vorlage visualisiert hast."

Beziehung. Herr B zu Kollege A: „Für diese Beschwerde bist Du zuständig." Peter zu seiner Partnerin: „Du nimmst wenig Rücksicht auf meine Urlaubswünsche."

Bei → *Nonverbaler Kommunikation* entfällt der Inhalt. Schweigen, Weinen oder Lachen haben drei Seiten (Abb. 3).

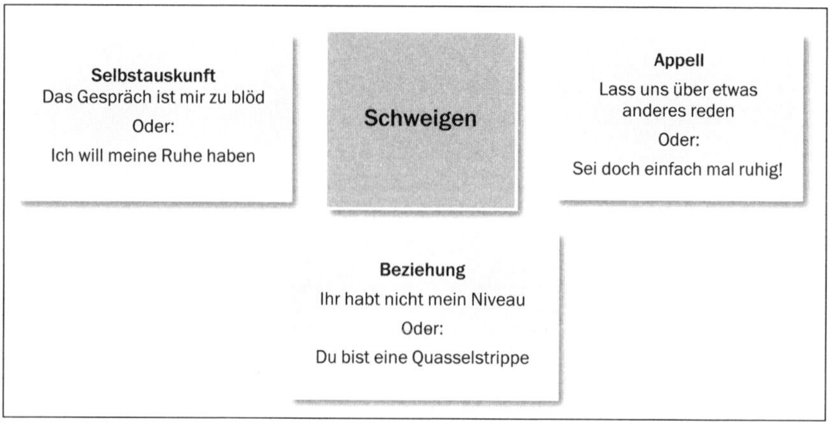

Abbildung 3: Die 3 Seiten einer nonverbalen Äußerung

Und die oder der Angesprochene? Sie hören mit vier Ohren. Was anatomisch ein Albtraum wäre, ist kommunikationspsychologische Wirklichkeit – und Quelle möglicher Missverständnisse. Zum Beispiel dann, wenn vor allem mit dem Kritikohr gehört wird oder das Ohr für Selbstauskünfte „schwerhörig" ist; ich komme im vierten Abschnitt darauf zurück (S. 37 f.). Das Kommunikationsquadrat ist ein kein normatives, sondern ein *analytisches* Modell. Es kann helfen, bewusster zu kommunizieren und damit Missverständnisse und Konflikte zu vermeiden. Zudem erweitert das Wissen über die vier Seiten einer Äußerung unser Kommunikationsrepertoire. Was bedeutet das praktisch? Um diese Frage geht es auf den folgenden Seiten.

Ausdruck und Wirkung: Zwei Grundfunktionen von Kommunikation

Stellen Sie sich bitte folgende Situation vor: Langstreckenflug Frankfurt – Singapur, turbulentes Wetter, nach 4 Stunden sind zahlreiche Passagiere betrunken, ein knappes Dutzend musste sich bereits übergeben. Stellen Sie sich bitte weiter vor, die Stewardess würde sich angesichts dieser Situation so verhalten, wie sie sich fühlt: Sie lächelt nicht mehr, reicht stumm Kaffee, Tee oder Tomatensaft und fragt, wenn ein Passagier das dritte Bier bestellt: „Was, schon wieder ein Bier!?" – Verständlich, aber schwer vorstellbar. Die Stewardess würde sich vielleicht wohler fühlen, aber nicht die Wirkung erzielen, die ihr Arbeitgeber erwartet: zufriedene Passagiere.

Das Beispiel verweist auf zwei Grundfunktionen von Kommunikation: Ausdruck und Wirkung. Und es deutet eine Herausforderung an, vor der wir im täglich stehen: eine gelungene Balance zwischen beiden Funktionen herzustellen.

Ausdruck meint: Wir informieren – verbal oder nonverbal, explizit oder implizit – darüber, was in uns vorgeht. *Wirkung* meint: Wir wollen mit unserer Äußerung etwas erreichen – zum Beispiel aufmuntern oder dazu bewegen, etwas zu tun oder zu unterlassen.

Im Idealfalle gehen Ausdruck und Wirkung einher. Zwei einfache Beispiele: Meine Partnerin schneidet sich in den Finger und ruft laut „Au". Ich bin sofort zur Stelle, um sie zu trösten. Mit einem unüberhörbaren „Super!" bringt ein Schüler seine Freunde über die sehr gute Note zum Ausdruck und erzielt das gewünschte Resultat: die Aufmerksamkeit seiner Mitschülerinnen und Mitschüler.

Wir lachen oder weinen, weil wir uns freuen oder traurig sind. Und wir können lachen, weil wir uns einschmeicheln (anpassen oder uns von unserer Schokoladenseite zeigen) wollen und weinen, um Mitleid zu erregen. Im ersten Fall sind Lachen und Weinen authentischer *Ausdruck* unserer Gefühle, im zweiten *Mittel* zum Zweck.

Wird eine der beiden Grundfunktionen verhaltensbestimmend, kostet das – mindestens – Sympathie: Als unangenehm erleben wir Menschen, die auf die Wirkung ihrer Worte keine Rücksicht nehmen und sich wie emotionale Trampel aufführen – zum Beispiel brüllen und fluchen, wenn sie sich ärgern, weil etwas schiefgelaufen ist, oder ohne Rücksicht auf die bedrückte Kollegin, den kränkelnden Kollegen ihre supergute Laune demonstrativ unter Beweis stellen.

Ebenso wenig beliebt sind Menschen, deren Kommunikationsverhalten in erster Linie von Taktik und Takt bestimmt wird, die Worte nur von der angestrebten Wirkung her wählen; sie gelten als nicht „echt", als jemand, die nicht sagt, was sie denkt, oder als jemand, der „aalglatt" ist.

Niemand wird in allen Lebensbereichen ausschließlich ausdrucks- oder wirkungsorientiert kommunizieren. Doch wer zum Beispiel im Beruf überwiegend wirkungsorientiert agiert, läuft Gefahr, im Privatleben nicht mehr umschalten und eine Balance zwischen beiden Funktionen herstellen zu können. Als *gelungen* kann eine solche Balance bezeichnet werden, wenn Gefühle und Wünsche ausgedrückt werden *und* situationsangemessen zielbezogen kommuniziert wird.

Was die verschiedenen Ebenen von Kommunikationen zu einer solchen Balance beitragen können, darum geht es in den nächsten Abschnitten.

Sprecherin, Sprecher: Was kann ich tun?

Ich komme auf eine Gesprächssequenz aus der Einleitung zurück:

> Herr Über zu seiner Chefin: „Frau Neumann, ich bin von Freitag bis einschließlich Sonntag dienstlich in Nürnberg. Ich würde gerne einen Tag Freizeitausgleich anschließen, um mir ein wenig die Stadt anzuschauen."
> Frau Neumann (schüttelt energisch den Kopf): „Sie wissen, dass wir einen enormen Termindruck haben. In 8 Tagen müssen die Entwürfe für die Groß AG fertig sein. Deshalb kann ich auch Ihnen keine Ausnahme von der Urlaubssperre gewähren."
> Herr Über: „Also, das finde ich jetzt … Ich opfere mein gesamtes Wochenende, nachdem ich die ganze Woche schon Überstunden gemacht habe und Sie …"
> Frau Neumann (unterbricht): „Herr Über, bleiben Sie bitte sachlich! Emotionen bringen uns nicht weiter. Die fristgerechte Fertigstellung der Entwürfe hat absolute Priorität, und ich erwarte von Ihnen, dass Sie das im Auge behalten!"
> Herr Über: „Da fehlen mir die Worte! Dann werde ich mir eben künftig zweimal überlegen, ob ich das ganze Wochenende für die Firma opfere. Also, das ist doch wirklich kleinlich!"

Das Nein von Frau Neumann will ich nicht beurteilen. Wohl aber, *wie* sie das Nein formuliert. Das Gespräch wäre anders verlaufen, hätte Frau Neumann es zum Beispiel so eröffnet: „Ich finde es prima, dass Sie das gesamte Wochenende für unser Projekt arbeiten." Wäre es ihr gelungen, diese *wertschätzende* Äußerung mit folgendem Appell zu verbinden: „Ich bitte Sie um Verständnis, dass …" – hätte Herr Über wahrscheinlich weniger aufgebracht reagiert. Zumal dann, wenn sie den Versuch unternommen hätte, „bleiben Sie bitte sachlich" zu ersetzen durch: „Ich kann ihre Enttäuschung nachvollziehen."

Es gibt keine Garantie, dass der Versuch lohnt. Diese Tatsache entlässt uns aber nicht aus der Verantwortung für das, was wir sagen (oder nicht sagen). Als Chefin sollte Frau Neumann ihre Mitarbeiter motivieren und nicht frustrieren. Wenn Herr Über trotz einer wertschätzenden Kommunikation wie in dem Beispiel reagiert, hat Frau Neumann ihm dafür keinen Anlass geboten (verantwortlich für seine Reaktionen ist er ohnehin). Und – das werden Sie kennen – es tut gut, wenn man mit dem eigenen Verhalten in einem Disput zufrieden ist, wenn man sich nicht über sich selbst ärgert, sondern sich sagen kann: Ich habe kommunikativ mein Bestes getan.

Mit einer wertschätzenden Haltung verändert sich auch das, *was* wir sagen. Ja: Der Ton macht die Musik. Aber nur wenn die Noten stimmen, hören wir sie gerne.

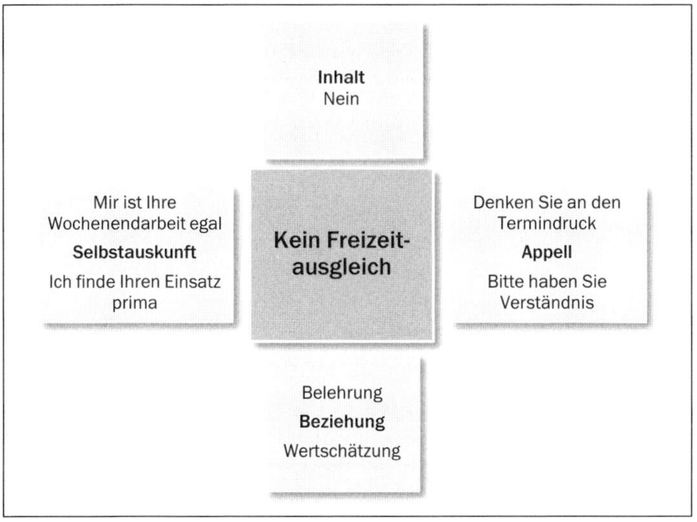

Abbildung 4: Ein Nein, zwei Beziehungsbotschaften

Erste Seite: Inhalt
Höflich, präzise, situationsangemessen, verständlich und vollständig

Was ist wichtig an der Inhaltsseite von Kommunikation? Fünf Gesichtspunkte hebe ich hervor.

Höflich und präzise formulieren

Wenn ich möchte, dass mir meine Partnerin die Salatschüssel reicht, sage ich: „Gib mir bitte mal die Salatschüssel." Das ist eine Bitte, die ich als Bitte äußere – *höflich* und *präzise*.

Würde ich sagen, „Kannst Du mir mal die Salatschüssel geben?", könnte sie, wenn sie zum Scherzen aufgelegt ist, „Ja" antworten und weiteressen: Ich habe die Bitte als Frage formuliert. Die mangelnde Präzision ist in solchen Fällen unerheblich: Alle verstehen, was wir meinen.

Zum Problem wird die Angewohnheit, zu fragen statt zu bitten oder zu wünschen, zu fordern oder zu meinen, wenn wir uns hinter Fragen verstecken und wenn die Fragen als → *Unsicherheitssignal* wahrgenommen werden. Wer konkret und direkt spricht, beugt dem vor.

Verständlich formulieren

Würde ich in einem Seminar sagen: „Das interaktionale Phänomen, das mit signifikanter Häufigkeit in Experimenten zur Gehorsamsbereitschaft zu beobachten war, welches sich in der Zurückführung des Verhaltens einer fremden Person auf deren Persönlichkeit und der gleichzeitigen Annahme, dass das eigene Verhalten durch situative Besonderheiten determiniert wird, äußert, wird in der Sozialpsychologie als *fundamentaler Attribuierungsfehler* bezeichnet" – wäre das zwar präzise, aber für viele Studentinnen und Studenten unverständlich. Und deshalb meines Erachtens ein Verstoß gegen das Höflichkeitsgebot.

Mit dem Inhalt dieses Satzes kann die Selbstauskunft gehört werden: *Ich drücke mich gerne kompliziert aus.* Oder die Beziehung; *Wegen ihnen gebe ich mir keine Mühe, mich verständlich auszudrücken.* Auch deshalb rate ich zu Verständlichkeit.

Situationsangemessen kommunizieren

Sprechen Sie, meine vierte Empfehlung, zur richtigen „Sache". Damit sind zwei Aspekte angesprochen:

1. Tina sagt zu ihrem Partner: „Ich fühle mich so hilflos, wenn es ein Problem mit dem PC gibt." Er: „Du musst doch nur die Netz-Gemeinde fragen, wie man das Problem löst. Mittlerweile gibt es für fast alle Probleme online Antworten." Ich nenne diese Äußerung „Männer-Reaktion". Auf eine Selbstauskunft oder eine Beziehungsaussage wird mit einem technischen Lösungsvorschlag geantwortet. Technischer Sachverstand geht einher mit schwächelnder kommunikativer Kompetenz. Tina hat mit großer Sicherheit eine Reaktion auf den ersten Teil ihres Satzes erwartet.
2. „Norbert, kannst Du mir am kommenden Samstag beim Umzug helfen?" Der Inhalt dieser Äußerung ist unmissverständlich. Er ist dann *nicht situationsangemessen*, wenn an meinem Geburtstag ein Freund mit diesen Worten ein Gespräch eröffnet. Nicht selten „ist das, was *nicht* gesagt wird, von größerer Bedeutung als das Gesagte. Das Nicht-Gesagte ist dann von Belang, wenn der Empfänger eine bestimmte Äußerung … *erwartet* (erhofft, befürchtet)." (Schulz von Thun 2012, S. 27) Wir kommunizieren nicht im luftleeren Raum, sondern in einem „Erwartungsfeld": Ich erwarte an meinem Geburtstag, dass ein Freund mir zunächst einmal gratuliert und nicht fragt, ob ich ihm beim Umzug helfen kann. Der Mitarbeiter, der im Krankenhaus war, erwartet an seinem ersten Tag im Büro, dass ihn sein Chef zunächst nach seinem Befinden fragt und nicht sofort über die Arbeit spricht.

Vollständig informieren

Die fünfte Empfehlung: Informieren Sie umfassend, wenn Sie möchten, dass Ihrer Bitte entsprochen oder Ihr Auftrag ausgeführt wird. Das heißt vor allem: die Bitte oder den Auftrag begründen. Der Grund: Soll ich einer Bitte entsprechen oder einer Anweisung folgen, muss sie mir einsichtig sein. Nicht nur mir; diese Voraussetzung machen sowohl Mitarbeiterinnen und Mitarbeiter als auch Kinder und Jugendliche. Fehlende Begründungen werden häufig als Willkür auf der Beziehungsebene erlebt.

Um keine Missverständnisse aufkommen zu lassen: Dieser Hinweis gilt nicht für jede alltägliche Bitte, Anweisung und jeden Auftrag („Frau Schulz, bringen Sie mir doch bitte einmal das Angebot der Klein AG." „Wasch' Dir bitte die Hände vor dem Abendessen." „Bitte lest bis zur nächsten Stunde den ersten Akt.")

Zweite Seite: Beziehung
Respekt und Wertschätzung

Sie können einen Kommilitonen fragen, mit dem Sie zusammen ein Referat vorbereiten: „Wann bekomme ich die Zahlen über die Einkommensentwicklung in Deutschland?" Und Sie können sagen: „Bekomm' ich *bald mal* die Zahlen über die Einkommensentwicklung in Deutschland?"

Beide Sätze enthalten eine Stellungnahme zur Person („Du-Botschaft": Was halte ich von Dir/Ihnen) und eine zur Beziehung („Wir-Botschaft": So stehen wir zueinander):

- „Wann bekomme ich die Zahlen über die Einkommensentwicklung?"
  - Die Du-Botschaft: neutral.
  - Die Wir-Botschaft: *Du bist dafür zuständig, mir die Zahlen zu liefern.*
- „Bekomm' ich bald mal die Zahlen über die Einkommensentwicklung?"
  - Die Du-Botschaft: *Du bist in Verzug!*
  - Die Wir-Botschaft: *Du bist dafür zuständig, mir die Zahlen pünktlich zu liefern.*

Mit der zweiten Version ist nichts gewonnen, aber vielleicht die Sympathie des Kommilitonen dahin.

Aber wenn der Kommilitone die Zahlen doch nicht pünktlich abliefert?! Dann bringen Sie mit *bald mal* Ihren Unmut zum Ausdruck. Wenn das Ihr Ziel ist, haben Sie es erreicht. Doch was ist damit gewonnen?

> Ein anderes Beispiel: Im Restaurant unterhalten sich zwei Männer so lautstark über ihre Magen- und Darmbeschwerden, dass man jedes Wort versteht. Man kann seinem Ärger, nicht in aller Ruhe essen zu können, so Luft machen: „Müssen Sie so unappetitliche Themen beim Essen besprechen?" Oder: „Offen gestanden, interessieren mich Ihre Beschwerden überhaupt nicht!"

Das Ziel, die beiden senken ihre Stimmen, erreicht man so wohl kaum. Das gelingt eher dann, wenn man auf negative Beziehungsbotschaften (*ihr nervt!*) verzichtet und darum bittet, etwas leiser zu sprechen (Appell), oder sagt, dass man peinlich berührt sei, solche intimen Gespräche mitzubekommen (Selbstauskunft).

Wenn mein Sitznachbar in der Bahn so laut Musik hört, dass mich trotz seines Kopfhörers blecherne Töne belästigen, möchte ich, dass dieser Zustand sich ändert. Deshalb gebe ich meinem Unmut nicht nach und sage: „Müssen Sie Ihre blöde Musik so laut machen?“ Vielmehr formuliere ich einen Appell, den ich vielleicht mit einer Selbstauskunft verknüpfe: „Können Sie bitte die Musik etwas leiser machen, sie ist deutlich zu hören.“ Oder: „Ich bin kein Hardrock-Fan, können Sie bitte die Musik etwas leiser machen?“

„Herr Über, bleiben Sie bitte sachlich! Emotionen bringen uns nicht weiter“ (S. 22). Frau Neumanns Botschaften: *Sie sind unsachlich, mit Ihrer Emotionalität blockieren Sie ein vernünftiges Gespräch.* Eine mögliche Alternative mit einer anderen Beziehungsbotschaft: „Ich kann Ihren Wunsch gut verstehen. Ich möchte Sie dennoch bitten …“.

Zu meiner Partnerin sage ich, wenn sie sich verabredungsgemäß um das Picknick am Strand kümmern sollte und den Korkenzieher vergessen hat: „Du bist vielleicht eine Nudel!“ Damit kann meine Partnerin gut umgehen (wenn ich nicht während des gesamten Picknicks muffle, weil wir die Weinflasche nicht entkorken können). *Nudel* ist nicht böse, bringt aber freundlich zum Ausdruck, dass der fehlende Korkenzieher das Picknick ein wenig trübt.

In beruflichen Zusammenhängen würde ich es mir zweimal überlegen, bevor ich einmal jemanden als *Nudel* bezeichne. Wertschätzung und Respekt sind auch in hitzigen Diskussionen und Auseinandersetzungen situationsangemessener → *Konflikte austragen.*

Dritte Seite: Appell
Nicht appellieren kann eine Tugend sein. Wünsche klar äußern

Die Appelle in den Beispielen auf den letzten Seiten sind klar als Appelle zu erkennen. Eindeutige Appelle stehen in diesem Abschnitt zunächst im Mittelpunkt. Danach geht es um verdeckte Appelle.

Offene Appelle: Positiv formulieren. Zurückhaltung und Gelassenheit

Positiv formulieren: Alle Appelle in den Beispielen auf den letzten Seiten sind *positiv* formuliert. Nicht: Was unterlassen werden soll (die Musik *so laut*), sondern: Was gemacht werden soll (die Musik *leiser*). Warum? Vor allem aus folgendem Grunde: Wenn ich positiv formuliere, ist die Gefahr geringer, dass sich die „Sprache der Entwertung“ einschleicht (Schulz von Thun 2012, S. 44).

> Ein Beispiel: Peter kritisiert (wie so oft) eine geplante Änderung des WG-Küchen- und Putzplans. Ein Appell im Stil von Frau Neumann würde etwa so ausfallen: „Jetzt jammre doch nicht so! Das bringt uns doch nicht weiter!“ – Ein Appell, der auf der Beziehungsebene mit einer Kritik verbunden ist.

Man muss sich nicht vom Unmut über Peters häufigen Klagen leiten lassen: „Bitte lass Dich auf die Veränderungen ein."

Der so formulierte Appell kann mit einer Beziehungsbotschaft verbunden werden: „Ich kann verstehen, dass Du gern an gewohnter Routine festhältst." Und er kann um ein Angebot ergänzt werden: „Lass uns in drei Monaten noch einmal schauen, ob sich die Veränderungen bewährt haben."

Zurückhaltung: Wenn der Partner nach Hause kommt und wie so oft über die vielen Klausuren und das immense Lektüre-Pensum klagt, mag das nerven. „Jetzt jammere doch nicht so!", hilft nicht weiter. Nicht immer ist ein Appell angebracht – und schon gar nicht der, sich zusammenzureißen.

Allgemeiner: Wir erleichtern uns und anderen das Leben, wenn wir Appelle vermeiden, die auf eine Gefühlsänderung abzielen. Vor allem „Sei doch nicht so"- oder „Du musst"- und „Du darfst nicht"-Appelle.

> Ein weiteres Beispiel: Herr A wohnt im Obergeschoss eines Zweifamilienhauses. Unter ihm wohnt der Vermieter, ein starker Raucher, der im Frühling, Sommer und Herbst auf der Terrasse raucht und dabei lautstark telefoniert. Herr A nutzt deshalb seinen Balkon so gut wie nie und hält selbst im Hochsommer das Wohnzimmerfenster geschlossen. Herr A traut sich nicht, seine Beeinträchtigung anzusprechen.
> Sein Freund: „Du darfst Dir das nicht bieten lassen. Sag' ihm, dass Dich das stört!"
> Herr A: „Ich trau' mich nicht. Der sitzt doch am längeren Hebel. Und wenn er stur bleibt, stehe ich doof da."
> Freund: „Sei doch nicht so ängstlich. Du musst das ruhig und sachlich ansprechen. Der kann Dir doch nichts!"

Der Freund mag Recht haben. Herrn A hilft das nicht. Mit Appellen oder Ratschlägen und Empfehlungen schafft man keine Angst oder Unsicherheit aus der Welt. Dazu sind mehr Anstrengungen und Unterstützung notwendig. Herr A weiß, was er „müsste" oder „sollte". Es macht ihn nur noch unglücklicher, dass der Freund ihm das noch einmal vor Augen führt!

Was für Herrn A gilt, trifft auch auf traurige oder freudlose Menschen zu. Der Appell, die schönen Seiten des Lebens zu sehen, sich auch an kleinen Dingen zu erfreuen, führt nur vor Augen, dass eben das *nicht* gelingt. Der Traurige fühlt sich doppelt schuldig, weil er „nicht an der rosig-optimistischen Weltschau der anderen teilnehmen kann und damit deren gute Absichten so bitter enttäuscht." (Watzlawick 1983, S. 93)

Gut gelaunt kann man nur freiwillig sein. Erst recht glücklich, optimistisch, verliebt oder spontan. Allen ist unmittelbar einsichtig, dass der Appell „Liebe mich!" unsinnig ist. Gleichwohl schicken Eltern den Sohn, der beim Abendbrot ständig nörgelt, mit der Aufforderung in sein Zimmer: „Du kommst erst wieder raus, wenn Du wieder gute Laune hast!" Und so manche Frau wünscht sich von ihrem Partner mehr „ganz *spontanen* Sex" (und nicht erst im Schlafzimmer).

> „Von all den Knoten, Dilemmata und Fallen, die sich in die Struktur menschlicher Kommunikation einbauen lassen, ist die sogenannte ‚Sei spontan!'-Paradoxie sicherlich die weitest verbreitete. Und um eine wirkliche, stubenreine, allen formallogischen Anforderungen entsprechende Paradoxie handelt es sich hier." (Watzlawick 1983, S. 87f.)

Wir können uns wünschen, dass unser Partner spontaner sei, unsere Partnerin häufiger gut gelaunt, dass Kollegen optimistischer sind – es einzufordern ist ebenso sinnlos wie der Appell, etwas bewusst zu vergessen oder schneller einzuschlafen.

Ein weiterer Grund, in bestimmten Situationen auf Appelle zu verzichten: Menschen wollen in unterschiedlichen Lebensbereichen eigenständig handeln. Deshalb kann es ab und an sinnvoll sein, nicht zu sagen, was man sich vom Partner oder der Partner, von der Tochter oder dem Freund wünscht. Zwei Beispiele:

> Ihr Partner hat angekündigt, dass er am Abend kocht. Sie würden gerne wieder einmal Spitzkohl mit Lachs essen. Genau das will er am Abend kochen und Sie damit überraschen. Wenn Sie ihm ihren Wunsch mitteilen, ist für ihn die Freude dahin, Sie mit Spitzkohl und Lachs zu überraschen.
>
> Ihre Partnerin will Ihnen zum Geburtstag einen lange gehegten Wunsch erfüllen: eine Reise nach Rom. Für sie ist es wichtig, Urheberin der Geschenk-Idee zu sein. Würden Sie sich zum Geburtstag eine Reise nach Rom wünschen, wäre für Ihre Partnerin die Freude dahin.

Vor allem für Kinder und Jugendliche ist das „Meine Idee"-Erlebnis wichtig: eigenständig auf den Gedanken gekommen zu sein, das Abendessen vorzubereiten, um die Eltern zu entlasten, den Keller aufzuräumen, um der ordnungsliebenden Mutter eine Freude zu machen. Das Kelleraufräumen wäre entwertet, wäre ihm ein Appell der Mutter vorausgegangen.

Gelassenheit: Handlungs- oder Verfahrensappelle können sehr nützlich sein und trotzdem unerhört bleiben. Ein Beispiel aus meiner Tätigkeit als Abteilungsleiter bei einem Verband: Meine Kollegin hörte meine Anregungen vorrangig mit dem Beziehungsohr: *Du willst mir sagen, wie es richtig geht.* Sie empfand meine Empfehlungen, dieses oder jenes auszuprobieren, als Übergriff in ihr „Reich". Das war ebenso selbstschädigend wie die Weigerung eines Kindes, der Aufforderung des Vaters zu folgen, beim Radfahren einen Helm zu tragen.

Die „Appell-Allergie" (Schulz von Thun) ist an kein Alter gebunden. Sie richtet sich nicht gegen den Appell-Inhalt. Meine Kollegin wollte *von mir* keinen Rat annehmen, das Kind nicht *dem Vater* folgen. Widerstand löst in beiden Fällen das Beziehungsverständnis aus, dass mit dem Appell verbunden wird: *Du hast mir gar nichts zu sagen. Ich habe keine Lust mehr, immer nach Deiner Pfeife zu tanzen.*

Wenn Vorschläge als Vorschriften gehört werden, ist Gelassenheit hilfreich: Ich habe meine Pflicht getan und meine Kompetenz eingebracht. Für die Reaktion meiner Kollegin bin ich nicht verantwortlich.

Komplizierter ist das Helm-Beispiel: Es gibt gute Gründe, das Tragen eines Helms nicht zur Diskussion zu stellen und deshalb anzuordnen. Und es gibt die Möglichkeit, diese Anordnung mit einer Selbstauskunft zu begleiten: „Ich mache mir sonst große Sorgen, Du könntest Dich schwer verletzen."

Die Empfehlung, mit Gelassenheit auf eine Appell-Allergie zu reagieren, verstehe ich nicht als Appell, als Vorgesetzte oder Lehrer, als Vater oder Mutter auf Anweisungen zu verzichten. Das gehört zur Verantwortung dieser Rollen. Und es würde sowohl Mitarbeiterinnen und Mitarbeiter als auch Kinder irritieren, würde auf die Ausfüllung dieser Rolle verzichtet.

Verdeckte Appelle

Sich seinen Ängsten und Unsicherheiten stellen. Wünsche sind keine Zumutungen. Andere für sich selbst entscheiden lassen. Liebe heißt, über Wünsche reden. Ich greife ein zweites Beispiel aus der Einleitung auf:

> Petra hat am Wochenende vier Stunden gemalt. Außerdem hat sie eingekauft, mit dem Sohn Schularbeiten gemacht und am Sonntag gekocht. Es ist Sonntagabend.
> Ihr Partner: „Das ganze Wochenende hast Du nur gemalt."
> Petra: „Ist ja nicht wahr, ich habe eingekauft, gekocht und mit Paul Hausaufgaben gemacht."
> Ihr Partner: „Ja, aber dann nur an der Staffelei gestanden."
> Petra: „Höchstens vier Stunden."

Anders wäre das Gespräch wahrscheinlich verlaufen, hätte der Partner Petra keinen Vorwurf gemacht, sondern ihr offen gesagt, was er möchte: dass sie mehr Zeit mit ihm verbringt. Petra hört diesen Wunsch, sofern die Partnerschaft noch in Ordnung ist, sicher gerne. Auch dann, wenn sie ihn nicht erfüllen will.

Würden Wünsche offen ausgesprochen und verdeckte Appelle vermieden, könnten viele Beziehungen glücklicher und der Berufsalltag vielerorts zufriedenstellender sein. Das klingt einfach. Was macht es so schwer? Vor allem vier Faktoren:

1. Ängste
2. Selbstzweifel

3. Verantwortung für andere übernehmen
4. Der Wunsch, nicht wünschen zu müssen.

1. Ängste. Wünsche werden oft aus *Angst vor einem Nein* nicht geäußert. Ein Nein wird als *Zurückweisung* der gesamten Person wahrgenommen und nicht als Ablehnung einer Bitte. Auch dann nicht, wenn die Ablehnung begründet wird: „Ich kann Dir nicht beim Umzug helfen, weil ich am Wochenende an einer Fortbildung teilnehme."

Mit einem Wunsch geben wir *Auskunft über uns*: *Ich brauche Hilfe, ich kann nicht, ich hätte gerne …* Das heißt auch: Wir müssen zu uns stehen – zum Beispiel dazu, nicht zu wissen, wie man einen Tisch abbeizt, oder zu sexuellen Vorlieben. Viele trauen sich das nicht und äußern ihre Wünsche nur verdeckt, um sich Rückzugsmöglichkeiten offenzuhalten: „Ich krieg das mit dem Tisch schon hin." „Ich hab' doch gar nichts von Oralverkehr gesagt!"

Wer Entscheidungen trifft, geht Risiken ein: Die Entscheidung kann sich als falsch herausstellen oder eine Neuerung als Fehlschlag. Dafür müssen zum Beispiel Vorgesetzte *Verantwortung übernehmen.* Für Erfolge übernehmen alle gerne Verantwortung (deshalb hat der Erfolg meist viele Mütter und Väter), für Misserfolge nicht. Deshalb werden Entscheidungen und Anweisungen häufig so formuliert, dass man sich aus Verantwortung herausreden kann, wenn etwas schiefgeht: *So war das nicht gemeint.*

Angst ist bekanntlich ein schlechter Ratgeber. Womit hat zu rechnen, wer aus Angst mit verdeckten Appellen durch das Beziehungs- und Berufsleben geht? Viele Wünsche bleiben unerfüllt, weil sie nicht gehört werden. Bei Mitarbeiterinnen und Kollegen bekommt man das Image, entscheidungsschwach zu sein. – Ein hoher Preis. → *Nein sagen*, → *Gefühle äußern*

2. Selbstzweifel. Ein Wunsch ist berechtigt, wenn seine Erfüllung nicht zulasten anderer Menschen (und der Umwelt) geht. Das ist der rationale Kern der Volksweisheit, „Bescheidenheit ist eine Zier, doch weiter kommt man ohne ihr".

Einen Wunsch äußern heißt: informieren. Ich sage zum Beispiel zu meiner Partnerin: „Ich möchte mir gerne einen der Filme in der *Truffaut*-Retrospektive anschauen. Ich fände es schön, wenn Du mitkommst."

Meine Partnerin weiß dann, was ich möchte, und kann sich dazu verhalten. Ich habe nicht die Vorstellung, dass sie meinen Wunsch teilen muss. Nicht jeder Wunsch kann und wird erfüllt werden. Aber jeder Wunsch in oben genanntem Sinne darf geäußert werden. Kürzer: Ich darf wünschen. → Ich-, Du-, Man-Botschaften. Wünschen und Bitten

3. Verantwortung für andere übernehmen. *Traut sich Jan, die Einladung abzulehnen? Ist es nicht eine zu große Zumutung für Jessica, mich mit den zwei schweren*

Koffern zum Bahnhof zu fahren? Mit solchen Gedanken kann man sich das Leben schwer machen. Ich nenne sie verquere Rücksichtnahme: Man zerbricht sich den Kopf von Jan und Jessica, weil man ihnen nicht zutraut, eine Einladung oder Bitte abzulehnen – man entscheidet gewissermaßen für Jan und Jessica.

Sicher gibt es Jans und Jessicas, die meinen, ein Nein zu einer Einladung oder der Bitte um einen Gefallen könne die Beziehung belasten. Doch für dieses Freundschaftsverständnis sind sie selbst verantwortlich; ihre Unsicherheit ist kein Grund, Appelle so indirekt zu formulieren, dass sie „überhört" werden können.

Nur mit einem expliziten Ja oder Nein weiß man, woran man ist: Will er nicht oder kann sie nicht? Diese Klarheit erspart Enttäuschungen und schafft Sicherheit. Voraussetzung ist der offen ausgesprochene Appell und die damit verbundene Einsicht: *Ich darf* Wünschen. *Du musst* meinen Wunsch *nicht* erfüllen.

4. Der Wunsch, nicht wünschen zu müssen. Liebe ist selbstredend, lautet ein in Rosamunde-Pilcher-Romanen und Vorabend-Serien gepflegter Mythos: Wünsche müssen nicht geäußert werden; sie werden „erspürt" oder von den „Augen abgelesen" (obwohl doch, wie der Volksmund weiß, Liebe blind macht). Die Vorstellung vom Verstehen ohne Worte führt zu solchen Dialogen – und ins Unglück:

> Er: „Toll, endlich Sonne. Es wurde aber auch wirklich Zeit!"
> Sie (vermutet, *er* wolle mit ihr an die frische Luft): „Ja, richtiges Spaziergangwetter. Lass uns um den Schlachtensee laufen."
> Er (wollte eigentlich arbeiten, will ihr aber *ihren Wunsch* nicht abschlagen): „Okay!"

Es bedarf wenig Fantasie, sich vorzustellen, wie ein Urlaub verläuft, der auf diese Weise „geplant" wird.

Der offene Appell ist die bessere Wahl. Der offene Appell sollte nicht umstellt sein von weiteren Botschaften, damit er möglichst gut gehört werden kann. Also nicht: „Kannst Du Dich *nicht wenigstens* am Sonntag *einmal* um Johannes kümmern!?" Sondern: „Bitte kümmere Du Dich am Sonntag um Johannes. Ich …"
Zum Schluss dieses Abschnitts eine Version des Dialogs zwischen Petra und ihrem Partner, in der die vorangegangenen Empfehlungen berücksichtigt sind:

> Ihr Partner: „Ich hätte mir gewünscht, dass wir am Wochenende mehr gemeinsam unternehmen."
> Petra: „Was denn zum Beispiel?"
> Ihr Partner: „Eine Fahrradtour wäre toll gewesen."
> Petra: „Wollen wir uns das fürs nächste Wochenende vornehmen?"

Vierte Seite: Selbstauskunft
Situationsangemessen mitteilen, was in mir vorgeht

Wenn ich etwas sage, sage ich auch etwas über mich. *Ausdrücklich*: „Mir geht es gut." „Das weiß ich nicht." „Das finde ich spannend." Oder als *Teil* meines Diskussionsbeitrags, meiner Anweisung, meiner Kritik oder meines Heiratsantrags. Wir geben zum Beispiel mit einem Diskussionsbeitrag in großer Runde oder mit einer Präsentation Auskunft über unsere Sachkenntnis und Argumentationsfähigkeit, über die (Un-)Sicherheit, vor vielen Menschen zu sprechen, über die Neigung zur Ironie oder die Abneigung gegenüber stereotypen Argumentationsmustern.

Weil das so ist, beschäftigt uns die Frage, wie diese Selbstauskunft bei anderen ankommt. Mehr oder minder. Peer Steinbrück eher minder. Im Dezember 2012 bekannte er öffentlich, keinen *Pinot Grigio* zu trinken, der weniger als fünf Euro kostet. Sein Bekenntnis zu einem guten Tropfen Weißwein sorgte für Aufregung: Es war Wahlkampf und der Mann Kanzlerkandidat der SPD. Mit dieser Auskunft gab er zu verstehen, dass für ihn nicht ins Glas kommt, was für viele bereits ein Luxus ist. Auf der Beziehungsebene unterstrich der Großverdiener seine Distanz zu einem großen Teil des Wahlvolks. Das sozial untere Drittel der Bevölkerung war nicht amüsiert (die SPD erzielte ein miserables Wahlergebnis).

Viele Menschen unterscheiden sich von Herrn Steinbrück. Sie beschäftigt die Frage, ob sie eine „gute Figur" machen, sehr stark. Ein gewichtiger Grund dafür ist sicher, dass Kinder, Jugendliche und noch viele Erwachsene in Praktika und ähnlichen prekären Beschäftigungsverhältnissen viele Jahre unzähligen Fremdbeurteilungen ausgesetzt sind. Besonders seit den letzten zwei Jahrzehnten erhöhen leistungsorientierte Eltern diesen Druck, wenn sie – egal, was ihr Kind will oder kann – unbedingt auf guten Noten und Abschlüssen bestehen. Diese Erfahrungen können sich in die Psyche einschreiben und zum eigenen Maßstab werden: *Ich bin nur gut, wenn mich andere gut finden.*

Zwei Umgangsformen mit dieser Unsicherheit lassen sich unterscheiden: auf der einen Seite Zurückhaltung und Zurücknahme, auf der anderen Seite die Kompensation von Unsicherheit durch Imponiergehabe und Abwertung anderer.

Beide Verhaltensmuster sind keine gute Wahl. Das ist leichter geschrieben als verändert, denn diese Kommunikationsstile hängen mit dem Selbstwertgefühl zusammen. Und das lässt sich nicht mir nichts, dir nichts verändern. Was ist möglich? Eine ermutigende Sicht auf die Kommunikationsdimension *Selbstauskunft.*

Selbstauskunft fördert soziale Kontakte

Ein → *Small Talk* ohne Selbstauskunft erlahmt schnell: „Schönes Wetter heute." „Ja." „Hat ja lange genug geregnet." „Ja, fürchterlich!" Die Alternative: „Ich habe das schöne Wetter sofort genutzt, um wieder mit dem Joggen zu beginnen." „Ach, Sie joggen auch. Haben Sie eine feste Strecke?"

Das *Ich* weckt Interesse und eröffnet Gesprächsmöglichkeiten. Nun ist der Hinweis, dass man joggt, eine unverfängliche Selbstauskunft, mit der man sich nicht blamieren kann. Was ist mit Gefühlen, mit Ängsten und Hoffnungen, mit Freude und Ärger? Vielleicht antworten Sie auf diese Frage so: „Darüber spreche ich im Privaten, in der Beziehung. An der Hochschule, im Job ist dafür kein Platz. Wer vorankommen will, darf sich keine Blöße geben. Oder?" Ich antworte mit einer kleinen Geschichte:

> Robert hat zwei Monate nach seinem Master-Abschluss einen Job in einem Marketing-Unternehmen bekommen. In dem Team, in dem er arbeitet, ist es Usus, dass einmal im Monat ein Team-Mitglied zu sich nach Hause einlädt. Zum nächsten Treffen wird auch Robert eingeladen. Es gibt Fingerfood, und es geht lebhaft zu. Eine Kollegin erzählt anschaulich von den Pannen beim Hausbau, ein Kollege schildert die Schwierigkeiten mit seinem pubertierenden Sohn, ein drittes Team-Mitglied schwärmt von seiner Radtour entlang der Loire.
>
> Robert hält sich mit Persönlichem zurück. In Stichworten informiert er über sein Studium und seine Praktika, ansonsten stellt er nur Fragen zum Unternehmen und zur Arbeit. Und so verhält er sich auch beim Mittagessen, zu dem ihn die Team-Mitglieder in die Suppenküchen und Salatbars in der Umgebung mitnehmen. Anfänglich. Bald wird er nicht mehr gefragt, ob er mitkommt: Sein Know-how wird geschätzt, aber das ist in der Mittagspause nicht gefragt. Die einen finden ihn langweilig, die anderen verschlossen.
>
> Das spricht sich herum. Beim ersten Betriebsausflug des Unternehmens setzt sich im Bus niemand neben ihn. – Mit dem Vorhang vor dem Ich hat Robert sich nicht geschützt, sondern ausgeschlossen.

Gefühle zeigen verschafft Respekt und Anerkennung

Okay, wenden Sie vielleicht ein, Robert hätte ja mal etwas erzählen können, zum Beispiel über sein Hobby oder seine Urlaubspläne, wie er den letzten *Tatort* fand oder ob er sich für Wintersport interessiert. Aber wie steht es mit Gefühlen, mit Schwächen, Ärger und Enttäuschungen? Gilt man nicht schnell als „Sensibelchen", als „Weichei" oder als jemand, der (vor allem: die) „nahe am Wasser gebaut" ist? Und was ist mit Freude oder Sympathie?

Der kalte Technokrat, der nie ein Gefühl erkennen lässt, wird vielleicht gefürchtet. Gemocht wird er mit Sicherheit nicht. Wer seine Betroffenheit ständig wortreich auf der Zunge trägt, läuft Gefahr, zur Karikatur zu werden. Jederzeit abrufbare Betroffenheit wirkt nicht authentisch, sondern manipulativ; schlichter: Sie nervt.

Dagegen gelten *spontan* gezeigte Gefühle heute – sieht man einmal von den Chefetagen großer Banken und Konzerne ab – nicht mehr als Schwäche oder „passive Aggression", sondern finden Anerkennung. Ich weiß nicht, ob Willy Brandts Kniefall in Warschau am Ehrenmal der Helden des Warschauer Gettos spontan erfolgte oder von seinen PR-Beratern geplant war. Was ich weiß: Diese Geste ging um die Welt. Das Ansehen des damaligen Bundeskanzlers stieg enorm. Und als Claus Kleber im *heute journal* vor Rührung über die große Hilfsbereitschaft gegenüber geflüchteten Menschen Tränen in den Augen standen, fanden das auch viele Männer gewinnend.

Stimmigkeit der Selbstauskunft: Wie geht es mir? Wie geht es dem Gegenüber? Wie ist unsere Beziehung? Was erfordert die aktuelle Situation und was meine Lebenssituation?

Wer Emotionen Ausdruck gibt – statt sie aus Sorge um die Wirkung auszublenden –, erhöht die Chance, dass Kommunikation gelingt. Die folgende „Wirkungskette" verdeutlicht das:

Je deutlicher ich mitteile, was in mir vorgeht, desto besser ist zu verstehen, was ich sage.

Je weniger mein Gegenüber rätseln muss, was mit mir ist und was ich will, desto entspannter kann es zuhören.

Je aufmerksamer mir zugehört wird, desto mehr fühle ich mich verstanden und bringe deshalb meinem Gegenüber Wertschätzung entgegen.

Diese Wertschätzung schließlich ermutigt mein Gegenüber, sich gleichfalls offen auszudrücken.

(vgl. Rogers 1973, S. 333f.)

Wie geht es mir? Damit Sie deutlich mitteilen können, was in Ihnen vorgeht, ist es wichtig, sich Zeit einzuräumen, um sich Ihre Gefühle klarzulegen, denn nicht immer ist es möglich, sie sofort und unmissverständlich einzuordnen.

Deshalb sollten zum Beispiel in einer Beziehung die Beteiligten etwas Geduld aufbringen, wenn er oder sie auf die „Ist was?"-Frage mit „Nein, nichts" antwortet. Diese Antwort ist nicht immer eine Gesprächsverweigerung; sie kann auch

Ausdruck dessen sein, dass man seine Gefühle noch nicht „sortiert“ hat. Das gefürchtete „Ich spür doch, dass da was ist!“ – gar noch verstärkt durch: „Du blockst immer ab, ich komme überhaupt nicht mehr an Dich ran“ –, eröffnet in vielen Fällen den klassischen Krach. Was könnte dem vorbeugen?

Wie geht es dem Gegenüber? Wie ist unsere Beziehung? Vorbeugen würde die Selbstauskunft: „Ich brauch' noch einen Moment.“ Und die Einsicht, dass die Situation nicht besser wird, wenn die Enttäuschung oder der Ärger, dass der Partner „nicht mit der Sprache rausrückt“, in einem Vorwurf ausgedrückt wird – ich nenne das *verquere Selbstauskunft.*[1]

Allgemeiner: Damit eine Selbstauskunft situationsangemessen ist, muss ich die Beziehung zu meinem Gegenüber klären: Was kann ich einer Kollegin, einem Mitarbeiter, einer Freundin offenbaren? Lässt es meine Rolle zu, einem Mitarbeiter von meinem Liebeskummer zu erzählen? Ist es angemessen, als Lehrerin oder Vater Anweisungen als Selbstauskunft zu „tarnen“? „Ich würde mich freuen, wenn ihr bis zur nächsten Woche den ersten Akt von *Unsere Stadt* lesen würdet.“ Eine solche Selbstauskunft ist nur dann dem Lehrer-Schüler-Verhältnis angemessen – und nur dann echt –, wenn die Schülerinnen und Schüler eine Wahl haben: „Ich würde mich freuen, wenn sich viele von euch am Samstag an unserem Solidaritätsbasar beteiligen würden.“

Der Sohn einer Bekannten erhielt vor einiger Zeit von einer Universität in Niedersachsen folgende Absage:

> „Sehr geehrter Herr …,
>
> für Ihr Interesse an … möchte ich mich bedanken.
> Bei der Besetzung dieser Position habe ich einer anderen Bewerbung den Vorzug eingeräumt.
> *Ihre Bewerbungsunterlagen gebe ich Ihnen zu meiner Entlastung anbei zurück.*[2]
> Für Ihre weitere berufliche Zukunft wünsche ich Ihnen alles Gute.
>
> Mit freundlichen Grüßen
> …“

Der Absender ist ganz bei sich – und sehr ignorant: *Sie haben mir mit Ihrer Bewerbung Arbeit gemacht. Das war lästig. Jetzt entlaste ich mich. Und basta.* Der Absender hat nicht einen Gedanken darauf verwendet, was die Absage für den Empfänger bedeutet: Es geht überhaupt nicht um seine Entlastung; vielmehr

1 Damit meine ich nicht, man solle sich Ärger oder Enttäuschung nicht gestatten. Im Gegenteil: Wer sich erlaubt, auch einmal „schlecht drauf zu sein“, entzieht dem Ärger, der schlechten Laune die Bedeutsamkeit und damit auch die Macht. Allerdings dürfen andere nicht darunter leiden.

2 Hervorhebung von mir.

wäre ein Wort des Bedauerns angebracht gewesen. Selbstauskunft meint nicht den Verzicht auf Höflichkeit, meint nicht soziale Ignoranz, sondern erfordert, die Perspektive des oder der anderen zu bedenken, wenn Kommunikation gelingen soll. Kurz: Wenn ich kommuniziere, habe ich Verantwortung für mich (wie geht es mir?) *und* für mein Gegenüber (was geht?).

Deshalb vergewissere ich mich, ob das, was ich sagen will, „passt" – unter folgenden Gesichtspunkten:

- „Passt" mein Gegenüber zum Thema? Ich habe unbekannten Sitznachbarn im Zug nicht über meine Schwierigkeiten berichtet, dieses Buch zu schreiben.
- „Passt" das Thema zu meinem Gegenüber? Ich erzähle einem Freund nicht sehr ausführlich über die Vietnam-Radreise meiner Partnerin, wenn sich mein Freund weder für das Land noch für diese Art zu reisen interessiert.
- „Passt" meinem Gegenüber der Zeitpunkt? Ich berichtete einer Kollegin nicht detailliert über Gesundheitsprobleme, wenn sie intensiv mit dem Quartalsbericht beschäftigt oder auf dem Sprung zu einer Dienstreise ist: → *Zuhören*

Mein Gegenüber könnte in allen diesen Situationen darauf hinweisen, dass ihn meine Schwierigkeiten nicht interessieren, dass ich mich kürzerfassen soll oder dass der Zeitpunkt ungünstig ist. Dies ist allerdings kein Freibrief, gedankenlos drauflos zu plaudern.

- „Passt" meine Selbstauskunft zu meiner Rolle? Hätte Frau Neumann (vgl. S. 22) ein Bedauern ausgedrückt, dass sie den Freizeitausgleich nicht genehmigen kann, statt ihren Unmut über Herrn Über zum Ausdruck zu bringen, hätte sie das Gespräch souveräner und zielorientierter führen können.

Ich halte es weder für angebracht noch für zweckmäßig, die Machtstellung als Vorgesetzte oder Vorgesetzter zu nutzen, Mitarbeiter zur Zielscheibe der eigenen Verstimmung zu machen. Sinnvoller erscheint es mir, (zunächst) zu versuchen, Mitarbeiterinnen für das gewünschte Verhalten bzw. Ziel zu *gewinnen.* Wenn man sich zum Beispiel als Chef darüber ärgert, dass ein Mitarbeiter in den Abteilungssitzungen stets „ein Haar in der Suppe" findet, sollte man ihn unter vier Augen darauf hinweisen, dass dieses Verhalten das Abteilungsklima negativ beeinflusst. Und dass er deshalb Einwände konstruktiv einbringen soll. Und man sollte ihn fragen, ob ihn etwas grundsätzlich stört – und wenn ja, wie man diese Störung seiner Ansicht nach aus der Welt schaffen kann.

Was erfordert die aktuelle Situation und was meine Lebenssituation? Wenn es brenzlig wird, verzichte ich auf eine Selbstauskunft und stelle die Appellfunktion in den Vordergrund. „Es würde mich beruhigen, wenn Du die Milch von der

Herdplatte nehmen würdest", wäre Psychoquatsch. Deshalb: „Nimm die Milch von der Herdplatte!"

Und wenn es um existenzielle Fragen geht, ist ein kühler Kopf erforderlich. Wer seinen Job behalten will, sollte nicht wiederholt zum Chef sagen, dass er „nervt" oder einem „auf die Palme bringt" (das können sich nur *Tatort*-Kommissare erlauben). Sehr wohl aber sollte man ihm – statt still zu leiden – sagen, dass man *es besser fände, wenn er ...*

Ein zweites Beispiel: Eine Start-up-Werbeagentur, junge Mittzwanziger, kleiner Kundenstamm. Der Kreativdirektor (große Titel können kleine Einkommen kompensieren) macht einen Kundenbesuch und bekommt vom Seniorchef detailliert erläutert, wie die Agentur ihre Arbeit zu machen habe. In dem Werber steigt Ärger auf. Was soll er sagen?

„Sie müssen uns nicht sagen, wie wir unsere Arbeit zu machen haben." Mit dieser verdeckten Selbstauskunft ist er sicher ganz „bei sich" und käme wahrscheinlich ohne Auftrag zurück in die Agentur.

„Das ist für uns kein Problem." Mit dieser Selbstverleugnung würde er alle Gründungsgedanken der Agentur diskreditieren. Er bekäme vielleicht den Auftrag, beschädigte aber seine Selbstachtung.

Mein Vorschlag: „Mir ist wichtig, zu erfahren, in welche Richtung Ihre Wünsche gehen." Mit „Ihre Wünsche" bringt er zum Ausdruck: *Wir nehmen Aufträge an, aber keine Anweisungen.* Situationsangemessen.

Hörerin, Hörer: Was kann ich tun?

Vater zur Tochter: „Geh jetzt ins Bett, es ist Zeit zum Schlafen, Du schreibst morgen in der ersten Stunde eine Mathearbeit." Die Tochter simst weiter. Der Vater klagt seiner Frau, dass Lisa „einfach nicht hören will". Lisa hat vor allem gehört: *Ich kann Dir sagen, was Du zu tun und zu lassen hast! Nimm Deine Mathearbeit wichtig!*

Wir haben Hör-Freiheit. Wir können den Inhalt einer Aussage hören oder die Selbstauskunft, den Appell oder die Beziehungsbotschaft. Diese Freiheit kann zu Missverständnissen, Störungen oder Ärger führen. Vor allem dann, wenn ich die Seite einer Äußerung nicht höre, die dem Gegenüber wichtig ist. Oder wenn ich einen sachlichen Hinweis als Kritik höre beziehungsweise (wie Lisa) einen Appell als Bevormundung.

Was können Sie als Hörerin oder Hörer tun, um Missverständnisse, Störungen oder Ärger zu vermeiden? Was kann getan werden, um ein Hör-Ungleichgewicht zu vermeiden? Ich gehe die vier Hör-Optionen durch.

Erstes Ohr: Inhalt
Entlastend: den Inhalt einer Aussage wörtlich nehmen. Problematisch: nur den Inhalt einer Aussage hören

Ein Bewerbungsgespräch an der Uni. Die Bewerberin hat einen Vortrag gehalten. Frage eines Professors: „Halten Sie immer solche Vorträge?"
Die Bewerberin: „Was meinen Sie mit *solche Vorträge*?"
Professor: „Mit so vielen Zahlen und Fakten."
Bewerberin: „Ja, mir ist es wichtig, meine Aussagen empirisch zu stützen."

Gut, die Frau! Sie hat sich auf den Inhalt dessen konzentriert, was der Professor gesagt hat. Sie hat keine Kritik gehört (jedenfalls lassen ihre Antworten das nicht erkennen). Sie rechtfertigt sich nicht. Sie wirkt souverän.

Das macht die Stärke des Inhaltsohrs aus: nicht mehr hören, als gesagt wird. Keine Kritik, bevor sie nicht explizit formuliert wird, keinen Appell, solange er nicht ausdrücklich geäußert wird, keine Selbstauskunft, solange kein *Ich* zu hören ist.

Zwei weitere Beispiele, die zeigen, wie nervenschonend es sein kann, den Inhalt einer Aussage wörtlich zu nehmen – und sonst nichts:

„Herr Franck, Sie haben sich als Seminarleiter in den letzten beiden Tagen sehr zurückgehalten."
Franck: „Bei mir stehen die Teilnehmerinnen und Teilnehmer im Vordergrund."

Herr Hammerstein: „Na, Kollegin Becker-Mehrscheidt, heute schon so früh Feierabend!?"
Becker-Mehrscheidt: „Ja, heute mach ich schon mal um 2 Schluss."[3]

Die Stärke der Inhaltszentrierung ist zugleich ihre Schwäche: Die anderen Seiten einer Aussage werden überhört. Ich komme noch einmal auf das Gespräch zwischen Petra und ihrem Partner zurück: Petra geht auf den Inhalt der Aussage ein, sie hört die Übertreibung (vgl. S. 13). Das Gespräch wäre erquicklicher verlaufen, hätte sie auch den unausgesprochenen Wunsch des Partners gehört, mehr Zeit am Wochenende mit ihr zu verbringen.

3 Steven Pinker (2014) erzählt folgenden Witz: Ein Flug wurde gestrichen. Eine Airline-Mitarbeiterin ist intensiv damit beschäftigt, eine lange Schlange ungehaltener Fluggäste umzubuchen. Ein Passagier drängt sich nach vorne und sagt lautstark: „Ich muss diesen Flug erwischen, und es muss erster Klasse sein." Die Mitarbeiterin verspricht ihm, sich um seinen Wunsch zu kümmern, sobald er an der Reihe ist. Der Mann noch lauter: „Haben Sie eine Ahnung, wer ich bin?!" Die Mitarbeiterin lächelt und greift zum Mikrofon: „Meine Damen und Herren, ich bitte um Ihre Aufmerksamkeit", hallt ihre Stimme durch die Abflughalle, „hier am Schalter befindet sich ein Herr, der nicht weiß, wer er ist. Falls Sie in der Lage sind, ihn zu identifizieren, melden Sie sich bitte umgehend." Sie hat die Lacher aller auf ihrer Seite.

Mit diesem Hinweis soll Petras Partner nicht aus der Verantwortung entlassen werden, seine Gefühle und Wünsche unmissverständlich zu äußern, statt sie hinter Vorwürfen zu verstecken. Ich will vielmehr deutlich machen, welche Hör-Möglichkeiten Petra hat – und damit Möglichkeiten der Gesprächsgestaltung.

„Du solltest"- oder „Wir sollten mal (wieder)"-Aussagen sind in Beziehungen Klassiker. Sie mit allen vier Ohren zu hören, kann dazu beitragen, dass eine Beziehung weiter tragfähig bleibt. Wenn zum Beispiel sie zu ihm sagt, er solle vielleicht ein bisschen Sport treiben, sind folgende Antworten nicht beziehungsförderlich: „Da magst Du recht haben." Oder: „Ja, wahrscheinlich würde mir das guttun". Vielmehr lohnt die Nachfrage, ob sie meint, er sei zu dick geworden oder zu bequem.

Wenn er zu ihr sagt, dass sie mal wieder ein Wochenende ganz für sich allein haben sollten, dann erscheint mir „Ja, das wäre schön" zu wenig. Für angebracht halte ich die Erkundigung, ob er den Eindruck hat, sie würden zu wenig Zeit miteinander verbringen.

Zweites Ohr: Beziehung
Weniger das Gras wachsen, häufiger gelassen mit dem Inhaltsohr hören

Der letzte Abschnitt lässt sich in folgender Empfehlung zusammenfassen: Hören Sie den Inhalt einer Aussage, aber nicht nur den Inhalt.

Ich schließe eine weitere Empfehlung an: Seien Sie sensibel für Beziehungsbotschaften, die mit dem Inhalt einer Aussage verbunden sind, aber hören Sie nicht das Gras wachsen, hören Sie nicht hinter jeder Äußerung eine Beziehungsbotschaft – wie in den folgenden Beispielen:

- Chefin zum PR-Verantwortlichen: „Ich schlage vor, die nächste Anzeigenserie von einer Agentur gestalten lassen." Der Mitarbeiter hört: *Ihre Anzeigenentwürfe sind mir nicht mehr gut genug.*
- Sie sagt zu ihrer Freundin: „Ich habe am Mittwochabend keine Zeit." Die Freundin hört: *Sie will nicht mit mir ins Kino gehen.*
- Heike: „Ich geh' noch eine Stunde ins Arbeitszimmer." Heiko hört: *Ich langweile mich mit dir.*
- Er hat gekocht. Sie sagt: „Ach, schon wieder Avocados." Er antwortet: „Dann geh doch essen, wenn Dir nicht passt, was ich koche."
- Mitarbeiterin: Mit dieser Entscheidung laufen wir Gefahr, unsere Kampagnenziele nicht zu erreichen. Das zeigen die Erfahrungen der letzten drei Jahre." Chef: „Ich verbitte mir diese Miesmacherei. Ich habe mir diese Entscheidung gründlich überlegt."

Wer alles auf sich bezieht, steht ständig unter Strom. Wer ein zu ausgeprägtes Beziehungsohr besitzt, macht sich unglücklich – und damit häufig auch andere. Was hilft? Eine gute Meinung von sich selbst und:

- Nachfragen, sich vergewissern, ob die richtige Beziehungsbotschaft gehört wurde: „Waren Sie mit meinen Entwürfen nicht mehr zufrieden?"
- Das annehmen, was stimmt oder stimmen könnte: *Vielleicht habe ich in der letzten Zeit wirklich zu oft Avocados auf den Tisch gebracht. Vielleicht ist am Einwand der Mitarbeiterin etwas dran.→ Kritisiert werden.*
- Nicht auf sich beziehen, anderen Raum lassen: Sie hat am *Mittwochabend* keine Zeit. Heike braucht Zeit *für sich.*
- Die Einsicht, dass manchmal die Welt einfacher ist, als wir denken: Sie fragen in die Runde, wem der *herrenlose Ärmelpullover* gehört – und alle lachen über Ihren Sprachschnitzer. Nicht über Sie! Lachen Sie deshalb herzhaft mit!

Last, but not least: Wenn ich eine Aussage vor allem danach beurteile, *wer* sie trifft, wenn also mein Bild vom Gegenüber maßgeblich steuert, was ich höre, dann laufe ich Gefahr, schlecht zu hören. Ein Beispiel: Die Chefin kommt in die Teeküche und sagt zum Mitarbeiter, der sich einen Espresso gemacht hat: „Na, kleine Pause?". Was als Einstieg in einen Small Talk gedacht ist, hört der Mitarbeiter, weil die Frage von der Chefin kommt, als Kontrollfrage. Er nimmt rasch seine Tasse und verschwindet mit den Worten: „Ich muss dann mal, die Monatsbilanz wartet." *Mit dem werde ich wohl nie warm,* seufzt resigniert die Chefin.

Drittes Ohr: Appell
Appelle hören – aber nicht überall und nicht mehr

Sie war im letzten Jahrhundert die klassische Appellohr-Hörerin: die aufopfernde Ehefrau. Ihr Streben richtete sich darauf, es der gesamten Familie recht zu machen, vor allem aber: ihm. Deshalb hörte sie beständig Appelle und antworte beispielsweise auf die Frage ihres Mannes, ob noch Bier im Kühlschrank sei: „Ich hol' Dir eine Flasche." Sie hörte Fragen als Appell und sah leere Gläser oder Teller als Aufforderung, zu fragen, ob es noch etwas Wein oder Putenbrust sein darf oder ein Verdauungsschnaps gewünscht wird.

Frisch Verliebte sind besonders anfällig dafür, Selbstauskünfte als Appell zu hören. Sie schwärmt von einem gemeinsamen Wochenende am Müritzsee; er hört, lade mich dazu ein. Er erzählt, dass er früher mit seinen Freunden in den Bergen gewandert ist; sie kauft sich ein paar Wanderstiefel.

Das kann anstrengend sein und zu Missverständnissen führen: Sie will nur ein „Oh, ja!" hören; ihn zieht es schon lange nicht mehr in die Berge.

Weniger anstrengend ist folgende Haltung: Unsere Mitmenschen sind für sich verantwortlich und können es sagen, wenn sie etwas möchten oder brauchen. Ich empfehle daher, dem Chef recht zu geben, wenn er meint, jemand müsse die Verantwortung für die Organisation des Betriebsausflugs übernehmen – aber keinen Appell zu hören: „Ja, das sehe ich auch so. Beim letzten Mal haben wir darauf verzichtet und das ging ziemlich in die Hose."

Entlastend ist zudem, einen Appell nur als Appell zu hören und nicht als Appell-Plus – plus Kritik oder Beziehungsbotschaft. Zwei Beispiele:

> Abteilungsleiter: „Frau Schulz, verschicken Sie bitte heute die Einladung zur Jahresplanungsklausur, die ist ja schon in der nächsten Woche."
>
> Yvonne: „Holger, bitte lass Dich darauf ein, dass ich die Erbstreitigkeiten mit meinem Bruder nicht mit rechtlichen Schritten lösen kann."

Frau Schulz sollte die Einladung verschicken und Holger der Bitte von Yvonne nachkommen. Frau Schulz sollte sich nicht den Tag verderben lassen, indem sie hört: *Das hätten Sie ja schon längst mal machen können.* Auch Holger sollte nicht mehr hören, als gesagt wurde, zum Beispiel nicht: *Und komm mir nicht (wieder) mit (deinen) technisch-organisatorischen Lösungen.*

Ein weiterer Gesichtspunkt: Ist ein Appell nicht eindeutig, hilft es,

- gelassen zu bleiben,
- genau hinzuhören und
- nicht zu viel zu hören.

> Ein Beispiel: Jemand ist sehr traurig. Hören wir in dieser Situation automatisch die Aufforderung, zu helfen, sind wir oft überfordert und reagieren deshalb mit wohlfeilem Trost und sinnlosen Aufmunterungen oder technischen Lösungsvorschlägen. Übersehen wird: In solchen Situationen wird meist kein Hilfsappell formuliert. Der (verdeckte) Appell lautet vielmehr: *Hör' mir zu!*

Appelliert ein Kind verdeckt: „Papa, der Hund da vorne ist aber sehr groß", sollte der Vater hören: *Ich habe Angst.* Wenn eine Grundschülerin die Lehrerin fragt: „Können wir auch mal eine lustige Geschichte lesen?", sollte die Pädagogin den Appell hören, mehr Abwechslung in ihre Literaturauswahl zu bringen.

Eine neue Partnerin würde beim ersten gemeinsamen Spaziergang, bei dem ein großer Hund entgegenkommt, sagen, dass sie Angst vor Hunden hat. Eine Oberschülerin würde auch direkter appellieren. Kleinere müssen das lernen und sich trauen. Wenn eine Vierjährige an Ihrer Hand bei strömenden Regen stehen bleibt und Ihnen sagt, sie bleibe lieber stehen und werde nass, als weiter an Ihrer Hand zu gehen, sollten Sie den Appell hören, *ich bin groß genug, vertrau' mir, ich kann alleine laufen* (und ihr anbieten, auf der Innenseite des Bürgersteigs alleine zu laufen).

Kurz: Haben Sie ein offenes Appellohr für Kinder (und schutzbedürftige Menschen), und gehen Sie fürsorglich mit sich um: Stellen Sie das Appellohr nicht ständig auf Habtachtstellung.

Viertes Ohr: Selbstauskunft
Selbstauskunft als Selbstauskunft hören, nicht psychologisieren oder sich immunisieren

Christine und Christian sind in der zweiten Hälfte der Sechziger. Christine: „Ich möchte in der nächsten Zeit noch ein paar herausfordernde Urlaubsreisen machen. Wer weiß, ob ich dazu in drei oder vier Jahren noch in der Lage bin."

Eine explizite Selbstauskunft. Zunächst genau auf deren Inhalt zu reagieren, also mit dem Selbstauskunftsohr zu hören, ermöglicht ein gutes Gespräch:

„Was stellst Du Dir denn so vor?"
„Zum Beispiel mit einem Camper durch Australien, mit dem Fahrrad durch die Wüste von Marokko oder in den Grand Canyon absteigen."
„Die letzten beiden Ziele finde ich auch sehr reizvoll. Wollen wir uns eins davon für dieses Jahr vornehmen?"

Ein zweites Beispiel: Manuela: „Ich bin traurig, dass Du an meinem Geburtstag auf dem Kongress in London bist."
Ihre Partnerin: „Mich betrübt das auch. Lass uns nach meiner Rückkehr ganz groß feiern!"

Eine Selbstauskunft als Selbstauskunft zu hören – und nicht als Kritik oder Appell –, hilft uns, gelassen zu bleiben. Das ist eine gute Voraussetzung für das Gelingen von Kommunikation. Wenn wir den Ärger oder die Wut anderer als Ausdruck *ihrer* Gefühlslage nehmen, und ihnen diese Gefühle zubilligen, dann müssen wir uns nicht vorschnell Vorwürfe machen *(hab' ich was falsch gemacht, was Falsches gesagt?)* oder uns unter Druck setzen, helfen zu müssen.

Ein ausgeprägtes Selbstauskunftsohr hilft uns also, gelassener zu bleiben. Mit Blick auf nicht explizite Selbstauskünfte ermöglicht es uns, aufmerksame Gesprächspartnerinnen und Gesprächspartner zu sein. Mehr dazu in den Kapiteln → *Verständnisorientierte Kommunikation* und → *Zuhören.*

Für das Selbstauskunftsohr gilt, was auch für die anderen Ohren gilt: Wird es dominant, beeinträchtigt es die Kommunikation. Es sind vor allem zwei Erscheinungsformen einer solchen Dominanz anzutreffen:

Psychologisieren: Mit einem meiner Freunde habe ich folgendes Problem: In politischen Diskussionen interpretiert er meine Aussagen immer als Auskunft über meine Einstellung zum Leben. Egal, ob ich die soziale Ungerechtigkeit in unserem Land anspreche oder kritisiere, dass nicht genug für den Klimaschutz getan wird – für ihn zählt, dass ich alles „so negativ“ sehe. Diese Interpretation verbindet er mit dem Appell, doch nicht so „freudlos durchs Leben zu gehen“.

Ein weiteres Beispiel: Tina ist neu im Tutorenteam. Nach vier Wochen macht sie drei Vorschläge, wie der wöchentliche Jour fixe produktiver gestaltet werden kann. Johannes, seit sechs Semestern im Team, in der Mittagspause: „Die Neue will sich doch nur profilieren.“

Immunisieren: *Wenn der mich kritisiert, dann will der doch nur … (dann zeigt das nur, dass sie …).* Wer sich zu stark auf die Seite der Selbstauskunft konzentriert, läuft Gefahr, „dichtzumachen“, Rückmeldungen nicht mehr nach ihrem Gehalt zu bewerten, sondern danach, *wer* sie gibt.

Eine solche Immunisierung macht ein gleichberechtigtes Gespräch unmöglich, da das Gegenüber nicht ernst genommen, sondern als Objekt der Diagnose betrachtet wird.

Das Zusammenspiel: Was können wir tun?

Wer kommuniziert, das sollte deutlich geworden sein, *ist verantwortlich.* Für das, was sie sagt, und für das, was er hört (bzw. sieht) oder nicht sagt und überhört (übersieht). Für die Aufnahme, Interpretation, Bewertung und Reaktion auf das, was gesagt wurde.

Wir haben Verantwortung und *Geschichte. Unsere* Geschichte – die Stärken und Schwächen, die wir entwickelt haben, die Empfindlichkeiten und Vorlieben, unsere Sicht „der Dinge“ und von uns selbst, unser Selbstkonzept. Gelungene Kommunikation ist an Klarheit darüber gebunden.

Auf den folgenden Seiten gehe ich – nach der getrennten Betrachtung von SprecherIn und HörerIn – auf das Zusammenspiel der Beteiligten ein.

Verantwortung übernehmen (1)
Für sich sorgen statt zu leiden, kommunizieren statt etikettieren

Marion erzählt ihrem Partner Max sehr detailliert über die Erziehungsprobleme ihrer Freundin Karin. Max kennt Karin nicht. Max wird unruhig: Karins Probleme interessieren ihn in dieser Ausführlichkeit nicht.

Max denkt nicht: *Marion ist eine Plaudertasche* (oder: *Dauerrednerin*); er denkt an sich und sagt: „Karins Probleme interessieren mich nicht besonders. Bitte mach's etwas kürzer." Eine Selbstauskunft und ein Appell – ohne Zuschreibung, ohne Kritik. Damit sollte Marion umgehen können.

Ein zweites Beispiel: Tim berichtet im AStA sehr ausführlich, welche technischen Probleme mit dem Relaunch der Webseite verbunden sind. Brita wird ungeduldig: Sie und die Mehrzahl der ASTA-Mitglieder interessiert vor allem, welche Vorteile die neue Webseite hat und wie sie aussehen wird.
Brita: „Ich fände es gut, wenn du dich bei Deinen Ausführungen auf die Vorzüge und das Design der neuen Homepage konzentrieren würdest."
Eine Selbstauskunft und ein Appell – ohne Zuschreibung, ohne Kritik. Tim sollte damit umgehen können. → *Feedback*

Max und Brita – wir – sind keine hilflosen Opfer von Menschen, die (gerne) viel reden. Wir sind Selbstdarstellern nicht ausgeliefert, wir müssen unangemessene Kommunikationsformen nicht hinnehmen. Wir können unsere Interessen und Bedürfnisse geltend machen. Wenn wir uns das gestatten, können wir, wie in den beiden Beispielen, freundlich und sachlich bleiben.

Verantwortung übernehmen (2)
Der andere Blick auf die Anderen.
Zwischen Ursache und Verantwortung unterscheiden.
Keine Henne-oder-Ei-Probleme wälzen

Häufig rückt in Auseinandersetzungen nach einiger Zeit die Frage in den Mittelpunkt: *Wer hat angefangen?* Ein Beispiel:

Der Institutsdirektor in der Teamsitzung: „Alle Neuerungen der letzten Monate musste *ich* anstoßen, weil von *Ihnen* keine Impulse kamen."
Eine Wissenschaftliche Mitarbeiterin: „Weil *Sie* immer alles vorgeben, halten *wir* uns zurück."

Sowohl der Institutsdirektor als auch die Wissenschaftliche Mitarbeiterin interpretieren ihr Verhalten als Reaktion auf das Verhalten des anderen.[4]

4 Watzlawick u. a. nennen das unterschiedliche *Interpunktion*. Ihr drittes Axiom lautet: „Die Natur einer Beziehung ist durch die Interpunktion der Kommunikationsabläufe seitens der Partner bedingt." (1996, S. 61) Interpunktionen markieren Ursache und Wirkung von Ereignis- oder Gesprächsfolgen. Unterschiedliche Markierungen können zu Kommunikations- bzw. Beziehungskonflikten führen: Sie geht immer häufiger abends mit ihren Freundinnen aus, weil er so spät aus dem Büro kommt. Er bleibt länger im Büro, weil sie abends oft noch mit ihren Freundinnen ausgeht.

Wird nicht die Ursachen- (oder gar „Schuld"-)Frage in den Vordergrund gestellt, sondern das gewünschte Ziel bzw. Verhalten, erhöht sich die Chance, dass Kommunikation gelingt. Der Institutsdirektor wählt diese Verhaltensoption: „Ich habe den Eindruck, dass in den letzten Monaten alle Neuerungen von mir ausgingen. Wie können wir es erreichen, dass Sie mehr Raum für Anregungen und neue Ideen bekommen?"

Gelingt dem Institutsdirektor dieser Zugang nicht, kann ein Teufelskreis entstehen. Abbildung 5 zeigt das Grundschema eines solchen Teufelskreises, das Schulz von Thun entwickelt hat (2012, S. 77). In der Abbildung 6 wird dieses Schema auf das Beispiel übertragen.

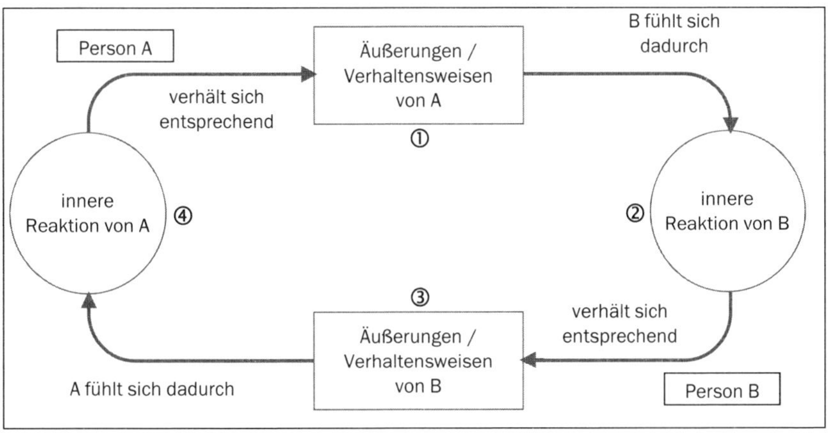

Abbildung 5: Grundschema eines Teufelskreises

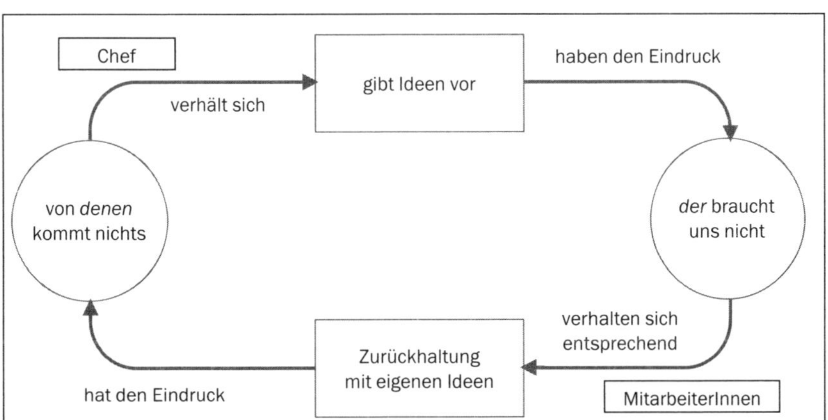

Abbildung 6: Teufelskreis

Der Verzicht auf Kritik, die Ansprache der Mitarbeiterinnen und Mitarbeiter als Problemlöserinnen und Problemlöser führt aus dem Teufelskreis heraus. Was erleichtert es, diese Haltung einzunehmen? Dreierlei:

1. Der Institutsdirektor fragt sich, ob er im Verhalten der Mitarbeiterinnen und Mitarbeiter auch etwas Gutes entdecken kann – und wird fündig: Sie setzen seine neuen Ideen engagiert um. Dieses Verhalten ist Anknüpfungspunkt für sein Ziel, sie auch für eine engagierte Ideen-Entwicklung zu gewinnen. Das bringt er in einer expliziten Selbstauskunft zum Ausdruck: „Sie haben den letzten Monaten sehr engagiert meine neuen Ideen umgesetzt. Ich wünsche mir (oder: würde mich freuen), dass Sie (wenn Sie) genauso engagiert an der Entwicklung neuer Ideen mitarbeiten (würden). Was kann ich tun, damit dies gelingt?"
   Allgemeiner: Man kommt leichter aus einem Teufelskreis heraus, wenn man den Blick darauf richtet, ob am störenden Verhalten anderer auch eine positive Dimension zu entdecken ist, an die angeknüpft werden kann.
2. Der Institutsdirektor ist unzufrieden mit seinen Mitarbeitern. Vielleicht ärgert er sich, dass von ihnen keine Anregungen kommen. Was immer die Gefühle sein mögen, die das Verhalten der Mitarbeiterinnen auslöst, es sind seine Gefühle, für die er verantwortlich ist. Er ist ihnen nicht ausgeliefert; er kann auch auf the bright side of life schauen und zufrieden sein, dass die Mitarbeiterinnen nicht mauern.
   Allgemeiner: Man kommt leichter aus einem Teufelskreis heraus, wenn man sich einem Gefühl nicht „hingibt", sondern prüft, ob eine andere emotionale Bewertung möglich ist.
3. Der Institutsdirektor geht davon aus, dass er nicht weiß, was in den Mitarbeiterinnen und Mitarbeitern vorgeht, dass er allenfalls Vermutungen anstellen kann. Er
   - unterlässt Zuschreibungen (*die sind nicht …*),
   - versetzt sich in ihre Lage (*wie ginge es mir, wenn der Chef …*) und
   - kommt zu dem Schluss, dass sie guten Willens sind und nur eine Ermutigung brauchen.

Allgemeiner: Man kommt leichter aus einem Teufelskreis heraus, wenn man – sofern nicht alle Erfahrungen deutlich dagegen sprechen – dem Gegenüber keine schlechten Eigenschaften, Absichten oder Motive unterstellt.

Mit einem solchen Blick auf sich und andere kann es gelingen, gar nicht erst in einen Teufelskreis hineinzugeraten. Ein Beispiel: Die Leiterin des Bereichs Politik eines Verbands stellt den Mitarbeiterinnen und Mitarbeitern ihr neues Konzept für die Jahresplanung vor. Bisher präsentierten alle Referentinnen und Referenten ihre Planungen auf der Bereichsversammlung. Das wurde vielfach als ermüdend erlebt und bemängelt, es bliebe zu wenig Raum für referatsübergreifende Fragen. Im neuen Konzept ist vorgesehen, dass die Referentinnen und Referenten ihre Planungen in ihren Teams vorstellen. Auf der Bereichsversammlung sollen nur noch die Team-Schwerpunkte diskutiert werden.

Ein Sturm der Entrüstung weht der Bereichsleiterin entgegen: Viele Ideen würden unsichtbar bleiben. Es gäbe nicht mehr die Möglichkeit, sich umfassend zu informieren und zu allen Themen Stellung zu nehmen, damit würde die Mitbestimmung beschnitten …

Die Bereichsleiterin ist von der Vehemenz überrascht. Sie hatte gedacht, mit ihrem Vorschlag würde sie die Kritik der Bereichsversammlungen der letzten Jahre aufgreifen. Sie ist verunsichert und verärgert, dass ihr guter Wille nicht erkannt wird. Doch es gelingt ihr, ihre gute Meinung von den Mitarbeiterinnen und Mitarbeitern zu aktivieren und in der Kritik das Bemühen zu sehen, den besten Weg für die Jahresplanung zu finden (und das Bedürfnis, seine Planungen allen vorzustellen, also auch der Bereichsleiterin): „Ich bin erstaunt über die Vehemenz der Kritik. Ich habe, offen gesagt, Zustimmung erwartet, weil ich der Meinung war, ich hätte viele Eurer Kritikpunkte aus den vergangenen Jahren aufgegriffen. Jetzt ist euer Widerspruch auf dem Tisch. Lasst uns in aller Ruhe das Für und das Wider meiner Vorschläge abwägen."

Der Entrüstungssturm legt sich. Die weitere Diskussion verläuft ruhig und sachlich.

Auf den vorangegangenen Seiten standen Probleme im Vordergrund. Zum Schluss dieses Abschnitts wende ich das Schema auf einen Kreis an, in dem man sich sicher gerne dreht (Abb. 7).

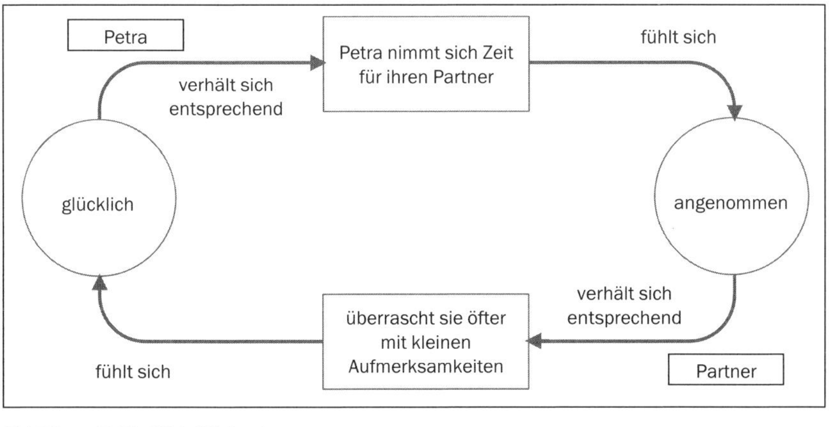

Abbildung 7: Ein Wohlfühlkreis

Zum Weiterlesen

Friedemann Schulz von Thun: Miteinander reden. Band 1, 2 und 3. Reinbek: Rowohlt (verschiedene Ausgaben und Auflagen)

Argumentieren

Strukturiert argumentieren. Souverän auf Tricks reagieren

Wenn Sie etwas durchsetzen, für einen Vorschlag werben, von einem Standpunkt überzeugen, Menschen zu etwas bewegen oder einen Interessenskonflikt lösen möchten – dann können Sie Gewalt anwenden, drohen oder befehlen, überreden oder manipulieren.

Wenn Sie nicht mit der Justiz in Konflikt geraten wollen, wenn Sie sich nicht sozial isolieren, unbeliebt machen und Beziehungen nicht gefährden wollen – dann sollten Sie eine bessere Wahl treffen, um Ihr Ziel zu erreichen: Argumentieren. Vernünftiges Argumentieren.

Man sollte die Möglichkeiten vernünftigen Argumentierens nicht überschätzen – und sie voll ausschöpfen. Argumentieren hat mit Rationalität und Logik zu tun. Aber nicht nur. Argumentieren ist, wie jede Kommunikation, auch ein sozialer Prozess. Wir sind zum Beispiel eher geneigt, einer Argumentation zu folgen, wenn wir der Person vertrauen, die sie vorbringt. Umgekehrt betrachten wir Argumente eher mit Skepsis, wenn wir einer Person distanziert gegenüberstehen.

Im Folgenden geht es in den ersten beiden Abschnitten um eine zentrale Voraussetzung für vernünftige Diskussionen und gewinnbringende (Streit-)Gespräche sowie um zielbezogenes, strukturiertes Argumentieren. Im letzten Abschnitt stehen Scheinargumente und Argumentationstricks im Mittelpunkt.

Aussagen: Stimmt das? Funktioniert das? Soll das so sein?

Tina: „Wir sollten eine offene Beziehung führen."
Ihr Partner: „Das geht nicht."

Herr Sicher: „Scharfe Grenzkontrollen verringern die Gefahr terroristischer Anschläge."
Frau Frei: „Ich bin für Reisefreiheit und gegen jede Form staatlicher Überwachung."

Zwei Beispiele, wie ein Gespräch, eine Diskussion am Thema vorbeigehen kann – weil nicht auf das eingegangen wird, was Tina und Herr Sicher sagen.

Herr Sicher stellt eine Behauptung über die Wirkung scharfer Grenzkontrollen auf. Frau Frei reagiert mit einer Aussage darüber, was sie für wünschenswert hält. Tina trifft eine Aussage, wie sie sich eine Beziehung vorstellt. Darauf geht ihr Partner nicht ein, sondern spricht über die Machbarkeit ihres Wunsches.

Argumente müssen sich auf Aussagen beziehen, wenn ein vernünftiges Gespräch, eine gewinnbringende Diskussion geführt werden soll. Zum Beispiel hätte Frau Frei der Behauptung von Herrn Sicher mit dem Verweis auf Fakten widersprechen oder sagen sollen: „Das mag sein. Für mich ist jedoch der Preis für mehr Sicherheit zu hoch. Mir sind … wichtiger." Dann hätte sich Frau Frei auf Herrn Sicher bezogen. Das könnte der Beginn einer interessanten Diskussion sein.

Argumente müssen sich auf Aussagen beziehen. Drei Typen von Aussagen sind in meinen Augen zentral[5]:

- *normative:* „Wir sollten eine offene Beziehung führen."
- *technische:* „Das geht nicht."
- *informative:* „Scharfe Grenzkontrollen verringern die Gefahr terroristischer Anschläge."

Entsprechend unterschiedlich sind die Kriterien der Überprüfung dieser Aussagen:

Gegenstand	Beispiel	Kriterium	Prüffrage
Realität	Lärm macht krank. „Du vernachlässigst mich"	Wahr?	Stimmt das?
Normen	Alle Kinder sollten die gleichen Chancen haben. „Wir sollten eine offene Beziehung führen."	Erwünscht?	Soll das so sein?
Mittel	Die Demokratie muss mit allen Mitteln verteidigt werden. „Wenn wir uns mehr Zeit nur für uns nehmen, dann …"	Geeignet?	Welche (Neben-)Wirkungen hat/haben das/die Mittel?

Typen von Aussagen und Kriterien ihrer Überprüfung

Wenn sich jemand für die Legalisierung weicher Drogen ausspricht, dann meint *miteinander* diskutieren: darauf einzugehen, ob dieses Ziel wünschenswert ist. Erst dann, wenn darüber ein Konsens erreicht wurde, ist es sinnvoll zu prüfen, ob und wie eine solche Legalisierung umsetzbar ist.

5 Es gibt noch weitere Aussage-Typen:
- Aussagen über eine Aussage, Meta-Aussagen: „Dein Wunsch, eine ‚offene Beziehung zu führen', ist mir nicht konkret genug."
- Nichtnormative Werturteile: „Du arbeitest viel zu viel."
- Geschmacksaussagen: „Deine neue Frisur gefällt mir."

Nichtnormative Werturteile sollten in überprüfbare Aussage umformuliert werden, damit sie besprochen werden können: Woran ist viel zu viel arbeiten zu erkennen bzw. welche Folgen kann es haben? Geschmacksaussagen sollten Urteilskriterien enthalten, damit sie nachvollzogen werden können: „Deine neue Frisur gefällt mir. Der asymmetrische Schnitt lässt Dich pfiffig aussehen."

Die Feststellung, Lärm „gehört nun einmal zur modernen Gesellschaft", nimmt keinen Bezug auf die Aussage, dass Lärm *krank macht.*

Allgemeiner formuliert: Die Unterscheidung zwischen drei relevanten Aussage-Typen und der Grundsatz, Argumente müssen sich auf Aussagen beziehen, erleichtern es Ihnen, sachbezogen zu argumentieren und von anderen eine sachbezogene Argumentation einzufordern.

Zielbezogen denken, strukturiert argumentieren

Argumente sollen wirken. Deshalb genügt es nicht, sie nur zu nennen; es kommt auch darauf an, sie überzeugend vorzutragen. Gelungen ist eine Argumentation dann, wenn sie eine klare Struktur hat und mit Leben gefüllt ist. *Leben* meint: Die Wortwahl ist verständlich und anschaulich, das Anliegen wird mit Beispielen, und Vergleichen plastisch gemacht.

Zielbezogen denken

Um strukturiert argumentieren zu können, brauchen Sie Klarheit über Ziel und Zweck Ihres Diskussionsbeitrags. Viele reden deshalb weitschweifig oder haarscharf am Thema vorbei, weil sie nicht vom Zweck bzw. Ziel ihres Rede- oder Diskussionsbeitrags her denken. Viele verwenden viel Energie darauf, sich den ersten Satz zurechtzulegen, mit dem sie ihren Beitrag beginnen wollen. Die Folge: Wenn sie zu Wort kommen, nimmt ihr vorformulierter erster Satz keinen Bezug auf den Verlauf der Diskussion. Er ist also nicht mehr situationsangemessen.[6] Zum anderen fehlt der Argumentation eine klare Struktur, weil sie nicht vom Zweck bzw. Ziel des Redebeitrags her aufgebaut wurde.

Deshalb sollte am Anfang die Überlegung stehen: Was will ich erreichen? Für welche Problemlösung plädiere ich? Für welchen Vorschlag, für welche Forderung setze ich mich ein? Welchen Standpunkt nehme ich zum Thema X oder zur Frage Y ein? Besteht darüber Klarheit, verfügt man über den entscheidenden Ausgangs- und Bezugspunkt für eine strukturierte Argumentation. Dann geht es um Argumente, Begründungen und Belege: Wie kann ich meinen Vorschlag begründen? Welche Argumente und Beispiele stützen meine Forderung oder meinen Standpunkt?

Erst am Ende dieser Überlegungen stehen die Fragen: Wie kann ich meinen Beitrag situationsangemessen beginnen? Ich empfehle also folgenden Denkplan:

6 Vergnüglich wird dieses Thema von Erich Kästner in der Erzählung „Sebastian ohne Pointe" behandelt.

	Denkplan	
1. Schritt:	Schluss	Zweck/Ziel
	↓	
2. Schritt:	Hauptteil	Begründung
	↓	
3. Schritt:	Einleitung	Anknüpfung/Einstieg

Am Anfang der Überlegungen steht das Ziel eines Diskussionsbeitrags und am Ende der Einstieg. Umgekehrt steht am Beginn des Rede- bzw. Diskussionsbeitrags der Einstieg und am Ende der Ziel- bzw. Zwecksatz:

	Redeverlauf	
1. Schritt:	Einleitung	Anknüpfung/Einstieg
	↓	
2. Schritt:	Hauptteil	Begründung
	↓	
3. Schritt:	Schluss	Zweck/Ziel

Argumenten eine Struktur geben

Die folgenden Argumentationsstrukturen sind hilfreich für Diskussionsbeiträge, die von einem Vorschlag überzeugen oder einen Standpunkt begründen sollen:

Einen Vorschlag begründen

Steht eine Problemlösung, ein Vorschlag im Vordergrund, bieten sich für den Hauptteil drei Strukturierungskategorien an:

- *Situationsbeschreibung:* Wie ist der augenblickliche Zustand? Wie war die Situation bisher?
- *Perspektive:* Wie sollte es sein? Welcher Zustand soll erreicht werden? Wie sieht eine bessere Situation aus?
- *Lösungsmöglichkeiten:* Wie kann das Ziel erreicht werden?

Ein Beispiel – ein Diskussionsbeitrag auf einem Elternabend:

Einleitung „Wenn alle schweigen und einer spricht, dann nennt man das Unterricht." Dieser Satz beschreibt auch die Situation in der Klasse unserer Kinder sehr gut. **Hauptteil** Viele Lehrerinnen und Lehrer kennen nur eine Unterrichtsmethode: Sie reden. Die Schülerinnen und Schüler können allenfalls Fragen stellen. Die Monolog-Methode macht nicht fit fürs Studium und ist keine geeignete Vorbereitung auf das Berufsleben.	*Situationsbeschreibung*
Es geht auch anders. Unsere Kinder übernehmen Verantwortung für die Gestaltung des Unterrichts und beteiligen sich aktiv. Der Unterricht ist problemorientiert statt stoffzentriert. In Diskussionen wird geübt, erworbenes Wissen anzuwenden. Kleine Präsentationen sind ein Übungsfeld für die verständliche Aufbereitung von Themen, Fragen und Problemen.	*Perspektive*
Die Lehrenden sollten sich stärker als Moderatoren begreifen, die mit unterschiedlichen Arbeitsformen, Mitteln und Medien aktives Lernen ermöglichen. Die Schülerinnen und Schüler müssen die Haltung aufgeben, es genüge, sich in Unterricht Wissen „abzuholen". **Schluss** Um Veränderungen in diesem Sinne anzupacken, schlage ich eine Fortbildung über aktivierende Unterrichtsmethoden vor, an der auch interessierte Eltern teilnehmen können.	*Lösungsmöglichkeit*

Einen Standpunkt begründen

Steht die Begründung eines Standpunkts im Vordergrund, ist folgende Argumentationsstruktur sinnvoll:

Einleitung

Behauptung: Es besteht ein Widerspruch zwischen der Verfassungswirklichkeit und dem Verfassungsanspruch, dass niemand wegen des Geschlechts diskriminiert werden darf.

Hauptteil

Beleg und Beispiele: In der Wirtschaft, in der Politik, in allen Bereichen des öffentlichen Lebens sind Frauen in Führungspositionen deutlich unterrepräsentiert. Trotz des gestiegenen Qualifikationsniveaus von Frauen erhöht sich ihr Anteil an den Schaltstellen der Wirtschaft im Schneckentempo. So hat nicht einmal die Hälfte der DAX-Konzerne eine Frauenquote von 30 Prozent. Im Öffentlichen Dienst sieht es nicht viel besser aus. Im Wissenschaftsbereich schon gar nicht: Bei den besser vergüteten und ausgestatteten Professuren liegt der Frauenanteil unter 20 Prozent.

Schluss

Schlussfolgerung: Schöne Reden und unverbindliche Absichtserklärungen ändern nichts an dieser Situation. Notwendig sind rechtlich verbindliche Maßnahmen zur tatsächlichen Gleichstellung der Frauen.

Mehr als drei Beispiele sind zu viel des Guten: Die Zuhörenden verlieren entweder die Geduld oder den roten Faden und schalten ab.

Entwickelt man seine Argumentation in der Auseinandersetzung mit anderen Auffassungen, werden zunächst die anderen Meinungen oder Vorschläge aufgegriffen. Die Einleitung besteht dann aus zwei Teilen: Argumentation aufgreifen und eine Behauptung formulieren. Zwei Beispiele:

1. Widerspruch äußern

- *Anknüpfung:* Timo meint, an der Benachteiligung von Frauen auf dem Arbeitsmarkt könne dadurch etwas geändert werden, dass Unternehmen sich freiwillig verpflichten, Frauen-Förderpläne aufzustellen.
- *Behauptung:* Ich meine, das ist nach aller Erfahrung mit unverbindlichen Absichtserklärungen der Wirtschaft faktisch ein Plädoyer für die Beibehaltung des Status quo.

2. Meinungen, Vorschläge verbinden

- *Anknüpfung:* Wir haben zwei Thesen gehört. These 1 lautet: Die Schule muss sich stärker auf ihren Erziehungsauftrag konzentrieren. In der Gegenthese wird die Auffassung vertreten, die Schule habe zu bilden. Erziehung sei Aufgabe der Eltern.

- *Behauptung:* Meine Synthese lautet: Die Schule kann sich ihre Aufgaben nicht aussuchen. Die Schule muss sich mit der Lebenswelt von Kindern und Jugendlichen auseinandersetzen, wenn sie ihren Bildungsauftrag erfüllen will – und das heißt auch: mit der Erziehung im Elternhaus und den gesellschaftlichen Werten und Normen.

Der „Zwecksatz" sollte wirklich der letzte Satz sein. Die Problemlösung, Aufforderung oder Schlussfolgerung muss wirken. Wird ein unbedeutendes Beispiel oder eine nebensächliche Bemerkung nachgeschoben, schmälert das die Wirkung der gesamten Argumentation.

Argumentieren – 7 Empfehlungen

1. Machen Sie sich umfassend sachkundig.
2. Tragen Sie die Daten und Fakten zusammen, die Ihren Standpunkt stützen. Verweisen Sie auf Veröffentlichungen, in denen diese Daten und Fakten nachzulesen sind. Ziehen Sie, wenn es themenangemessen ist, historische Beispiele heran.
3. Lassen Sie kein Gegenargument unberücksichtigt.
4. Stellen Sie andere Auffassungen korrekt dar.
5. Nehmen Sie Gegenargumente in Ihre Argumentation auf, und entkräften Sie diese mit Daten und Fakten („Für die sogenannte Umweltprämie scheint zu sprechen, dass …")
6. Vermeiden Sie Übertreibungen, Pauschalierungen und Polemiken.
7. Verzichten Sie auf Appelle.

(Franck 2019)

Nicht überrumpeln lassen. Argumentationsfehler und Argumentationstricks

Im Folgenden geht es um klassische Argumentationsfehler – Fehler, die unterlaufen können, aber auch als Tricks bewusst eingesetzt werden. Wer solche Tricks anwendet, hat's nötig. Wer diese Tricks kennt, kann souverän reagieren.

Scheingegensätze

- „Unser Unternehmen muss sich entscheiden: Wollen wir weiter international wettbewerbsfähig bleiben? Oder wollen wir uns weiter den Luxus hoher Sozialleistungen gönnen?"

- „Entweder wir forschen und lehren an unserer Hochschule erfolgreich, oder wir räumen allen Studierenden Mitspracherechte ein."

Prüfen Sie bei ‚entweder – oder'-Argumenten kritisch, ob tatsächlich ein Gegensatz oder Widerspruch vorliegt. Schließen sich Wettbewerbsfähigkeit und Sozialleistungen wirklich aus? Gibt es tatsächlich einen Widerspruch zwischen Effizienz und Mitsprache? In jedem Fall müssen solche Aussagen belegt werden. Worin besteht der Gegensatz zwischen erfolgreicher Forschung und der Mitsprache von Studierenden? Welche Belege gibt es dafür, dass Wettbewerbsfähigkeit und Sozialleistungen einander ausschließen?

Gefühl als letzte Instanz

„Bleib doch bitte sachlich!" Diese Aufforderung bringt in Diskussionen nicht weiter, in denen sich jemand auf sein oder ihr Gefühl beruft. Das Gefühl ist Wirklichkeit. Hat es auch einen argumentativen Status?

Ja, immer dann, wenn es um Entscheidungen geht, die ausschließlich von individueller Relevanz sind – zum Beispiel um die Entscheidung, ob man trotz Flugangst des Partners gemeinsam in den Urlaub fliegt. *Nein,* wenn das Gefühl oder die individuelle Betroffenheit nicht von allgemeiner Relevanz ist – zum Beispiel die Frage, ob und in welchem Umfange Sterbehilfe erlaubt werden soll. In solchen Fällen geht es um *Verständnis* – zum Beispiel für jemanden, der vehement für Sterbehilfe plädiert, weil er hautnah miterlebt, wie die alte kranke Mutter ohne Aussicht auf Besserung furchtbar leidet.

Unzulässiger Umkehrschluss

> „Wir haben in der Vergangenheit mit der Liste *Uni2030* bei der Hochschulleitung viel erreicht. Wenn wir auch künftig etwas erreichen wollen, dann müssen wir die Liste *Uni2030* wählen."

Die Tatsache *wenn A, dann B* lässt sich nicht einfach umkehren in *wenn B, dann A*: Wenn Wasser kocht, sprudelt es. Aber es muss nicht kochen, wenn es sprudelt. Das Sprudeln kann auch andere Ursachen haben. Wenn ich Durst habe, trinke ich etwas. Wenn ich etwas trinke, muss ich keinen Durst haben.

Relevanzbereich verschieben

Ein nicht ganz ernst zu nehmendes und ein ernsthaftes Beispiel:

- „Es gibt kein schlechtes Wetter. Es gibt nur falsche Kleidung."
- „Es gibt keine schlechten Schüler. Es gibt nur schlechte Lehrer."

Ich sympathisiere mit diesen Aussagen – unter bestimmten Bedingungen: Wenn meine Partnerin ihren Anorak nicht mit auf die Wanderung genommen hat und anhaltend klagt, dass es regnet. Wenn Lehrerinnen und Lehrer es sich zu leicht machen, und in den Schülerinnen und Schüler die Quelle aller Probleme sehen.

Doch es gibt schlechtes Wetter – zum Beispiel für die Landwirtschaft oder für Menschen, die in überschwemmungsgefährdeten Gebieten wohnen. Und es gibt, aus welchen Gründen auch immer, Schülerinnen und Schüler, die nicht das Sozialverhalten oder die motorischen oder geistigen Fähigkeiten haben, um im regulären Schulbetrieb mithalten zu können. Dies zu leugnen, würde alle Verantwortung den Lehrerinnen und Lehrern aufbürden. Aus dem Schneider wären die Schulpolitik, die Eltern und unsere Kultur- und Konsumindustrie.

Unzulässige Verallgemeinerung

> „Wir haben in Baden-Württemberg mit einem personenbezogenen Wahlkampf ein sehr gutes Ergebnis erzielt. Nur wenn wir einen personenbezogenen Wahlkampf machen, werden wir bei der kommenden Bundestagswahl erfolgreich sein."

Von der Situation in einem Bundesland kann nicht zwingend auf andere Länder oder gar die gesamte Republik geschlossen werden. Wenn Rita Schokolade mag und Studentin ist, dann heißt das noch lange nicht, dass alle Studentinnen gerne Schokolade essen.

Im (Beziehungs-)Alltag sind manchmal sehr kuriose Verallgemeinerungen anzutreffen: Sie zu ihm: „Diese Bemerkung war überflüssig!" Er antwortet: „Ich bin überhaupt nicht überflüssig!"

Naturalistischer Fehlschluss

Wenn etwas „von Natur aus" ist, dann heißt das nicht, dass sich daraus Werte oder Normen ableiten lassen. Frauen *können* Kinder bekommen. Daraus folgt aber nicht, dass Frauen Kinder bekommen *sollen* – oder gar ohne Kinder „unvollständig" oder „egoistisch" sind. Die Fähigkeit gibt keine Norm und keinen Wert vor. Mann und Frau können Kinder zeugen. Daraus folgt nicht, dass nur Mann und Frau Fundament einer Familie sein können, Homosexuellen das Recht vorenthalten werden sollte, Kinder zu adoptieren.

Mit dem naturalistischen Fehlschluss verwandt ist die Verwechslung von *möglich* und *wünschenswert*:

- „Die Anschaffung des neuen Smartphones von XYZ lohnt sich, weil man damit …"
- „WhatsApp ist ein kommunikativer Durchbruch, weil …"

Wer mit der Begeisterung über technische Möglichkeit konfrontiert wird – von E-Learning bis zum Schnellliefer-Service mit Drohnen – sollte stets prüfen: Ist das, was technisch möglich ist, auch gesellschaftlich und sozial oder kulturell wünschenswert?

Scheinlogik

„Wir haben als Kriterium festgelegt, dass ein Kandidat für den Vereinsvorstand über kommunalpolitische Kompetenzen verfügen muss. Herr Fritsch war vier Jahre lang im Bürgerausschuss aktiv. Deshalb schlage ich Herrn Fritsch für den Vereinsvorstand vor."

Wer vier Jahre im Bürgerausschuss aktiv war, muss nicht notwendig über kommunalpolitische Kompetenzen verfügen.

Frage nach dem Beweis, der nicht erbracht werden kann

- „Wer mehr Mitsprache fordert, muss beweisen, dass mehr Mitsprache die Effektivität unserer Arbeit erhöht."
- „Die Lehramtsanwärterinnen, die mehr Projektarbeit wollen, müssen belegen, dass diese Unterrichtsmethode zu besseren Leistungen führt."

Wie reagiert man auf diese Argumentationsfigur, mit der Veränderungen verhindert werden sollen? Mit dem Hinweis, dass man Beweis *praktisch* antreten will:

- „Das machen wir gerne. Geben Sie uns die Chance."
- „In drei Monaten liegt der Beweis vor, wenn wir morgen beginnen."
- „Kein Problem. Packen wir's an."

Bitte beachten Sie: Wenn Ihnen die genannten Argumentationsmuster in Diskussionen und Gesprächen begegnen, bedeutet das nicht notwendig, dass jemand in die Trickkiste gegriffen hat. Ihr Gegenüber kann solche „Argumente" auch deshalb anführen, weil es nicht merkt, dass es zum Beispiel unzulässig verallgemeinert.

Zum Weiterlesen

Markus Herrmann u. a.: Schlüsselkompetenz Argumentation. 2 Aufl. Paderborn: Schöningh 2012

Bewerbung

Können kommunizieren können

Ich habe weit über tausend Bewerbungen gelesen, rund hundert Bewerbungsgespräche geführt und die Erfahrung gemacht, dass viele – fachlich qualifizierte – Bewerberinnen und Bewerber nicht situationsangemessen kommunizieren.

Bewerbungen sind Kommunikationssituationen, in denen Erfolg oder Misserfolg nicht zuletzt davon abhängt, ob es gelingt, die verschiedenen Seiten von Kommunikation im Blick zu haben, kommunikative Kompetenz zu demonstrieren. An der Situation Bewerbung lässt sich der praktische Nutzen der Hinweise zum Kommunikationsquadrat im ersten Kapitel exemplarisch verdeutlichen.

Unter diesem Gesichtspunkt gehe ich auf Bewerbungen ein. Die folgenden Seiten sollen nicht mit Bewerbungsratgebern konkurrieren; sie können vielmehr als Anti-Bewerbungsratgeber gelesen werden: Die meisten Bewerbungsratgeber sind Schablonen-Lieferanten, die Muster-Schreiben und Muster-Antworten anbieten. Mit einer Orientierung an Mustern gelingt keine individuelle, situationsangemessene Bewerbung. Genau darauf kommt es jedoch an. Und mit dem Auswendiglernen von Antworten auf mögliche Fragen schüchtert man sich ein, denn es könnte auch ein Dutzend anderer Fragen gestellt werden, für die man keine Antworten „gelernt" hat.

Der reflektierte Blick auf die unterschiedlichen Kommunikationsdimensionen erleichtert eine situationsangemessene Selbstdarstellung und ein selbstbewusstes Auftreten in Bewerbungsgesprächen.[7]

Die Kommunikationsdimensionen einer Bewerbung

Eine Bewerbung gibt Auskunft darüber,

- was ich kann: *Sachaussage,*
- wie ich mich und meine Kenntnisse, Fähigkeiten, Erfahrungen und Motive präsentiere: *Selbstauskunft,*
- wie ich meine Beziehung zum meinem potenziellen Arbeitgeber sehe: *Beziehung.*

7 Weitere nützliche Hinweise für Bewerbungen enthalten die Kapitel *Nonverbale Kommunikation, Schriftlich kommunizieren, Small Talk* und *Unsicherheitssignale*.

Diese Auskunft soll Gründe für den unausgesprochenen *Appell* liefern: *Entscheiden Sie sich für mich.*

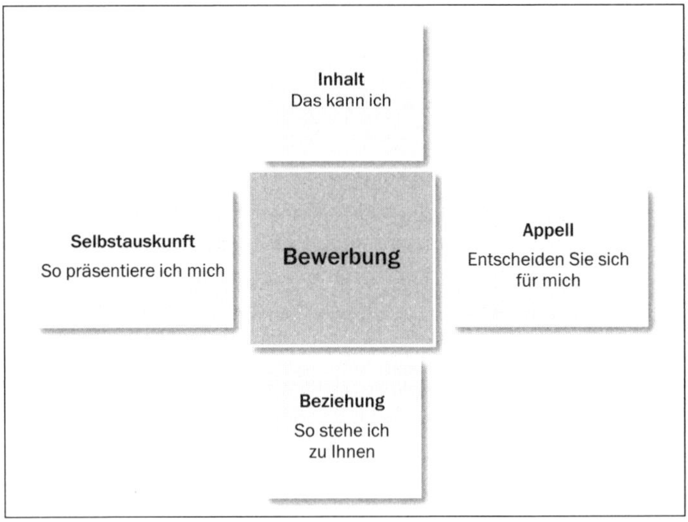

Abbildung 8: Kommunikationsdimensionen einer Bewerbung

Jede Bewerbung enthält eine Sach-, eine Beziehungsaussage, eine Selbstauskunft und einen Appell – auch dann, wenn diese Dimensionen nicht ausdrücklich angesprochen werden. Ein Beispiel:

> Sehr geehrte Damen und Herren,
>
> ich beziehe mich auf Ihre Anzeige in der … vom …, in der Sie einen Volontär für die Presse- und Öffentlichkeitsarbeit suchen. Diese Stelle interessiert mich. Meine Qualifikation entspricht Ihren Erfordernissen.
> Den Ablauf meines Ausbildungsganges entnehmen Sie bitte dem beigefügten Lebenslauf und den Zeugnissen.
> Es würde mich freuen, von Ihnen zu einem Gespräch eingeladen zu werden.
>
> Mit freundlichen Grüßen

Dieses Anschreiben enthält die wenig Sympathie heischende Selbstauskunft: Ich gebe mir keine Mühe, eine aussagekräftige Bewerbung zu schreiben (oder eine nachsichtige Interpretation: Ich habe keine Bewerbungserfahrungen). Verbunden mit der Beziehungsaussage: Es geht um mich, erwarten Sie keine darüber hinausgehenden Aussagen. Wenn Sie meine Qualifikationen interessieren, lesen Sie die Unterlagen, die ich mitgeschickt habe.

Diese Bewerbung weckt kein Interesse; sie verfehlt also ihr Ziel. Diese Bewerbung ist kein individuelles Schreiben, das einen deutlichen Bezug zum Adressaten herstellt; sie erfüllt also nicht die Grundanforderungen an eine Bewerbung.

Wenn eine Bewerbung explizit oder implizit eine Sach- und eine Beziehungsauskunft, eine Selbstauskunft und einen Appell enthält, dann ist es sinnvoll, Bewerbungen so zu gestalten, dass möglichst das wahrgenommen wird, was man möchte, dass es wahrgenommen wird.

Dos und Don'ts

Sachaussage

Werbung statt Wiederholung

Ein Anschreiben soll eine pointierte Antwort auf die Frage geben, *warum gerade ich für diese Stelle?* Die Nacherzählung des Lebenslaufs leistet das nicht: Jede Bewerbung ist auch *Werbung*. Werbung muss auf die jeweilige Zielgruppe ausgerichtet sein, eine Bewerbung auf den Adressaten.

Wollte man zum Beispiel für ein E-Bike werben, würde man nicht den Weg vom Entwurf über die Materialbeschaffung bis hin zum fertigen Produkt schildern, sondern seine Vorzüge hervorheben: zuverlässig, leistungsstark, preisgünstig. Bei einer Bewerbung sollte das nicht anders sein; sie sollte seriöse Werbung sein.

Jäger statt Sammler

Bei der Darstellung der Erfahrungen, Kenntnisse und Fähigkeiten gibt man auch Auskunft über die Selbstwahrnehmung: Habe ich Erfahrungen gemacht, mir Kenntnisse angeeignet und Fähigkeiten erworben? Bin ich also ein aktiver Mensch? Oder wurden mir in der Lehre oder an der Hochschule Kenntnisse vermittelt, habe ich in Praktika Erfahrungen sammeln können, wurde ich während meines Volontariats mit der Anzeigenakquise vertraut gemacht? Kürzer: Aktiv ist dynamisch, passiv behäbig.

Belege statt Behauptungen

Die sogenannten Soft Skills stehen hoch im Kurs. Deshalb legen Bewerbungsratgeber nahe, mit einer guten Portion Soft Skills aufzuwarten: dynamisch, kreativ, teamfähig, belastbar (stressresistent) und flexibel – zum Beispiel. Mit zum Teil skurrilen Ergebnissen:

> „Ich bin zielgerichtet, aber nicht stur, locker, aber nicht unzuverlässig, flexibel, aber nicht orientierungslos, dynamisch, aber nicht hektisch. Als Hobbytaucher dringe ich

in eine Welt voller Risiken ein, in der Belastbarkeit – wie in Ihrem Unternehmen – gefragt ist."

Jede und jeder kann behaupten, kreativ oder teamfähig zu sein. Für diese Skills müssen Belege angegeben werden: In welchen beruflichen Zusammenhängen hatte ich die Möglichkeit, Teamfähigkeit unter Beweis zu stellen, für die Bewältigung welcher Anforderungen war Kreativität Voraussetzung?

Selbstbewusst und positiv

Ich bin selbstbewusst. Diese Selbstauskunft signalisiert man in Bewerbungssituationen durch Verben wie *meinen* (statt glauben) und *kann* (statt könnte). Und durch einen positiven Blick auf die eigenen Kenntnisse bzw. Fähigkeiten. Deshalb nicht: Ich habe nur wenige HTML-Kenntnisse. Sondern: Ich verfüge über ausbaufähige HTML-Grundkenntnisse.

Selbstauskunft

Mir ist die Stelle wichtig

Deshalb schreibe ich keine Standard-Bewerbung, sondern eine auf die Stelle zugeschnittene. Auch die Form stimmt (keine Rechtschreib- und Grammatikfehler, gutes Papier, korrekte Briefgestaltung usw.).

Ich bin kein Angeber und keine Plaudertasche. Deshalb verzichte ich auf Belesenheitsnachweise („Schon Platon hat gesagt, …"), auf Geschichten aus dem Arbeitsleben und auf Selbstlob.

„Als logisch-analytisch denkende und zielorientiert planende Persönlichkeit bringe ich alle Voraussetzungen mit, die man in einem weltweit tätigen Unternehmen benötigt."

Wer angibt, hat's nötig. Deshalb rate ich davon ab, ein Anschreiben so anzufangen, wie es in der *Zeit* empfohlen wurde: „Herzlichen Glückwunsch: genau in diesem Moment haben Sie die ideale Besetzung für die Stelle der PR-Referentin … gefunden." (Berg 2013, S. 59)

Ich kenne meine Stärken

Deshalb kann ich sie ohne Einschränkungen im Vorstellungsgespräch benennen. Die beliebte unsinnige Frage nach Schwächen beantworte ich mit Bezug auf die angestrebte Stelle: „Ich muss mich mit … vertraut machen."

Weil ich meine Stärken kenne, bringe ich das auch nonverbal zum Ausdruck: Ich schaue im Bewerbungsgespräch meine Gesprächspartnerinnen und Gesprächspartner an, spreche ruhig, deutlich und bestimmt.

Ich habe klare Vorstellungen

Sowohl über eine Arbeit, die mich zufriedenstellt, als auch – jedenfalls für die nächsten fünf Jahre – über meine berufliche und private Perspektive. Und diese Vorstellungen kann ich klar benennen. Zum Beispiel: „Wenn ich diese Aufgabe zwei Jahre erfolgreich ausgefüllt habe, stelle ich mir als nächsten Schritt einen Auslandsaufenthalt in einem Tochterunternehmen (eine Führungsaufgabe in der Zentrale) vor.“ „Mittelfristig ist mir eine Familie wichtig. Aktuell sind Kinder für mich kein Thema.“

Beziehung

Ich belehre nicht

Wer sich um eine Stelle bewirbt, ist auskunftspflichtig. Belehrung – „Unternehmen, die sich am Markt behaupten wollen, müssen heute ...“ – ist nicht situationsangemessen.

Ich weiß, eine Geschäftsführerin, ein Personalchef hat viel zu tun

Deshalb langweile ich sie im Lebenslauf weder mit Hinweisen auf Eltern oder Geschwister noch mit Angaben, wo genau sich meine Grundschule befand. Stattdessen gebe ich an, was entscheidungsrelevant ist: Erfahrungen, Kenntnisse (Sprachen, EDV etc.), Weiterbildung und was über das Berufliche hinaus interessant sein könnte (zum Beispiel Sport oder ehrenamtliches Engagement).

Freundlichkeit weiß ich zu schätzen

Deshalb nehme ich das Kaffee- und/oder Wasser-Angebot beim Bewerbungsgespräch gerne an (und ich darf so selbstbewusst sein, nach Tee zu fragen – verbunden mit dem Hinweis, „wenn es keine Umstände macht“).

Ich kommuniziere auf Augenhöhe

Deshalb gestalte ich das Bewerbungsgespräch, zu dem ich pünktlich und nicht overdressed komme, mit: dem → *Small Talk* vor und nach dem eigentlichen Gespräch sowie mit → *Fragen* zur Stelle.

Alle werden von mir beachtet

Als höflicher Mensch nehme ich zu allen Beteiligten eines Bewerbungsgesprächs Blickkontakt auf. Ich spreche nicht nur die Chefin an, sondern auch ihren Assistenten.

Appell

Sach-, Beziehungsaussage und Selbstauskunft haben einen Zweck; sie sollen Argumente liefern für den *Appell: Entscheiden Sie sich für mich.* Soll man diesen Appell am Schluss eines Anschreibens formulieren, andeuten oder gänzlich darauf verzichten?

Unbeholfen ist der bereits zitierte Brief eines Berufsanfängers: „Es würde mich freuen, von Ihnen zu einem Gespräch eingeladen zu werden." Noch unbeholfener der Vorschlag des bereits zitierten Werbeprofis: „Einen ersten Eindruck meiner Motivation und meiner Fähigkeiten haben Sie hoffentlich schon bekommen. Bitte überzeugen Sie sich gerne persönlich von mir." (Berg 2013, S. 59) Entschieden besser als *bitten* im Vorschlag des Werbetexters ist *freuen* (und von *hoffentlich* rate ich ab: Das Wort vermittelt einen wenig selbstsicheren Eindruck).

Mein Vorschlag: Nicht schreiben, was als selbstverständlich bekannt ist. Sondern mit einer Selbstauskunft enden, die Personalchefs noch nicht sehr oft gelesen haben. Zum Beispiel: „Ich bin gespannt auf Ihre Rückmeldung."

Er und sie

Frauen und Männer. Genderlekte

„Männer und Frauen passen einfach nicht zueinander", lautet ein Loriot-Klassiker. Sie will reden, er seine Ruhe. Er sucht den Konflikt, sie die Harmonie. Sie erwartet Mitgefühl, er gibt Ratschläge. Sie fragt, er sagt, was Sache ist. Sie nickt ihm freundlich zu, er sieht sie regungslos an.

Frauen und Männer unterscheiden sich beim Reden und beim Zuhören, in der → *nonverbalen Kommunikation,* in der Bereitschaft und dem Bedürfnis, über → *Gefühle* zu sprechen – zum Beispiel.

Diese – je unterschiedlich ausgeprägten – Verhaltens- und Kommunikationsmuster sind gelernt. Die Geschlechtsrolle wird angenommen. Das soziale Geschlecht (Gender) wird durch Kommunikation hergestellt und ausgedrückt. Die Inszenierung von Geschlecht geschieht auf der Grundlage von symbolischen Ordnungen und Regeln. Männer und Frauen inszenieren Gender immer wieder neu. Wenn Frauen zum Beispiel schlichtend in Auseinandersetzungen eingreifen, inszenieren sie zugleich „Weiblichkeit" und bestätigen eine dem Geschlecht *zugeschriebene* Eigenschaft (Harmoniebedürfnis).

Das „Fräulein" ist ausgestorben. Doch unsere Sprache spiegelt noch immer die unterschiedlichen Attribuierungen und Rollenvorgaben für die Geschlechter. Ich greife lediglich den Aspekt fehlender Entsprechungen heraus: Wird vom Karriere*mann* gesprochen? Ist der Raben*vater* geläufig? Haben Sie schon einmal Mutter*töchterchen* gehört? Was könnte die weibliche Version vom oder „Haudegen" sein? Und was die männliche von der „Klatschtante"?

Ich thematisiere in nur wenigen Kapiteln Geschlechterdifferenzen in der Kommunikation und akzentuiere mögliche Entwicklungsrichtungen und Entwicklungsschritte, die Frauen *und* Männer einschlagen können.

In diesem Kapitel geht es ausdrücklich um *geschlechtsspezifische* Kommunikation. Ich verbinde die Leitfrage, wie Kommunikation zwischen Frauen und Männern gelingen kann, mit vielen Hinweisen auf Kapitel, in denen Anregungen für das Gelingen zu finden sind.

Ich nehme zwei zentrale Lebensbereiche in den Blick, in denen sich die Geschlechter mit unterschiedlichen Voraussetzungen und Perspektiven aufeinander beziehen: Beruf und Beziehung.[8] In beiden Lebensbereichen geht es nicht nur um Kommunikation, sondern auch um handfeste Interessen, um Karriere und Geld,

8 Ich unterstelle dabei, dass sich viele Merkmale dieser Bereiche auch auf anderen Feldern ausmachen lassen, zum Beispiel in der Politik, im Bildungswesen und Vereinsleben oder in Freundschaften.

um die Frage, wer Köchin (Koch) und wer Kellner (Kellnerin) ist, um Bequemlichkeit und um Mehrfachbelastung.

Schöne Prinzipien, raue Wirklichkeit

Gleichberechtigung und die partnerschaftliche Aufteilung von Haus- und Erziehungsarbeit gelten im öffentlichen Bewusstsein zwar weitgehend als selbstverständlich. Aber zwischen Einstellungen und tatsächlichem Verhalten existiert eine große Kluft. Drei Kennziffern machen das besonders deutlich:

- Noch immer ist der Anteil von Frauen in Führungspositionen gering.[9] Frauen besetzen nur knapp 23 Prozent der Professuren. Ihr Anteil steigt im Schneckentempo: von 2006 bis 2015 um 0,75 Prozent (Reichstetter 2018, 74).
- Aufteilung der Elternzeit: In zwei Drittel aller Familien, die 2014 ein Kind bekamen, nahm nur die Mutter Elternzeit in Anspruch, bei 34 Prozent entschied sich auch der Vater für Elternzeit. Mütter beziehen durchschnittlich 12 Monate Elterngeld, Väter 3 Monate.
- Die ungleiche Bezahlung von Männern und Frauen.

In Beziehungen sind Frauen mit der Arbeitsteilung unzufrieden. Männer leiden darunter, dass ihre Partnerin unzufrieden ist. Sie sehen zwar häufig ein, dass sie mehr tun müssten. Allerdings wird diese Einsicht weniger häufig praktisch. Haushalt und Kinder bleiben an der Frau hängen: Erwachsene arbeiten durchschnittlich 45 Stunden in der Woche – 20,5 Stunden bezahlte Arbeit und 24,5 Stunden unbezahlte Arbeit wie Kinderbetreuung und Haushalt. Die unbezahlte Arbeit macht bei Frauen rund zwei Drittel des Gesamtpensums aus, bei Männern weniger als die Hälfte (Schoener 2016, S. 59).

Die unterschiedlichen Vorstellungen von Nähe und von Kommunikation über → *Gefühle* sind potenziell weitere (dauerhafte) Konfliktquellen. Neutral formuliert: Frauen und Männer haben es nicht leicht miteinander.

Leicht nehmen und es sich schwer machen: Prägende Frauen- und Männerbilder

Die folgende Beobachtung von Deborah Tannen ist ein über ein Vierteljahrhundert alt: Frauen stehen vor einem Konflikt. „Wenn sie so sprechen, wie es von Frauen erwartet wird, spricht man ihnen ihre Führungsqualitäten ab. Wenn sie so

9 Quelle für diese und die folgenden Aussagen ist das Statistische Bundesamt: www.destatis.de

sprechen, wie man es von Führungskräften erwartet, stellt man ihre Weiblichkeit in Abrede." (1991, S. 270)

Heute sind Frauen in den meisten Berufsfeldern noch immer mit diesem Dilemma konfrontiert – mit dem Ergebnis von Zuschreibungen und Erwartungen, die nirgends festgeschrieben sind und auch nicht zum anerkannten Wertekanon unserer Gesellschaft gehören, aber hartnäckig wirksam sind.

Erfolg macht Männer sexy – Frauen eher einsam. Deshalb können sich Ministerpräsidenten und Präsidentschaftskandidaten, Rock-, Pop- und Filmstars fortgeschrittenen Alters mit jungen attraktiven Frauen schmücken. Für Frauen in exponierter Funktion zwar denkbar, aber faktisch nicht möglich. Einen jüngeren Mann zu heiraten, können sich allenfalls exzentrische Größen wie Madonna leisten, bei der dies Teil ihrer sexualisierten Selbstvermarktung ist. Und selbst bei ihr hielt sich die Altersdifferenz in Grenzen: Ihr jüngster Gatte war gerade mal zehn Jahre jünger.

Männer konkurrieren um Erfolg – was als selbstverständlich angesehen wird. Frauen fällt das eher schwer. Kampf, Konkurrenz ist fester Bestandteil männlicher Sozialisation: Spiele von Jungs sind Kampf- und Wettspiele, bei denen es ums Gewinnen geht. Mädchen spielen lieber miteinander als gegeneinander. Sie wollen einander nicht übertrumpfen, sondern miteinander reden. Harmonie und Ausgleich ist wichtiger als der Einsatz der Ellenbogen. Konkurrenz wird nicht offen ausgetragen, weil es Mädchen weniger um Respekt geht als darum, gemocht zu werden. „Während es in Jungengruppen um Ansehen und Status geht, ist es Mädchen sehr viel wichtiger, beliebt zu sein. Und Beliebtheit kann man sich im Gegensatz zu Respekt nicht durch dominantes Auftreten erkämpfen." (Kumbier 2013, S. 159)

Mädchen werden seltener als Jungen ermuntert, sich durchzusetzen; sie werden bestärkt, freundlich zu sein: Ärger und Wut machen hässlich. Schönsein gehört zum Frausein. Und weil Erfolg keine klassische Vorgabe in der Erziehung von Mädchen ist, stellen Frauen häufig ihr Licht unter den Scheffel – und entschuldigen sich zum Beispiel viel öfter als Männer (vgl. Rothhaas 2016, S. 49). Ein Verhalten, das in der sogenannten Leistungsgesellschaft sonderbar anmutet und nur dadurch zu erklären ist, dass Frauen mit Erfolg die Befürchtung verbinden, sich unbeliebt zu machen. „Männer haben's schwer, nehmen's leicht. Männer können alles." Herbert Grönemeyer bringt in seinem Hit eine weitere Differenz auf den Punkt: Männer sind unter anderem auch deshalb erfolgreich, weil sie sich mit weniger Selbstzweifel herumschlagen. Läuft etwas schief, waren entweder andere oder die Umstände daran schuld. Schneiden Jungen in der Schule schlecht ab, sind sie – auch in den Augen moderner Eltern – allenfalls faul (oder in einer „schwierigen Phase"), aber nie weniger intelligent; sie müssen nur wollen. Lehrerinnen und Lehrer können ein Lied von dieser unerschütterlichen Eltern-Überzeugung singen.

Deshalb streben Politiker, die katastrophale Wahlergebnisse zu verantworten haben, ohne Skrupel hohe Ämter an, und Spitzenmanagern fällt es nicht schwer, selbstbewusst nach einem Misserfolg beim Unternehmen A ein Millionen-Honorar bei Unternehmen B zu verlangen. Mir ist kein Fall einer gescheiterten Politikerin oder Managerin bekannt, denen eine hoch dotierte Führungsposition angeboten wurde. Bei Männern ist das keine Seltenheit.

Frauen sind entschieden selbstkritischer. Ihre schulischen Leistungen sind im Durchschnitt zwar besser als die von Jungen. Was aber oft ausbleibt, ist die Bestärkung ihrer Leistungsfähigkeit: Bringen Mädchen gute Noten nach Hause, waren sie fleißig. Wenn ihnen Begabung zugesprochen wird, dann allenfalls im künstlerisch-musischen Bereich.

Erfolg im Konkurrenzkampf hat man, so die gängige Vorstellung, wenn man keine Schwäche und keine Angst zeigt – kein „Weichei" ist. Jungen werden angehalten, „sich nicht so anzustellen". Mädchen werden getröstet. Nicht nur Väter haben ein Auge darauf, dass der Sohn kein „Muttersöhnchen" wird. In unserer Leistungsgesellschaft ist der *ganze Mann* gefragt. Nicht mehr der *Marlboro*-Mann. Der ist letztes Jahrhundert. Und Rauchen ungesund. Aber wie im letzten Jahrhundert lernen Jungen nicht, über Ängste und Gefühle zu reden. Noch einmal Grönemeyer: „Männer sind einsame Streiter. Müssen durch jede Wand, müssen immer weiter." *Einsam*, weil sie in ihrer Kindheit und Jugend geringere Chancen als Mädchen hatten, mit Gleichaltrigen oder Erwachsenen über Gefühle und Probleme zu reden. *Durch jede Wand, immer weiter*, weil man sich auf Erfolg nicht ausruht, sich nicht fragt, was man braucht und was einem gut tut, sondern auf der Hut ist und voran muss: höher und weiter bis zum Infarkt oder Burn-out. Mädchen und Jungen machen eine gemeinsame Erfahrung: Mutter ist zuständig und kompetent, sie ist zu erreichen und nervig. *Zuständig* für Gefühle und Wehwehchen; *kompetent* in Gesundheits- und Ernährungsfragen; zu *erreichen*, weil sie mehr Zeit für Kinder und Haushalt aufbringt, *nervig* in allen Fragen der Ordnung und Sauberkeit. Mit Vater wird getobt, (heimlich) Pizza oder Burger gegessen und zuckerhaltige Cola getrunken.[10]

Beruf und Beziehung. Männer- und Frauen-Domänen

Frauen und Männer betreten also die Felder der Partnerschaft und des Berufs, der Fürsorge und Konkurrenz, mit unterschiedlichen Voraussetzungen und Er-

10 Wenn Sie die geraffte Argumentation in diesem und im nächsten Abschnitt nicht zufrieden stellt: Auf den fast tausend Seiten des Handbuchs Frauen- und Geschlechterforschung ist eine ausführliche Auseinandersetzung mit den angeschnittenen Fragen und Problemen zu finden (Becker und Kortendiek 2010).

wartungen. Welche Konsequenzen ergeben sich daraus? Können sie einander verstehen? Und wer kann (oder sollte) was für ein besseres Verständnis tun?

Is it a man's world? Beruf

In der Berufswelt ist Konkurrenz ein leitendes Prinzip. Verbal ausgetragen durch Unterbrechungen, lange Reden, auch dann, wenn man nichts Neues beizutragen hat. Frotzeln und das Beziehungsohr auf Durchzug stellen helfen in den ständigen Auseinandersetzungen um Platzvorteile.

Viele Studien kommen übereinstimmend zu folgendem Ergebnis: In gemischtgeschlechtlichen Gruppen dominieren die Männer. Sie

- reden mehr und länger,
- unterbrechen Frauen wesentlich häufiger als umgekehrt,
- haben größeren Einfluss auf die Gesprächsthemen.

Frauen

- lassen ihr Gegenüber ausreden,
- machen Pausen, um die Möglichkeit zur Reaktion zu geben,
- signalisieren durch Blickkontakt und Nicken Aufmerksamkeit.

Diese Gesprächstugenden erweisen sich vielfach als Nachteil: Frauen unterbrechen nicht, weil sie höflich auf eine Pause warten. Für Männer ist das die Einladung weiterzusprechen. Umgekehrt warten Frauen bei einem Mann oft vergeblich auf nonverbalen Zeichen, die signalisieren: Ich höre zu. Und eine Frau wartet häufig erfolglos auf eine Gesprächspause oder darauf, dass ein Mann an das anknüpft, was sie zuvor gesagt hat.

Männer sehen in dem Kommunikationsstil von Frauen vor allem Unterlegenheitsgesten – und sich in ihrer Überlegenheit bestärkt. Frauen geraten so in untergeordnete Positionen: Hierarchien bilden sich nicht vorwiegend aufgrund von Kompetenzen heraus, sondern sind vielfach das Ergebnis von Bedeutungszuschreibungen (selbstsicher, unsicher, durchsetzungsstark etc.) aufgrund von Kommunikationsmustern wie laut oder leise reden, fragen oder sagen, das Wort ergreifen oder darum bitten, unterbrechen oder ausreden lassen usw. → *Unsicherheitssignale*, → *Nonverbale Kommunikation*.

Geht es auch anders?

Attraktive Positionen sind knapp. Eine Stelle ist nur einmal zu vergeben. Deshalb gibt es Konkurrenz – und das skizzierte Männerplus.

Konkurrenzverhalten kann sich auch verselbstständigen und Männer auch dann antreiben zu konkurrieren, wenn es dafür keinen Anlass gibt. Das könnte – weil es ja auch anstrengend ist, immer als der Starke oder Bessere *gelten* zu wollen, und möglicherweise Sympathien kostet – Anlass für eine Selbstklärung sein:

- Brauche ich wirklich immer die Ellenbogen?
- Muss ich mich tatsächlich immer beweisen?
- Was gewänne ich, wenn ich mehr auf die Beziehungsseite von Kommunikation achten würde?
- Täte es mir gut, Zweifel und Unsicherheiten zeigen zu können, statt mich immer als sicher und unangreifbar zu präsentieren?

Sollten diese Fragen Anstoß sein, Veränderungsschritte gehen zu wollen, sind vor allem hier Anregungen zu finden: → *Feedback*, → *Gefühle äußern*, → *Konflikte austragen*, → *Zuhören*.

Die Fragen zur Selbstklärung sind bereits ein deutlicher Hinweis, dass Frauen nicht damit gedient ist, Männer-Verhaltensweisen zu übernehmen. Nachahmung ist kindliches (Lern-)Verhalten. Wer sich in die Fußstapfen anderer begibt, kann keine eigenen Wege gehen. – Die Alternative?

Für Frauen gilt, was für Männer gilt: Am Anfang steht die Selbstklärung: Was will ich? Will ich in das „Rennen" einsteigen? Und will und kann ich mich auf die Regeln einlassen?

Diese Fragen sollten nicht in den Dimensionen Sieg oder Niederlage geklärt werden. Orientierend ist die Frage, wie kann ich meine *Handlungsfähigkeit* und meinen *Handlungsspielraum* erweitern? Was kann ich tun, um die auf der Seite 69 angesprochenen Tugenden beizubehalten *und* zum Zuge zu kommen?

Einen eigenen Stil finden. Das kann mit einem Verzicht beginnen: dem Verzicht, es allen recht machen zu wollen. Dabei muss nicht gleich Helmut Kohl als Vorbild dienen – „Ich habe keine Angst, mich *unbeliebt* zu machen, ich bin es schon" –, es genügt der Verzicht auf den Wunsch, von *allen* gemocht zu werden. Und das sind wichtige Schritte, um sich Respekt und damit mehr Handlungsspielraum zu verschaffen:

- Stärken zeigen – statt das eigene Licht unter den Scheffel zu stellen. Geschieht dies *sachbezogen* statt ich-zentriert, müssen Frauen sich keine großen Sorgen machen, als Angeberin zu gelten.
- Zu Schwächen stehen, wenn es situationsangemessen ist, → *Unsicherheitssignale* jedoch vermeiden.
- Hilfsbereit sein *und* selbstfürsorgend mit den eigenen Bedürfnissen umgehen: anderen helfen, aber ihre Probleme nicht zu den eigenen machen.
- Statt stets um Harmonie besorgt zu sein: → *Konflikte austragen* – ohne auf Sieg und Niederlage zu setzen.
- Selbstverantwortlich kommunizieren: Unmissverständlich sagen, was man meint, was man sich wünscht und was man nicht möchte → *Nein sagen*.

- Sich wichtig nehmen, aber nicht alles auf sich beziehen: Im beruflichen Umgang mit Männern ist es nützlich, das Beziehungsohr häufiger auf Durchzug zu stellen. Männer meinen zum Beispiel Unterbrechungen nicht immer persönlich, sie unterbrechen alle (bis auf ihre Vorgesetzten). Nimmt man dieses Verhalten persönlich, macht man sich das Leben unnötig schwer.

Leider muss es immer noch gesagt werden: Frauen werden nach wie vor in die Situation versetzt, Grenzen setzen zu müssen: wenn ein Mann sie beleidigt, demütigt oder bösartig auf den Arm nimmt. Sexistische Anmache sollte mit einem unmissverständlichen *So nicht!* beantwortet werden. Über sexistische Bemerkungen gibt es nichts zu diskutieren – sie sind zu unterlassen.

Kind und „Kegel". Beziehung

Frauen sind in den letzten Jahrzehnten in die Männer-Berufswelten vorgedrungen. Langsam, gegen viel Widerstand, aber sicher übernehmen sie Führungspositionen in den Schaltstellen von Wirtschaft, Staat und Gesellschaft – wo ihnen das Leben oft schwer gemacht wird.

Männer *möchten* verantwortliche Väter sein; sie *wissen*, dass sie sich zu Hause nicht bedienen lassen können. Zunehmend mehr Männer *reflektieren* ihre Work-Life-Balance. Und trotzdem ist zu Hause, die Beziehung bzw. Familie für sie kein Heimspiel.

Wir haben es mit unterschiedlichen Parallelentwicklungen zu tun: Einerseits ist es möglich geworden, dass eine Frau sogar das Militär leitet, den Hort des Männlichen schlechthin. Andererseits ist es nach wie vor Alltag, dass Frauen zu Hause bleiben oder beruflich kürzertreten, wenn ein Kind kommt. Und während für Studentinnen bei der Wahl eines Arbeitgebers auf Platz 2 die Möglichkeit der Vereinbarkeit von Familie und Beruf steht, ist dieses Kriterium bei Studenten nicht unter den Top 5 (Depenbrock 2016, S. 59).

Erziehung und Haushalt werden so in erster Linie (meist unabgesprochen) Zuständigkeitsbereich der Frau. Die Folge in vielen Beziehungen: Sie reklamiert dann auch die, um einen außerfamiliären Begriff zu verwenden, Richtlinienkompetenz für diesen Bereich, für die Fragen, wie der Haushalt zu führen ist und wie Kinder erzogen werden sollen.

Das kann in der traditionellen Ehe gut gehen, wenn er ihre Leistung ausdrücklich anerkennt und ihr nicht den Eindruck vermittelt, sie würde sich einen schönen Lenz machen, während er hart arbeitet. (Und wenn er ab und an, eher symbolisch, im Haushalt mitarbeitet oder für einen sehr überschaubaren Bereich – zum Beispiel den Fisch-Einkauf – die Zuständigkeit übernimmt.)

Das führt zu Problemen, wenn der Partner Haus- und Erziehungsarbeit übernimmt oder übernehmen will – und deshalb auch mitreden will: Was wird gegessen? Was tut dem Kind gut und was nicht? Was ist Ordnung und was Sauberkeit? Was ist gemütlich? Was muss neu angeschafft oder renoviert werden?

Werden diese Fragen nicht als Meinungs- bzw. Interessenunterschiede besprochen, sondern als Auseinandersetzung darüber ausgetragen, wer das Sagen hat, und zudem moralisch aufgeladen – dann kann das zu langen und heftigen Grabenkämpfen führen.

Frauen wollen, dass Männer für ihre Kinder da sind, dass sie im Haushalt anpacken. Viele Frauen wollen, dass dies nach *ihren* Vorstellungen geschieht. Ihre Selbstauskunft: *Ich bin die Expertin.* Ihre Beziehungsbotschaft: *Du weißt nicht, was gut und was richtig ist.* Ihr Appell: *Hör auf mich!* Wie reagiert er? Mit Abwehr: Vereinbarungen werden „vergessen", Aufgaben nur halbherzig erledigt. Ein Teufelskreis beginnt. Sie macht ihm Vorwürfe. Er wird trotziger. Sie übernimmt noch mehr Aufgaben und wird noch unzufriedener. Das lässt sie ihn spüren. Er …

Geht es auch anders?

Wie lässt sich diesem Teufelskreis entrinnen, wie können solche Grabenkämpfe vermieden werden? Ganz entscheidend ist es, in der ersten Person zu reden:

- „Ich schlage vor, dass wir weniger Fleisch und mehr Salat und Gemüse essen."
- „Ich meine, dass Fabian weniger vor dem Computer sitzen und mehr an die frische Luft gehen sollte."
- „Ich finde die Leitlinien der Deutschen Gesellschaft für Ernährung sehr hilfreich."
- „Ich möchte, dass der Badspiegel und das Waschbecken täglich sauber gemacht werden. Ich schlage vor, dass wir uns damit wöchentlich abwechseln."
- „Mich stört es, wenn Deine Unterlagen in der Küche und im Wohnzimmer herumliegen."
- Über diese Wünsche und Vorstellungen kann und muss man sich verständigen – zum Beispiel:
- „Mir ist Zeit zum Faulenzen wichtiger als viel Zeit für Einkaufen und Kochen aufzuwenden."
- „Ich ziehe einen schlichten Rasen pflegeintensiven Blumen und Pflanzen vor."
- „Ich wünsche mir, dass Du es zwei oder drei Tage aushältst, dass Unterlagen von mir rumliegen. Du kannst sie gerne auf einen Stuhl oder den Couchtisch legen."

Es geht nicht um Recht oder Unrecht, sondern um einen Ausgleich von Interessen. Das ist keine einfache Angelegenheit. Bewegung ist dann möglich, wenn Bevormundung und Verletzungen vermieden werden. Verzichtet sie aufs Besserwissen, erhöht sich die Chance, dass er bereit zum Lernen bzw. zur Veränderung ist → *Feedback*, → *Ich-, Du-, Man-Botschaften.*

Die Zumutung an Frauen besteht also darin, in dem Maße vom Anspruch auf die Richtlinienkompetenz abzugehen, in dem er Pflichten übernimmt. Das könnte ein guter Deal sein: Mitbestimmung bei Mitarbeit.

Damit Frauen beim Interessensausgleich nicht zu kurz kommen, ist → *Nein sagen* zu können eine wichtige Voraussetzung. Nein

- zu Belastungen, die nicht vereinbart wurden,
- zur Anmaßung, sie müsse doch für seine wichtigen Termine (die er gerne kurzfristig und ohne Rücksprache macht) Verständnis haben. Er signalisiert damit: *Du hast doch „objektiv" nichts Wichtiges vor und noch Reserven,*
- zu kannst-Du-das-nicht-übernehmen-Zumutungen, die zum Ausdruck bringen: Diese Aufgabe ist unter meinem Niveau.

Im Kapitel → *Gefühle äußern* zitiere ich Marshall B. Rosenbergs Hinweis, er sei während der 21 Jahre, die er Schulen und Hochschulen besuchte, nie gefragt worden, wie er sich fühle (2003, S. 51). Nicht nur Rosenberg hat diese Erfahrung gemacht. Die meisten Männer wurden in ihrer Kindheit und Jugend nicht ermuntert oder befähigt, über Gefühle zu sprechen. In der Arbeitswelt schon gar nicht.

Der Umgang mit Gefühlen unterscheidet Frauen und Männer und ist für Männer und Frauen ein Lernfeld. Frauen betreten dieses Feld mit zwei Vorteilen: Sie wollen über Gefühle reden und sie haben Erfahrung darin. *Wollen* ist zwar noch nicht *können*, aber ein großes Kommunikationsplus. Männern fehlt oft die Erfahrung, über Gefühle zu reden. Es ist für sie (deshalb) nicht positiv besetzt, sondern gilt eher als „Frauen-Domäne."

Der Nachholbedarf bei Männern ist offenkundig. Frauen stehen vor folgender Herausforderung: in einer Beziehung nicht nur dann Gefühlsäußerungen wahrzunehmen, wenn ihr Partner seine Gefühle in ihrer Gefühlssprache äußert. Gelingt es zudem, statt von Unwilligkeit von einem Mangel an Erfahrung auszugehen, dann sollte es möglich sein, auf Vorwürfe („Du kannst einfach nicht …") ebenso zu verzichten wie auf Analysen („Du hast wahrscheinlich …"), Belehrungen („Du musst mehr …") oder Ratschläge („Du solltest vielleicht einmal …").

Wenn sie ihm stattdessen sagt, was sie für ihr Wohlbefinden braucht, was sie sich wünscht und wie sie sich Nähe und Intimität vorstellt – dann sollten vernünftige Gespräche möglich sein. Dann sollten „Ist was?!", „Hast Du was?!" oder „Warum sagst Du nichts?!" der Vergangenheit angehören. Er sollte damit klarkommen, dass sie sich wünscht, über Gefühle zu sprechen, dass für sie sich so Intimität herstellt – und nicht schon dadurch, dass man zusammen auf der Couch sitzt oder gemeinsam zum Elternabend geht.

Lernschritte von Männern schließen den Umgang mit widersprüchlichen Erwartungen von Frauen ein. Er soll, das macht ein Blick in Kontaktanzeigen deutlich, *einfühlsam* sein und *starke Schultern* zum Anlehnen haben, *sensibel* und *männlich* sein. Und noch immer geben Frauen ihre Größe an. Die unausgesprochene Botschaft: Männer, die kleiner sind, mögen sich bitte nicht melden. Groß (und stark) ist noch immer ein starkes (heimliches) Wunschbild.[11]

Es führt kein Weg daran vorbei, über diese Ambivalenzen (und damit auch über Erwartungshaltungen und Selbstbilder von Frauen) zu sprechen – ohne Bewertungen, sondern – wiederum – in der ersten Person: „Ich wünsche mir …" „Ich fände es gut …" Aber auch: „Ich habe Schwierigkeiten damit …"

Das ist nicht einfach. Aber vielleicht ein Hauptweg zur Klärung vieler Beziehungsprobleme.

Zum Weiterlesen

Dagmar Kumbier: Sie sagt, er sagt. Kommunikationspsychologie für Partnerschaft, Familie und Beruf. 4. Aufl. Reinbek: Rowohlt 2013

11 An dieser Feststellung ändern Erfolge kleiner Männer wie G. Schröder, O. Lafontaine oder J. Fischer nichts. Ihre Macht und ihr Einfluss waren attraktiv. Sehr viel aussagekräftiger sind die Männerbilder, die uns die Werbung präsentiert: Kein Mann ist klein, und die meisten haben heute wenigstens einen Dreitage-Bart.

Feedback

Lernchancen ermöglichen, erhalten und holen

Gehe ich morgens zu warm angezogen aus dem Haus, bekomme ich von meinem Körper umgehend eine Rückmeldung. Ehe ich das Haus verlasse, prüfe ich im Spiegel, ob ich „stadttauglich" bin. Stehe ich zu lange vor dem Spiegel, signalisiert mir ein Blick auf die Uhr: jetzt aber rasch! Die Nachbarn grüßen freundlich, was den Schluss zulässt, unser Verhältnis ist okay. Und wenn ich in der U-Bahn der Verkäuferin der Obdachlosen-Zeitung einen 10-Euro-Schein in die Hand drücke, kann ich mich noch stundenlang mit der Frage beschäftigen, wie die Blicke der Mitreisenden zu interpretieren sind, die ich auf mich ziehe.

Unser Alltag ist nicht arm an Rückmeldungen. Manchmal bekommen wir vielleicht auch solche Sätze zu hören: „Das hast Du prima gemacht" (eine Seminarteilnehmerin). „Ich habe mich sehr über Deine lange Mail gefreut" (der Freund). „Sie haben mit großem Geschick die Kuh vom Eis geholt. Tausend Dank!" (die Praktikumsbetreuerin).

Unser Alltag ist nicht arm an Rückmeldungen. Doch die wenigsten sind so eindeutig wie die Signale unserer Haut oder das Lob im letzten Absatz. Die Folge: Wir wissen nicht recht, was die Nachbarin damit sagen will, dass sie nicht zurückgrüßt, was das Verstummen bedeutet, wenn man sich in der Mensa zu Lara und Lorenz setzt.

Wir sind sicher: *Da ist was.* Aber was? Wissen wir es nicht, wissen wir auch nicht, was wir tun können, um etwas an dieser Situation zu ändern.

Lernchance Feedback

Wir brauchen Rückmeldungen, um unser Selbstbild mit dem Bild abgleichen zu können, das andere von uns haben, um zu erfahren, wie wir auf andere wirken, ob die Wirkung unseres Verhaltens unseren Absichten entspricht. Feedbacks geben uns Anhaltspunkte, ob unser Verhalten zweckdienlich ist, um das bzw. die gewünschte(n) Ziel(e) zu erreichen, oder ob wir etwas an unserem Verhalten ändern sollten. Feedback ist also eine Lernchance – wenn die Rückmeldung klar und unmissverständlich formuliert wird.

Vielen Menschen fällt es nicht leicht, dem Partner, einer Freundin, einem Kollegen eine Rückmeldung zu geben.[12] Aus zwei Gründen: Sie sind unsicher,

12 Neben der Rückmeldung, wie ein *Verhalten* auf mich wirkt, gibt es zwei weitere Formen des Feedbacks:

wie die Rückmeldung aufgenommen wird. *Wer weiß, wie Elena reagiert?! Kann der Dozent überhaupt Kritik vertragen?* Und sie wissen nicht recht, wie sie die Rückmeldung formulieren sollen. Und wann dafür der rechte Zeitpunkt ist.

Deshalb bleibt oft ungesagt, was an Elena oder dem Dozenten stört. Jedenfalls in Elenas oder des Dozenten Anwesenheit. Dafür wird umso heftiger in deren Abwesenheit über sie gelästert. Mit Lästern kann man kurzfristig Dampf ablassen, aber langfristig nichts ändern. Deshalb kann es lohnen, „Farbe zu bekennen", anzusprechen, was stört. Und nachzufragen, warum die Nachbarin nicht mehr grüßt und die Lara und Lorenz verstummen. Wie?

Feedback geben

Ein Feedback muss nicht angenehm sein, aber annehmbar. Deshalb ist es nützlich, die folgenden Empfehlungen zu beachten.

1. Den richtigen Zeitpunkt wählen

Sinnvoll ist ein Feedback nur dann, wenn die Person, die es erhalten soll, Zeit hat und in der Lage ist, eine Rückmeldung aufzunehmen und zu verarbeiten. Das ist man nicht, wenn man gerade sehr viel zu tun oder große Sorgen hat. Zudem muss die Person, die Feedback gibt, die Rückmeldung in aller Ruhe formulieren können. Wenn sie sehr wütend oder verärgert ist, „platzen" oder in die „Luft gehen" könnte, ist das kein geeigneter Zeitpunkt.

Je unmittelbarer ein Feedback erfolgt, desto präsenter ist den Beteiligten die Situation und deshalb umso höher die Wahrscheinlichkeit, dass sich weder Ärger aufstaut noch Zweifel oder Unsicherheit einschleichen.

Wird ein Feedback gewünscht, ist dies der beste Zeitpunkt für eine Rückmeldung. Gute Zeitpunkte sind:

- das Ende eines Gesprächs oder Seminars, einer Besprechung oder eines Workshops o. Ä.;
- der Abschluss einer Maßnahme (Exkursion, Aktion, Aufführung, usw.);
- nach einem Referat, die Fertigstellung eines Bildes oder einer Skulptur.

2. Nicht die Person bewerten, sondern Verhalten beschreiben

Ein Feedback soll einen Dialog ermöglichen. Das erreicht man nicht, wenn man (ab-)wertend formuliert und die gesamte Person abstempelt. Das kann gelingen

(1.) Ich bringe zum Ausdruck, dass ich mein Gegenüber *verstanden* habe: „Okay, wir fahren nicht direkt nach Hamburg, sondern machen einen Zwischenstopp in Hannover, um …". (2.) Ich *nehme Stellung* zu dem, was mein Gegenüber gesagt hat: „Ich finde, der Zwischenstopp ist verschenkte Zeit. Die Mars AG interessiert sich nicht für unsere neue Software. Daran wird auch ein erneuter Besuch nichts ändern."

mit einer Rückmeldung, die ein begrenztes Verhalten so konkret wie möglich und so ausführlich wie nötig beschreibt.

- Wertend: „Sie haben die Diskussion dominiert."
  Beschreibend: „Sie haben Ihre Vorstellungen ausführlich erläutert. Die anderen Diskussionsteilnehmerinnen und Diskussionsteilnehmer sind noch nicht zu Wort gekommen."
- Wertend: „Du musst ja immer alles kritisieren."
  Beschreibend: „Keiner meiner Vorschläge findet Deine Zustimmung."
- Wertend: „Sie tun immer so, als ginge Sie alles nichts an."
  Beschreibend: „Sie haben sich heute noch nicht zu den Vorschlägen der Teammitglieder geäußert."
- Abstempelnd: „Dein depressives Gejammer nervt."
  Beschreibend: „Ich höre vor allem Klagen von Dir."

3. Nicht die Person analysieren, sondern Verhalten klären

Sie stört ein bestimmtes Verhalten von Laura oder Sebastian. Sprechen Sie dieses *Verhalten* an – nicht die möglichen Motive oder Gründe für dieses Verhalten. Machen Sie nicht den Therapeuten oder die Analytikerin: Es gerät aus dem Blick, was *Sie* stört.

Und Sie werden auf Abwehr stoßen, weil solche Motivforschungen als übergriffig erlebt werden. Ein Beispiel: Marius macht in einer heißen Arbeitsphase seit 4 Tagen stets um punkt 16 Uhr Feierabend. Dieses Verhalten sollte ohne Übertreibung (*immer* statt in den letzten 4 Tagen) angesprochen werden. Angemessener als Vermutungen und Spekulationen – „Dir ist die Arbeit offenkundig nicht mehr so wichtig"; „Kollegialität ist Dir wohl wurscht" – ist eine Frage: „Du gehst in den letzten Tagen sehr pünktlich. Hast Du Stress mit der Bachelor-Prüfung? Oder gibt es einen erfreulichen Anlass?"

4. Verantwortung übernehmen

Formulieren Sie Ihre Wahrnehmungen als *Ihre* Wahrnehmungen. Übernehmen Sie Verantwortungen für *Ihren* Eindruck. Vermeiden Sie „Du bist"-Sätze, „Sie sind"-Aussagen. Beschreiben Sie stets erst das Verhalten, das bei Ihnen zu diesem Eindruck oder jenem Ärger geführt hat:

- Nicht: „Herr Nolte, *Sie sind* heute extrem destruktiv." Sondern: „Herr Nolte, an keinem der Vorschläge, die wir bisher gehört haben, fanden Sie etwas Bedenkenswertes. Das stört *mich, ich* möchte, dass diese Diskussion konstruktiv geführt wird."
- Nicht: „*Du bist* ein Schatz." Sondern: „*Ich* habe mich sehr gefreut, dass Du *mich* mit einem Abendessen überrascht hast, mein Schatz."

5. Nach vorn schauen statt nachbohren

Erinnern Sie sich noch an die „Warum hast Du …“- und die „Wie konntest Du nur …“-Fragen Ihrer Eltern oder Lehrer? Wenn ja, bin ich sicher: Dieses Sich-erklären-Müssen ist nicht in angenehmer Erinnerung.

Bei Erwachsenen ist das nicht anders. Aus dieser Einsicht haben moderne Unternehmen und Verbände Konsequenzen gezogen: Wenn eine Mitarbeiterin oder ein Mitarbeiter einen Fehler gemacht hat, wird nicht nach dem Warum gebohrt, sondern geschaut, was getan werden muss, damit sich dieser Fehler nicht wiederholt.

Ein vernünftiger Grundsatz, der auch für viele Rückmeldungsanlässe orientierend sein kann. Eltern können zum Beispiel ihren Sohn kritisieren, wenn er wiederholt schlecht in Mathe abschneidet. Sie können Verhaltensvorschriften machen, Verbote verhängen oder gemeinsam überlegen, was notwendig ist, damit bei der nächsten Arbeit ein *befriedigend* erreicht wird. Vielleicht kommt in dem Gespräch heraus, dass der Sohn gerne die Hilfe seiner Eltern hätte. Das wäre doch ein schönes Ergebnis!

6. Feedback umkehrbar formulieren

„Schlüter, Sie sind ein Versager.“ Das geht gar nicht. Auch nicht mehr mit *Herr* vor Schlüter. Beleidigungen sind kein Feedback. Wenn Herr Schlüter etwas falsch gemacht hat, muss die Chefin oder der Kollege das so rückmelden, dass auch sie es akzeptieren könnten, gäbe Herr Schlüter ihnen ein solches Feedback.

Diese Feststellung gilt auch dann, wenn Hierarchie oder Fürsorgepflicht eine Rolle spielt: Ein Feedback enthält immer eine (unausgesprochene) Beziehungsdefinition: Wer darf Verhalten kommentieren? Ihr Prüfer sieht es vielleicht als selbstverständlich an, Ihnen jederzeit eine Rückmeldung geben zu können. Es kann zu Problemen führen, wenn Sie meinen, das stünde auch Ihnen zu, der Prüfer das aber anders sieht.

Sie müssen entscheiden, wie Sie damit umgehen wollen, dass Feedback geben und bekommen immer auch eine Beziehungsdimension hat. Ich empfehle, den Grundsatz der Umkehrbarkeit auch auf den Inhalt zu beziehen: *11 Fehler.* Diese Rückmeldung des Lehrers ist nicht umkehrbar; sie ist Teil seiner Aufgaben und der Institution Schule. Anders seine Rückmeldung, er erwarte mehr Interesse für *Homo Faber*. Schülerinnen dürfen sich eine weniger traditionelle Literaturauswahl wünschen – und ihm das sagen.

Ein anderes Beispiel: Lisa möchte, dass ihre fünfjährige Tochter einen Fahrradhelm aufsetzt. Dann ist es verständlich, dass die Tochter dies auch von Lisa erwartet. Und wenn die Tochter zu Lisa sagt, „Sitz doch mal gerade“, könnte das für sie Anlass sein, darüber nachzudenken, ob sie zu oft befiehlt.

7. Feedback geben heißt kommunizieren

Knüpfen Sie an ein Feedback nicht die Erwartung, die Angesprochene müsste Ihre Wahrnehmung teilen, der Angesprochene müsste sich im von Ihnen gewünschten Sinne ändern. Verstehen Sie Feedback vielmehr als Kommunikation: Sie informieren. Die oder der Angesprochene nimmt Stellung, erläutert ihre Absicht bzw. seine Annahmen – und das schließt die Möglichkeit ein, dass *Sie* Ihre Wahrnehmung verändern. Rückmeldungen sollten also beiden Seiten lernen ermöglichen: Man erfährt, welche (unbeabsichtigte) Reaktion ein Verhalten haben kann, und zieht daraus eine Verhaltenskonsequenz. Man erfährt, dass man Verhalten fehlinterpretieren kann – und zieht daraus zum Beispiel die Konsequenzen, sich zu vergewissern: Trifft mein Eindruck zu oder nicht?

8. Nicht an positiven Rückmeldungen sparen

Es gibt eine Ausnahme von der Regel, nicht zu wiederholen, was bereits gesagt wurde: Wenn eine Gruppe aufgefordert ist, ein Feedback zu geben, dann interessiert die Meinung *jeder* Person. Deshalb sollte man sich, wenn eine Präsentation oder ein Kurs usw. gefallen hat, nicht der Vorrednerin oder dem Vorredner anschließen, sondern ausdrücklich die eigene Meinung formulieren: „Mir hat gut gefallen, dass …". „Ich fand gut, wie …".

Der Stellenwert dieser acht Empfehlungen variiert mit dem Ziel, das mit einem Feedback verfolgt wird. Sie sind vor allem in Konflikten und Auseinandersetzungen wichtig, wenn es um die Klärung von Beziehungen geht – zum Beispiel mit anderen Seminarteilnehmern oder zwischen Partnerin und Partner.

Bei einem professionellen Feedback eines Coaches oder einer Therapeutin, das vor allem auf Selbstklärung und die Entwicklung der Persönlichkeit zielt, spielen Handlungsmotive und Beweggründe eine große Rolle. Die Empfehlungen drei und fünf sind daher für ein solches Feedback nicht zutreffend.

Feedback bekommen

Die meisten der acht Empfehlungen sind auch dann hilfreich, wenn Sie ein Feedback erhalten:

- Nehmen Sie nur dann ein Feedback an, wenn Sie dafür Zeit und den Kopf freihaben.
- Bestehen Sie auf konkreten Beschreibungen.
- Fragen Sie nach, wenn die rückmeldende Person nicht *ihren* Eindruck, *ihre* Wahrnehmung oder *ihr* Gefühl deutlich macht, wenn sie nicht in der ersten Person spricht.
- Regen Sie an, nach vorn zu schauen.

Wichtig ist zudem:
- ruhig zuhören,
- das Gegenüber ausreden lassen,
- sich nicht rechtfertigen und
- sich vergewissern, ob man alles richtig verstanden hat.

Sie müssen nicht sofort entscheiden, ob Sie aus dem Feedback Konsequenzen ziehen und wenn ja, welche. Wenn Sie Zeit zum Nachdenken brauchen, teilen Sie das mit. Wenn Sie das Feedback als wertschätzend und hilfreich erlebt haben, bedanken Sie sich.

Und wenn ein Feedback nicht wertschätzend und hilfreich ist? Dann ist – ausnahmsweise – Ruhe die erste Bürgerinnen- und Bürgerpflicht. Sie können
- ausdrücklich eine *akzeptable Rückmeldung einfordern:* „Bitte beschreiben Sie konkret, was Sie stört. Mit Pauschalurteilen kann ich nichts anfangen." „Bitte beschreibe, was Du mit ‚immer so dominant' meinst";
- zunächst *widersprechen* und dann nachfragen. Feedback: „Ihnen kann man es ja nie recht machen." Antwort: „Das sehe ich nicht so. Wie meinen Sie das?";
- die pauschalierende Rückmeldung übergehen. Feedback: „Du musst ja immer das letzte Wort haben." Antwort: „Dieser Hinweis erschien mir noch wichtig."

Und wenn Sie gelobt werden oder man Ihnen ein Kompliment macht? Keine falsche Zurückhaltung! Freuen Sie sich – und drücken Sie diese Freude aus: „Es freut *mich*, dass Sie das sagen." „Danke, so etwas höre *ich* gerne." „Deine Rückmeldung tut *mir* gut." → *Loben und gelobt werden.*

Feedback holen

Ist Melanie sauer auf mich? Habe ich Marius in der letzten Woche mit meiner ironischen Bemerkung verletzt? Ist meine Partnerin eifersüchtig, weil ich meine kranke Ex schon mehrmals im Krankenhaus besucht habe? Langweilt sich mein Partner, wenn ich jeden Abend von meiner neuen Arbeitsstelle berichte? Warum hat die Dozentin mein Referat nicht kommentiert?

Was tun, wenn solche oder ähnliche Fragen durch den Kopf gehen. Nicht darauf hoffen, dass sie bald verschwinden. Und nicht spekulieren: *Der wird mir sowie keine ehrliche Antwort geben. Habe ich vielleicht noch ein größeres Sündenkonto bei ihr? Oder hat sie mir immer noch nicht verziehen, dass ich nicht mit ihr in den Tangokurs gehe? Es ist wohl das Beste, wenn ich weniger über die Arbeit rede. War sie vielleicht mit meinem Referat unzufrieden?*

Holen Sie sich ein Feedback. Fragen Sie und übernehmen Sie Verantwortung für Ihre Frage:

- „Ich habe den Eindruck, Du bist sauer auf mich. Stimmt der Eindruck?“
- „Sag mal, hat Dich meine ironische Bemerkung über … verletzt? Ich habe den Eindruck, Du gehst mir in den letzten Tagen aus dem Weg.“
- „Larissa, machst es Dir etwas aus, dass ich in der letzten Zeit meine Ex im Krankenhaus besucht habe? Ich bilde mir ein, Du schaust mich gar nicht mehr direkt an.“
- „Manuel, ich frage mich, ob ich Dich langweile, wenn ich über meine Arbeit berichte.“
- „Frau Wohmann, ich hätte gerne eine Rückmeldung zu meinem Referat.“

Holen Sie sich auch Lob, wenn Sie meinen, es verdient zu haben: „Sag' mal Lea, hat Dir meine Präsentation eigentlich gefallen?“

Fragen und (schwierige) Fragen beantworten

Informieren, beraten und souverän antworten

- *Ist was? Woran denkst Du? Warum (macht/ist) …?* Fragen können lästig sein.
- *Meinen Sie das wirklich? Ist das ein ernsthafter Vorschlag?* Fragen können verunsichern.
- *Warum sagen sie mir das? Muss das jetzt sein?* Fragen können ein Abwehrmittel sein.
- Fragen können unklar, indiskret, suggestiv, unverschämt und ein Kontrollmittel sein.

„Fragen macht klug", lautet ein deutsches Sprichwort. In Ungarn sagt man: „Es ist besser, zweimal zu fragen, als sich einmal zu irren." Und Konfuzius meinte: „Wer fragt, ist ein Narr für eine Minute. Wer nicht fragt, ist ein Narr sein Leben lang."

Um Fragen geht es auf den nächsten Seiten. Zunächst um die Frage, wie frage ich? Anschließend steht die Frage im Mittelpunkt, wie Sie souverän auf knifflige Fragen antworten können.

Gut gefragt ist die halbe Weisheit

Es gibt „dumme" Fragen: „Mussten Sie (schon) wieder …?" „Warum hast Du nicht (endlich) …?" – Fragen, die nicht zum Gespräch einladen, die nicht der Information dienen, sondern der Machtdemonstration, der Herabsetzung oder der Kritik. Fragen sind das Mittel der Wahl,

- um sich sachkundig zu machen,
- um zu beraten,
- um ins Gespräch zu kommen → *Small Talk,*
- für eine → *Verständnisorientierte Kommunikation.*

Vorausgesetzt: Man hört auch zu. Und die Fragen sind *echte* Fragen. Das heißt: Die Antwort interessiert. *Pseudo*fragen sind Eröffnungsfloskeln: „Fanden Sie den Film auch so toll? Mich hat vor allem der Mut des Regisseurs zu langen Einstellungen beeindruckt. Sein Verzicht auf die Anpassung an …" Bei Vertreterinnen und Verkäufern gehört die Pseudofrage zum Handwerkszeug: „Kennen Sie schon unser neues Flatrate-Angebot? Sie sparen nicht nur …".

Im Folgenden geht es um *echte* Fragen, um Fragen, die dazu dienen, sich zu informieren und zu beraten.

Informieren

„Wer, wie, was, wieso, weshalb, warum – wer nicht fragt, bleibt dumm!“ Der Titelsong der *Sesamstraße*. Diese Fragewörter leiten offene Fragen ein. Fragen, die nicht mit „Ja“ oder „Nein“ beantwortet werden können.

Offene Fragen

W-Fragen zielen zum einen auf Informationen. Zum anderen drücken sie Interesse am Gegenüber aus. Offene Fragen sind nützlich, um in Gesprächen, Diskussionen und Verhandlungen die Notwendigkeit und Möglichkeit von Entscheidungen bzw. Vorhaben zu prüfen und Aussagen auf ihre Allgemeingültigkeit bzw. Reichweite.

Ist das wirklich notwendig? Ist das wirklich nicht möglich?

- „Wir können in diesem Jahr die Vergütung der studentischen Hilfskräfte nicht erhöhen.“ – *Was würde passieren, wenn die Vergütung erhöht würde?*
- „Ich muss unbedingt vor Sommeranfang noch abnehmen.“ – *Was würde passieren, wenn Du nicht abnimmst?“*
- „Ich kann in diesem Sommer keinen Urlaub machen.“ – *Was hindert Dich daran, Urlaub zu machen?*
- „Du darfst Barbara auf keinen Fall die Wahrheit sagen.“ – Was spricht dagegen, Barbara die Wahrheit zu sagen? (Was würde passieren, wenn ich Barbara die Wahrheit sage?)

Gilt das immer und für alle?

- „Jeder ist sich selbst der Nächste.“ – Wirklich jeder? (*Wie kommen Sie zu diesem Urteil?*)
- „In der Abteilung kann man niemandem vertrauen.“ – Wirklich niemanden? (*Welche Erfahrungen veranlassen Sie zu diesem Urteil?*)
- „Keiner interessiert sich für mich.“ – Wirklich keiner? (*Woher weißt Du das?*)
- „Man darf andere Seminarteilnehmer nicht kritisieren.“ – Wer sagt das? Nie? (*Was würde passieren, wenn man Seminarteilnehmer kritisiert?*)
- „Man muss sehr vorsichtig sein mit Veränderungen in der Referendariatsordnung.“ – *Wer sagt das? (Was heißt „sehr“* vorsichtig?)

Warum kommt in diesen Beispielen nicht vor. Warum? Das Wort vor dem Fragezeichen fragt nach dem Grund. Ausformuliert: *Warum* kommt in diesen Beispielen das Wort *warum* nicht vor? Dieses *Warum* ist unproblematisch – ebenso wie: *Warum funktioniert das so (nicht)?* Allerdings wird die Warum-Frage auch anders eingesetzt: „Warum kommst Du (schon wieder) zu spät?" „Warum hast Du Deine Mutter nicht umgehend angerufen?" Kritik kommt, eingeleitet mit *warum*, als Frage daher. Das gehört zu unserem Erfahrungsschatz. Und deshalb hören viele Menschen bei Warum-Fragen auf der Beziehungsebene Kritik, die Aufforderung, sich zu rechtfertigen.

Werden Fragen als Kritik gehört oder gar als Verhör erlebt, fühlen sich Gesprächspartner in die Ecke gedrängt und reagieren mit Verteidigung oder Abwehr statt mit Antworten.

Geschlossene Fragen

Geschlossene Fragen, die mit „Ja" oder „Nein" bzw. einer konkreten Angabe (morgen, Hannover, 123 Euro) beantwortet werden, sind nützlich, um sich zu vergewissern, Zustimmung festzuhalten, Fragen rasch zu klären.

- Man *vergewissert* sich:
  - „Sind alle einverstanden?"
  - „Bleibt es bei Sonntag?"
  - „Ist die Vorlage für die StuPa-Sitzung fertig?"
- Man holt sich Zustimmung für einen Vorschlag ein:
  - „Passt Ihnen der kommende Mittwoch?"
  - „Ist 12 Uhr 30 für Dich okay?"
  - „Können wir diesen Punkt abhaken?"

Ärzte mögen geschlossene Fragen. Sie nutzen sie zur *Diagnose*: „Haben Sie Halsschmerzen?" „Schluckbeschwerden?" „Fieber?" Immer mehr Patientinnen erleben diese Form der Gesprächsführung als Nullachtfünfzehn-Behandlung, die schnell gehen soll und ihnen keinen Raum lässt, ihre Beschwerden zu schildern. Das ist ein Grund für den Wechsel zu Homöopathen, die sich mehr Zeit für das Gespräch mit Patienten nehmen.

Eine Kette geschlossener Fragen meiner Partnerin ist hilfreich, wenn es darum geht, sicherzustellen, dass alles eingepackt wurde, was für den Urlaub benötigt wird. Eine Nullachtfünfzehn-Befragung von einem Zollbeamten nehme ich nicht persönlich. Wenn es um gravierende Vorgänge und Sachverhalte geht, sind offene Fragen die bessere Wahl – zum Beispiel: „Welche Beschwerden haben Sie?"

Beraten

Informationsfragen, spiegelnde und inspirierende Fragen sind hilfreiche Beratungsinstrumente.[13]

Informationsfragen helfen, sicherzustellen, dass alle Informationen für die Lösung eines Problems bzw. die Bewältigung einer Aufgabe vorliegen:

- „An welcher Stelle kam es zur Verzögerung bei der Bearbeitung von Bestellungen und Info-Anfragen?"
- „Welche fachlichen und persönlichen Voraussetzungen müssen für ein Stipendium bei der XYZ-Stiftung erfüllt werden?"

Spiegelnde Fragen helfen, das Wichtigste, Prioritäten in den Blick zu nehmen:

- „Dir ist also bei der Berufswahl vor allem wichtig, dass Du Dich für andere Menschen einsetzen kannst?"
- „Habe ich Sie richtig verstanden, dass es Ihnen bei der Organisationsentwicklung vor allem auf einen reibungslosen Generationswechsel ankommt?"

Inspirierende Fragen können fünf verschiedene Funktionen erfüllen:

1. Die Aufmerksamkeit auf *entscheidende Faktoren* lenken:
   - „Haben wir genügend Zeit, eine weitere große Präsentation vorzubereiten?"
   - „Besteht im Seminar Interesse für dieses Thema?"
   - „Was bremst den Zuwachs an Besucherinnen und Besucher auf unserer Webseite?"
2. Einen *Perspektivenwechsel* anregen:
   - Wie beurteilt die Dekanin das Vorhaben?"
   - „Was halten Deine Kinder von einem Umzug aufs Land?"
   - „Was meint Deine Betreuerin zur Ausweitung Deiner Fragestellung?"
   - „Wie wichtig ist ein guter Hochschulabschluss für Ihre berufliche Karriere?"
3. *Maßnahmen* bzw. *Alternativen* anregen:
   - „Was tun Sie, wenn Ihr Betreuer den Vorschlag ablehnt?"
   - „Wie willst Du einer Stimmungsmache gegen Deine Kandidatur begegnen?"
4. *Entscheidungen* erleichtern:
   - „Welches Konzept halten Sie für tragfähiger?"
   - „In welches Vorhaben würdest Du mehr Herzblut investieren?"

13 Im Folgenden ist nicht psychotherapeutische Beratung gemeint, sondern Beratung im Studien-, Berufs- und Beziehungsalltag.

5. *Prioritäten setzen:*
   - „Was ist gravierender, ein Konflikt mit dem Dekan oder Probleme mit der Gastrednerin?“
   - „Wovon hängt die Qualität Deiner Arbeit stärker ab: von einer größeren Datenbasis oder einer vertieften Theoriediskussion?“

Fragen: Dos und Don'ts

1. Nutzen Sie die Möglichkeit, Ihr Gegenüber einzubeziehen: „Welche Möglichkeiten siehst Du, in dieser Frage voranzukommen?“
2. Begründen Sie Ihre Fragen.
3. Vermeiden Sie Wertungen. Nicht: „Was soll das denn?“, sondern: „Wie meinen Sie das?“ Oder: „Welche Erleichterungen sind mit Deinem Vorschlag verbunden?“
4. Stellen Sie kurze und verständliche Fragen.
5. Lassen Sie Zeit zum Nachdenken.
6. Fragen Sie freundlich nach, wenn die Antwort nicht zu Ihrer Zufriedenheit ausfällt. Nutzen Sie W-Fragen für Ihre Nachfrage.
7. Formulieren Sie Gegenfragen behutsam, sie werden nicht selten als Zurückweisung gehört.

Auf Fragen souverän antworten

Auf die Frage eines Journalisten, ob er ein *Kalter Krieger* sei, antwortete Franz Josef Strauß: „Ich bin lieber ein Kalter Krieger als ein warmer Bruder.“

Auf *Wikipedia* wird diese Antwort als Beispiel für Schlagfertigkeit aufgeführt. Für mich ist sie nicht Ausdruck der „Fähigkeit, schnell und mit passenden, treffenden, witzigen Worten auf etwas zu reagieren“ (so die DUDEN-Definition), sondern Beleg für die Homophobie des Politikers.

Muss man überhaupt *schnell* und *witzig* reagieren? Nein! Setzen Sie, so meine Empfehlung, auf Souveränität statt auf Schlagfertigkeit. Im Folgenden geht es darum, wie Sie selbstsicher mit unklaren und manipulativen Fragen umgehen können.

Keine Hektik. Gelassen antworten

Sie müssen nicht „wie aus der Pistole geschossen“ antworten, wenn Ihnen eine Frage gestellt wird. Sie müssen nicht schlagfertig sein. Fragen sind kein Grund zur Hektik.

Diese Haltung hilft, gelassen zu bleiben. Gelassenheit hält den Kopf frei für sachliche Antworten – mit denen Sie in Diskussionen Pluspunkte sammeln. Ein *Schlag*abtausch kann eine Diskussion spannend machen. Sympathie für die Kontrahenten weckt er nicht. Schlagfertige Menschen haben vielleicht ehrfürchtige Gegnerinnen oder neidvolle Bewunderer – aber wenige Freundinnen und Freunde. Wer in Gesprächen und Diskussionen auf Kosten anderer Punkte macht, verscherzt sich die Sympathie der Unterlegenen. Das bringt vor allem dann nicht weiter, wenn die Unterlegenen über einen Antrag oder Vorschlag entscheiden. Unbeliebt macht man sich auch mit

- ausweichenden Antworten, die arrogant wirken: „Die Frage stellt sich doch gar nicht";
- Schwafelei: „Heute kann ich diese Frage noch nicht beantworten. Sicher verstehen Sie das. Es ist allerdings so, dass …".

Stellen Sie sich nicht unter Schlagfertigkeitsdruck, sondern nehmen Sie sich Zeit für eine Antwort. Mit einer Pause signalisieren Sie: *Ich stehe nicht unter Druck. Ich denke nach, um keine oberflächlichen Antworten zu geben.* Denkpausen sind souverän. Sie können sich Zeit zum Nachdenken verschaffen, indem Sie

1. Einen Überbrückungssatz formulieren: „Lassen Sie mich kurz nachdenken, um Ihre Frage so konkret wie möglich beantworten zu können."
2. Ihre *Antwort gliedern:* „Deine Frage spricht drei verschiedene Aspekte an. Ich will zunächst auf … eingehen, dann auf … und schließlich auf die Frage nach …".
3. *Schmeicheln:*
   - „Das ist eine sehr wichtige (interessante, spannende, zentrale) Frage."
   - „Es freut mich, dass Sie das fragen, denn …"
4. Eine *Gegenfrage stellen:*
   - „Wie meinen Sie das?"
   - „Was verstehst Du unter Steuergerechtigkeit?"
   - „Können Sie Ihre Frage bitte etwas konkreter formulieren?"
5. Die *Frage analysieren:*
   - „Ihre Frage enthält eine Voraussetzung, die ich nicht teile. Ich gehe aber gerne auf das angesprochene Problem ein."
   - „Du hast drei Fragen gestellt. Ich antworte zunächst auf die aus meiner Sicht wichtigste Frage: …".
   - „Den Gegensatz, den Sie in Ihrer Frage anklingen lassen, sehe ich nicht. Zu dem von Ihnen angesprochenen Problem meine ich: …".

Fällt Ihnen die Antwort auf eine Frage schwer, haben Sie drei Möglichkeiten: Sie können die Frage einengen, ausweiten oder weitergeben.

1. Einengen: „Ich beantworte Deine Frage an einem konkreten Beispiel."

2. *Ausweiten*: „Lassen Sie mich Ihre Frage in einen größeren Zusammenhang einordnen."
3. *Weitergeben*: „Ich bin keine Marketing-Expertin. Melanie weiß sicher eine Antwort auf diese Frage. Sie ist eine ausgewiesene Marketing-Fachfrau."

Schließlich können Sie *passen*: Sie können und müssen nicht alles wissen. Geben Sie eine Wissenslücke zu. Versuchen Sie nicht, sich herauszureden. Ausflüchte provozieren oft weitere Fragen, die „in die gleiche Kerbe hauen". Sie können auch mit ein wenig (Selbst-)Ironie passen: „Die Frage ist so gut, dass ich sie nicht durch meine Antwort verderben möchte." (Robert Koch)

Lassen Sie jedoch nie eine Frage unbeantwortet, die mit einer Behauptung verbunden ist. Ein Beispiel: „Sieht man einmal von den Schwächen der Fragestellung in Deiner Arbeit ab, habe ich zwei Fragen zum Stand der Forschung." Bei dieser Frage muss zuerst auf die Behauptung über die Fragestellung eingegangen werden, erst dann auf die Fragen zum Stand der Forschung. Andernfalls werden die Schwächen stillschweigend akzeptiert: „Meine Fragestellung ist exakt empirisch hergeleitet und wird durch die Befunde von XYZ gestützt. Nun zu Deinen Fragen zum Forschungsstand: …".

Unklare Fragen: Keine Rechtfertigungen

Ein Bewerbungsgespräch. Vorangegangen sind verschiedene Aufgaben in einem Assessment-Center, darunter ein Kurzvortrag. Nach einem kurzen Small Talk fragt die Personalchefin die Bewerberin: „Hat Ihnen Ihr Vortrag gefallen?"

Eine Frage. Die Bewerberin kann allerdings auch *Kritik* hören: *Das war ja wohl nichts!*

Was wir hören, liegt, wie im Kapitel → *Kommunikation* erläutert, in unserer Verantwortung: Die Personalchefin hat nicht gesagt: *Fanden Sie Ihren Vortrag auch so schlecht (langweilig, unverständlich)?* Deshalb gibt es keinen Grund, diese Nachrichten zu hören. Als Empfehlung formuliert: Nehmen Sie Fragen, die keine expliziten Wertungen enthalten, wörtlich. Das erleichtert das Antworten erheblich.

„Hat Ihnen Ihr Vortrag gefallen?" Die Antwort sollte schlicht lauten: „Ja." Warum sollte die Bewerberin ihre Leistung schmälern oder sich verteidigen, wenn sie im Vortrag das gesagt hat, was sie sagen wollte? Und Eigenlob – zum Beispiel: „Ja, er war brillant" – ist auch nicht angebracht.

„Hören" Sie Fragen als Fragen und Bewertungen als eine Meinung, über die man sich auseinandersetzen kann. Diese Haltung schützt davor, eine ungünstige und anstrengende Rechtfertigungs- oder Verteidigungshaltung einzunehmen, in die Rolle der oder des Angeklagten zu schlüpfen.

Auch bei den folgenden Fragen ist unklar, ob es um die Sache geht oder darum, zu verunsichern:

- „Ist das ein ernsthafter Vorschlag?"
- „Meinen Sie das wirklich?"
- „Bist Du ganz sicher?"
- „Woher wissen Sie das (so genau)?"

Was tun? Auf die ersten drei Fragen schlicht und souverän „ja" antworten. In aller Regel gewinnt man mit dieser Antwort in Diskussionen und Gesprächen die Sympathie der Anwesenden. Auch die vierte Frage kann kurz beantwortet werden: „Ich habe mich informiert."

Widerstehen Sie der Tendenz, nur mit dem „Kritikohr" zu hören und sich deshalb unnötig zu rechtfertigen. Wenn Ihnen das gelingt, dann können Sie souverän mit Fragen umgehen und gelassen reagieren, wenn Sie kritisiert werden.

Alternativfragen: Nicht manipulieren lassen

2010 wurde das in der Politik beliebte Schlagwort „alternativlos" von der *Gesellschaft für Deutsche Sprache* zum „Unwort des Jahres" gekürt. Die Alternativfrage räumt nur eine Entscheidungsmöglichkeit ein. Im Alltag müssen nicht selten ‚entweder – oder'-Entscheidungen getroffen werden: Dach reparieren oder in den Urlaub fahren, Englisch- oder Spanischkurs besuchen. Doch die Alternativfrage wird auch manipulativ eingesetzt:

- „Halten Sie vier oder fünf Überstunden für vertretbar?"
- „Was meinen Sie, sollen wir das Weihnachts- oder das Urlaubsgeld kürzen"?
- Wie reagieren? Sich durch Fragen, die den Entscheidungsspielraum einengen, nicht aufs Glatteis führen lassen:
- „Wir sollten mehr Personal einstellen, statt Überstunden anzuordnen."
- „Weder noch: Die Aktionäre werden es verschmerzen, wenn sie in diesem Jahr weniger Dividende erhalten."

Alternativfragen stellen Personalchefs gerne in Bewerbungsgesprächen: „Sind Sie eher für Teamentscheidungen oder für eine konsequente Führung?"

In der Regel ist eine Entscheidung für das Entweder oder das Oder die falsche Entscheidung. Fast immer ist eine Antwort nach dem Muster *möglich – notwendig* die erste Wahl: „Ich bin für so viel Teamarbeit wie möglich und so viel Führung wie notwendig."

Und wenn die Frage lautet: „Kaffee oder Tee?", sagen Sie es, wenn Sie etwas anderes wünschen: „Ein Wasser wäre mir lieber."

Störungen ansprechen

Meine Empfehlungen sind keine Aufforderung, Gefühlen keine Beachtung zu schenken. Sprechen Sie es an, wenn unsachliche Fragen in einer Diskussion oder einem Gespräch nicht die Ausnahme, sondern die Regel sind: „Mir missfällt Ihr Diskussionsstil. Ich habe den Eindruck, dass es nicht (mehr) um den Gehalt meine Vorschläge geht, sondern darum, mir Unzulänglichkeiten nachzuweisen."

Achten Sie jedoch darauf, Ihre Kritik nicht als Vorwurf zu formulieren („Sie interessieren sich ja überhaupt nicht für meine Vorschläge, sondern wollen mich nur ...") → *Kritisieren.* Und geben Sie dem Impuls nicht nach, „mit gleicher Münze" heimzuzahlen. Wer mit dem Schornsteinfeger ringt, wird schwarz – egal, wer gewinnt.

In einer emotional belastenden Situation ist es besonders schwer, angemessen zu reagieren – und die „richtige" Antwort fällt häufig erst später ein. Die Folge: Man regt sich noch einmal auf oder schlimmer noch: Die Situation bleibt lange im Gedächtnis und nagt am Selbstwertgefühl. Sprechen Sie deshalb rechtzeitig an, was Sie stört.

Wenn Sie Fragen richtig „hören", wenn Sie sich nicht den Zwang auferlegen, Fragen „schlagfertig" beantworten zu *müssen,* und wenn Sie Polemik nicht persönlich nehmen – dann haben Sie gute Voraussetzungen, auch mit Kritik souverän umzugehen.

Zum Weiterlesen

Bertolt Brecht: Me-ti. Buch der Wendungen. Frankfurt/Main Suhrkamp 2000

Gefühle

Über Gefühle sprechen, für Gefühle Verantwortung übernehmen

„Ist was?" „Nein."
„Wirklich nicht?" „Wirklich nicht!"
„Aber ich fühl doch, dass da was ist!"

Es wird zu viel gefühlt und zu wenig über Gefühle gesprochen. Und viele übernehmen zu wenig Verantwortung für die eigenen Gefühle.

Über Gefühle *sprechen*

Marshall B. Rosenberg, Begründer der *gewaltfreien Kommunikation:*

> „Unser Repertoire an Schimpfwörtern ist oft umfangreicher als der Wortschatz, mit dem wir unseren Gefühlszustand beschreiben können. Ich habe einundzwanzig Jahre lang verschiedene amerikanische Bildungsstätten durchlaufen und kann mich nicht daran erinnern, dass mich jemand gefragt hätte, wie ich mich fühle." (2003, S. 51)

Das ist nicht nur in den USA so. Hier wie dort ist man zurückhaltend mit der direkten Kommunikation von Gefühlen. Wenn nicht über Gefühle gesprochen wird, heißt das allerdings nicht, sie wären nicht so wichtig oder uns würde vieles „kaltlassen".

> Ein Beispiel: Clara fragt ihre Partnerin nicht: „Hast Du am Wochenende einen Mal-Workshop?", sondern: „Hast Du etwa am Wochenende wieder einen dieser Mal-Workshops!?"

Clara kommt in diesem Satz nicht vor. Sprachlich. Ihre Art zu formulieren (und ihr Tonfall) signalisiert: Clara ist verärgert, traurig oder enttäuscht. Vielleicht ist sie auch besorgt, weil eine Reihe attraktiver Frauen an diesen Workshops teilnimmt.

Nehmen wir an, ihre Partnerin fragt: „Hast Du was dagegen?", kann Clara sich zurückziehen: „Wie kommst Du darauf? War doch nur 'ne Frage."

Kein Ausnahmegespräch. Claras Partnerin merkt, *dass da was ist.* Sie steht vor einer unangenehmen Alternative: nachhaken oder darüber hinweggehen? Fragt sie nach, hört sie: „Nein, was soll denn sein?!" Fragt sie nicht nach, ist Clara vielleicht enttäuscht: *Sie hätte doch spüren müssen, dass ich das Wochenende gerne mit ihr verbracht hätte.*[14] Alle Beteiligten fühlen sich unwohl. Clara vergibt die Chance, über ihr Gefühl zu sprechen. Keine der beiden hört, dass sie der anderen wichtig ist.

Meine Schlussfolgerung aus diesem Beispiel: Werden Gefühle direkt ausdrückt – statt indirekt über Fragen, oder Anklagen –, erhöht sich die Chance, Konflikte und Enttäuschungen zu vermeiden. Deshalb nicht:

- „Ich fahre am Wochenende an die Ostsee. Hast Du Lust mitzukommen?" Und nicht:
- „Ich fahre am Wochenende an die Ostsee. Es würde Dir guttun, auch einmal aus der Stadt 'rauszukommen. Du solltest Dir einmal überlegen, ob Du nicht mitkommen willst."

Nicht fragen und nicht in die Pflicht nehmen, sondern: „Ich fahre am Wochenende an die Ostsee. Ich würde mich *freuen*, wenn Du mitkommst."

Verantwortung für Gefühle übernehmen

Wir sind für unsere Gefühle verantwortlich. Eine triviale Feststellung? Bestimmt haben Sie schon gehört:

- „Sie machen mich wahnsinnig."
- „Du machst mich traurig."
- „Dieser Job deprimiert mich."

Was andere tun oder sagen, eine Situation oder Belastung können *Auslöser* für unsere Gefühle sein. Nicht ihre *Ursache*. Wir sind *verantwortlich* dafür, dass wir so fühlen, wie wir fühlen. Das können Sie an jedem Bahnsteig der *Deutschen Bahn* überprüfen. Die einen reagieren verärgert auf die Verspätung des ICE, die anderen gelassen. Deshalb:

- „Ich werde traurig, wenn ich höre, dass Du …".
- „Ich krieg eine Depression, wenn ich mir vorstelle, dass ich noch vier Semester an dieser Uni verbringe."
- „Ich werde ganz unruhig, wenn Sie alle zwanzig Minuten anrufen und darauf hinweisen, dass die Chefin auf meine Vorlage wartet."

Und: „Ich war enttäuscht, dass Du, obwohl versprochen, mir heute den Schlagbohrer nicht vorbeigebracht hast, den ich unbedingt gebraucht hätte, um mit der

14 Auswege aus diesem Dilemma behandele ich in den Kapiteln → *Kommunikation*, → *Feedback* und → *Metakommunikation*.

Renovierung voranzukommen." – Statt: „Du hast mich enttäuscht, weil Du …" Und schon gar nicht: „Papi ist traurig, wenn Du nicht aufisst"! Papi kann allenfalls um die Gesundheit seines Kindes *besorgt* sein.

Ein Gespräch aus einem meiner Workshops:

> Frau Erding: „Mein Mann schafft es jeden Abend, dass ich mich nicht gut fühle."
> „Was macht er denn?"
> Frau Erding: „Wenn er aus dem Büro kommt, fragt er: „Na Schatz, was hast Du heute Schönes gemacht."
> „Das ist doch nett."
> Frau Erding: „Als würde ich mir immer nur ein schönes Leben machen. Ich putze, wasche, kaufe ein, kümmere mich um den Garten und und und. Wahrscheinlich denkt er: Ich muss arbeiten und die hat es gut!"
> „Was würde Ihnen denn guttun?"
> Frau Erding: „Wenn er mal sagen würde, dass er es toll findet, um was ich mich alles kümmere, was ich alles für uns mache. Ich mach' das doch nicht alles nur für mich."

Eine sehr traditionelle Ehe. Und ein sehr eindringliches Beispiel, dass unausgesprochene Gefühle das Leben schwer machen können.

Frau Erding hat nach dem Workshop ihrem Mann gesagt, sie wünsche sich mehr Anerkennung für ihre Arbeit – und ist auf Verständnis gestoßen.

Ein anderes Beispiel aus dem Arbeitsalltag: Frau Burg ärgert sich, weil Herr Fest ein EDV-Problem nicht gelöst hat. Sie sagt: „Sie sind der unfähigste Mensch in diesem Unternehmen."

Rosenberg (2003, S. 63f.) unterscheidet vier Möglichkeiten, auf Vorwürfe oder Anklagen zu reagieren: Herr Fest hat die Wahl:

1. *Sich selbst die Schuld geben:* „Ja, das ist keine Glanzleistung." Eine Reaktion, für die ein hoher Preis zu zahlen ist: die Beeinträchtigung des Selbstwertgefühls.
2. *Anderen die Schuld geben:* „Das müssen Sie gerade sagen! Wenn hier jemand schuld ist, dann sind es Sie und Ihr fahrlässiger Umgang mit dem Computer!" Was Frau Burg gesagt hat, ärgert Herrn Fest. Das sagt er nicht, sondern schlägt zurück und dreht somit an der Eskalationsschraube. Das tut nicht gut und bringt nicht weiter.
3. *Eigene Gefühle ansprechen:* „Ihr Ton verletzt und ärgert mich. Bitte wählen Sie andere Umgangsformen." Diese Reaktion ist souverän: Herr Fest begibt sich nicht auf das gleiche Niveau. Er rechtfertigt sich nicht und bezieht sich auf die Ebene, um die es geht: die Beziehungsebene.
4. *Die Gefühle des Gegenübers ansprechen:* „Ich schließe aus Ihrem Ton, dass es Sie sehr ärgert, dass das PC-Problem noch nicht gelöst ist." Auch für diese

Reaktion ist innere Ruhe Voraussetzung, die es ermöglicht, auf den Kern der Sache einzugehen: den unangemessenen Ton und den vermuteten Ärger.

Die Reaktionen drei und vier empfehle ich unter zwei Voraussetzungen: Frau Burg verhält sich nicht wiederholt unangemessen. Herr Fest hat ein Interesse an einem guten Verhältnis zu Frau Burg. Sind diese Voraussetzungen nicht gegeben, sollte er sich kurz und bestimmt diesen Ton verbitten.

Über *Gefühle* sprechen

Vielleicht kennen Sie jemanden, die oder der in zahlreichen Selbsterfahrungsgruppen war und dort gehört hat, es sei wichtig, über eigene Gefühle zu sprechen – und diesen wichtigen Hinweis überstrapaziert: nicht mehr zwischen denken, meinen, vermuten, glauben und fühlen unterscheidet, sondern nur noch *fühlt*.

Anstrengend können solche Menschen werden, wenn sie darauf beharren, sie würden es „eben fühlen", und man könne ihnen ihr Gefühl nicht ausreden. Dann kann ein Eindruck („Du bist so niedergeschlagen") nicht falsch sein und lässt sich daher nicht korrigieren („Ich bin müde").

Der richtige Grundsatz: Gefühle kann man nicht ausreden („Du musst keine Angst haben"), verkehrt sich in eine Kommunikationsbarriere, wenn ein Eindruck, eine Meinung oder Vermutung als Gefühl ausgegeben wird.

„Ich fühle, dass Du …" „Ich spüre doch, dass Sie …" Solche Sätze geben Auskunft über einen Eindruck oder eine Vermutung. Fühlen kann ich nicht, was in anderen vorgeht. Wir können *mitfühlend* sein: Das Schicksal anderer Menschen berührt uns emotional, weil wir uns vorstellen, weil wir nachempfinden können, wie schön oder schlimm dieses Ereignis oder jene Veränderung für sie sein kann.

Einfacher: Sage ich: „Dass Du …", „Dass Sie …" „Dass Michael …", verwende ich also Namen und Personalpronomen, dann signalisiere ich: Es geht *nicht* um meine Gefühle, sondern um das Verhalten anderer, dass Anlass für meine Gefühle ist.

- „Ich habe das Gefühl, Anne entfernt sich von mir."
- „Ich habe das Gefühl, Du erwartest von mir, dass ich …"
- „Ich habe das Gefühl, ich bin nur für Dich da."
- „Ich habe das Gefühl, Du sagst nicht, was Du denkst."
- „Ich spüre doch, dass Du mir nicht glaubst."

Ich kann *vermuten*, dass Anne sich von mir entfernt. Ich kann den *Eindruck haben*, jemand erwarte vor mir, dass ich … Ich kann *meinen*, ich sei „nur für Dich da" – aber nicht fühlen. Fühlen kann ich Angst und Aufregung, Liebe und Glück. Dann *bin* ich ängstlich oder aufgeregt, verliebt oder glücklich.

Diese Unterscheidung ist eine Voraussetzung dafür, dass Verständigung gelingen kann: Woran lässt sich feststellen, dass Anne sich *entfernt?* Nehmen wir an, Anne ruft nur noch selten an und sagt in den letzten sechs Monaten stets, sie habe keine Zeit, ins Kino zu gehen oder sich zum Abendessen zu treffen. Das kann viele Gründe haben: Sie ist beruflich stark belastet, in ihrer Familie gibt es Probleme, sie ist gesundheitlich angeschlagen …

Dass Anne nur selten anruft und für keine Verabredung mehr zu gewinnen ist, kann traurig machen, kann enttäuschen oder besorgt machen. *Diese* Gefühle sollten Anlass zum Handeln sein: Anne die Beobachtung – beschreibend – mitteilen und sie nach dem Grund für ihr Verhalten fragen. Von der Antwort hängt es ab, ob sich das Gefühl ändert, und welches Gefühl man daher äußert; zum Beispiel Enttäuschung *oder* Sorge.

Fremd- oder Selbsteinschätzungen sind ebenfalls keine Gefühle, auch wenn sie mit dem Wort Gefühl artikuliert werden:

- „Ich fühle mich von Dir missverstanden."
- „Ich fühle mich so unzulänglich."
- „Ich habe das Gefühl, ich bin den anderen im Tutorenteam nicht wichtig."
- „Ich fühle mich wie ein Versager."

Wenn man den Eindruck hat, missverstanden zu werden, unzulänglich zu sein oder nicht wichtig genommen zu werden, kann man darüber traurig oder niedergeschlagen sein. Ob ich traurig bin oder nicht, darüber kann man nicht diskutieren. Das ist allein meine Angelegenheit. Meine Gefühle kann mir niemand aus- oder wegreden.

Aber man kann sich darüber verständigen, ob ich *Anlass* zur Traurigkeit habe. Ob ich wirklich „unzulänglich" bin oder vielleicht *meine Maßstäbe* überzogen sind, ob ich den anderen im Tutorenteam nicht wichtig bin; oder ob ich sie mit zu vielen Belehrungen verärgert habe. An *meinen Maßstäben* und an *meinem Verhalten* gegenüber den Teammitgliedern kann ich etwas ändern. Korrigiere ich meine Maßstäbe, bin ich freundlich zu den Teammitgliedern, werde ich mich anders fühlen bzw. die Teammitglieder wieder anders erleben. Deshalb lohnt es, gerade bei Gefühlen genau zu sein.

Dies noch in einem weiteren Sinne. Sie hören oft:

- „Danke der Nachfrage."
- „Ich kann nicht klagen."
- „Alles OK."
- „Alles im grünen Bereich."

Das sind situationsangemessene Antworten auf die Frage: „Wie geht's?", wenn sich zwei Kollegen im Büroflur treffen und beide nicht stehen bleiben, sondern nur den Schritt verlangsamen. In den USA wird gefragt: „How are you?" – und keine Antwort erwartet, schon gar nicht, wenn man sich schlecht fühlt. Die Frage ist eine Grußformel, auf die mit „How are you?“ geantwortet wird. Das ist keine Gegenfrage, sondern die Antwort. In Großbritannien würde sie lauten: „(I'm) fine, thanks. How are you?“

Verabreden Sie sich mit einem guten Freund zum Abendessen und antworten auf die Begrüßungsfrage, wie es Ihnen geht, „ich kann nicht klagen“, wird der Freund keine Frage anschließen. Sagen Sie jedoch, dass Sie sehr bedrückt oder verzweifelt sind, sehr glücklich oder vergnügt, wird das Gespräch ganz anders verlaufen. Der Freund wird nach dem Anlass fragen, Sie berichten. Der Freund freut sich mit Ihnen oder hat ein Ohr für Ihre Sorgen. Kurz: Je genauer wir sagen, wie wir uns fühlen, desto geringer ist die Wahrscheinlichkeit, dass andere uns missverstehen oder über unsere Gefühle hinweggehen.

Zum Weiterlesen

Marshall B. Rosenberg: Gewaltfreie Kommunikation. 4. Aufl. Paderborn: Junfermann 2003

Höflichkeit

Sich und anderen Gutes tun

Die Verkäuferin reicht der Dreijährigen eine Scheibe Wurst (die mit dem Gesicht) über die Ladentheke. Das Mädchen lächelt und steckt sich die Wurstscheibe in den Mund. Die Mutter: „Ann-Kathrin! Wie sagt man?" Ann-Kathrin gepresst: „Danke."

Abends beim Italiener. Der Kellner bringt das Essen. „Ecco, Signora, Signorina, due Pizze. Buon appetito!" Ann-Kathrin strahlt den Kellner an: „Danke!"
Als der Kellner weg ist, fragt sie ihre Mutter: „Warum hast Du nicht *Danke* gesagt?"

Ja, warum eigentlich nicht? Die Mutter zahlt für das Essen und den Service. Deshalb sieht sie wahrscheinlich keinen Grund, sich zu bedanken. Sie unterscheidet nicht zwischen der Person und der Rolle des Kellners; drastischer: Sie übersieht die Person – die würde sich über ein *Danke* freuen. Niemand ist nur Kellner, Verkäuferin, Bankangestellter oder Kfz-Mechanikerin.

Die Aufforderung der Mutter an Ann-Kathrin zielt auf die Einhaltung dessen, „was sich gehört": Wenn man etwas geschenkt bekommt, bedankt man sich. Das zu wissen, heißt Konventionen zu kennen, das „Einmaleins des guten Tons". Die Mutter möchte gut dastehen: *Mein* Kind weiß, was sich gehört. Dass es sich so verhält, wie es „sich gehört", zielt auf Wirkung: Ich (mein Kind) weiß mich (sich) zu benehmen, lautet die Selbstauskunft.

In vielen Situationen wünsche ich mir, mehr Menschen würden sich an Konventionen halten und wüssten sich zu benehmen – zum Beispiel, wenn ich in Bus und Bahn unangenehmen Gerüchen oder Gegröle ausgesetzt bin. Mit anderen Worten: Konventionen, Etikette sind durchaus zweckdienlich. Wer hört in einem Restaurant schon gerne lautes Schmatzen am Nebentisch und wer die Gespräche vier Tische weiter? Wer sich in Bus und Bahn, im Restaurant und im Kino an Etikette hält, ist ein angenehmer Mitmensch – was immer die Motive für dieses Verhalten sein mögen.

Danken, nicht schmatzen und in der Öffentlichkeit nicht lautstark reden – diese Konventionen haben Bestand. Was aber, wenn Konventionen nicht mehr allgemeingültig sind, wenn Etikette sich auflösen? Wenn zum Beispiel Frauen das Verhalten des „Kavaliers" als bevormundend erleben? Wenn eine Frau erwartet, dass ein Mann akzeptiert, wie *sie* behandelt werden *will* – und nicht, wie *er* meint, dass eine Frau behandelt werden *sollte?* Einfacher: dass er damit klarkommt, dass sie allein eine Tür aufmachen und einen Mantel anziehen kann.

Und wenn Sie sich zur neuen Frisur ihrer Partnerin, zur neuen Hose ihres

Partners äußeren sollen und Ihnen die Frisur bzw. die Hose nicht gefällt? Schweigen würde als ignorant oder als stiller Negativ-Kommentar aufgenommen. Ehrlich sein oder lügen?[15]

Höflichkeit statt Etikette

Im *Einmaleins des guten Tons*, dessen 37. Auflage (das 1026.-1045. Tausend) ich zur Konfirmation geschenkt bekam, heißt es schon auf den ersten Seiten des über vierhundertfünfzig Seiten starken Werkes: Die Notlüge ist erlaubt. „Eins allerdings sollte man unter allen Umständen unterlassen: Kinder in diese kleinen Schwindeleien einzubeziehen." (Oheim 1962, S. 30)

Schwindeln Sie, wenn Ihnen die neue Frisur der Freundin oder die neue Hose des Partners nicht gefällt (und schicken Sie deshalb Kinder aus dem Zimmer)?

Höflichkeit hilft aus dem Dilemma heraus. Höflichkeit – angelehnt an Rainer Erlinger – verstanden als Ausdruck der Achtung vor dem Gegenüber. Höflichkeit ermöglicht persönliche Entscheidungen anstelle des Befolgens von Konventionen.

Es ist kein Ausdruck der Achtung, der Freundin oder dem Partner nicht die Wahrheit zu sagen. Wobei, das ist wichtig, Wahrheit meint, was *ich meine*. Deshalb ist diese Form der Ehrlichkeit im doppelten Sinne unangebracht: „Der Schnitt ist ja voll daneben." „Die Hose hat ja eine scheußliche Farbe". Zum einen wird eine Meinung als allgemeingültig formuliert. Zum anderen wird mit solchen Aussagen keine Rücksicht auf das Gegenüber genommen; sie sind im Wortsinne *rücksichtslos*.

Ehrlichkeit ohne Rücksicht auf die Wirkung ist die Schwester der unreflektierten Authentizität, der es um den ungefilterten Ausdruck des Ichs geht und die dazu führt, wie ein Elefant durchs Beziehungsleben zu stampfen.

Achtung vor dem Gegenüber erfordert also, darüber nachzudenken, *wie* ich die Wahrheit sage. Zu dem Wie gehören der Ort, der Zeitpunkt und die Ich-Aussage ohne Belehrung:

- Unangenehme Nachrichten unter vier Augen vermitteln – nicht vor Publikum.
- Negative Einschätzungen zum passenden Zeitpunkt abgeben – zum Beispiel nicht, wenn der Freund im neuen Anzug auf dem Weg zu einem Bewerbungsgespräch ist.
- Das eigene Urteil nicht als Fakt ausgeben, sondern als persönliche Sicht: „*Mir*

15 Nicht immer sind wir vor diese Wahl gestellt. Oft genügt es, nichts zu sagen: „Die meisten Unhöflichkeiten entstehen nicht, weil jemand nicht lügen will, sondern weil jemand es nicht aushält, nichts zu sagen. Der schlimmste Feind der Höflichkeit ist nicht der Drang zur Wahrheit, sondern der Drang, unbedingt etwas sagen zu müssen." (Erlinger 2016, S. 45f.)

gefällst Du mit langen Haaren besser" – statt: *Dieser Schnitt steht Dir nicht.* „*Ich* finde, dunkle Farben stehen Dir besser" – statt: *Die Hose sieht unvorteilhaft aus.*

- Die Mutter an der Ladentheke verzichtet auf Belehrungen: „Um Gottes willen Wurst. Wissen Sie denn nicht, dass …" Sie ist ehrlich und höflich: „Vielen Dank. Das ist sehr nett. Aber wir essen keine Wurst und kein Fleisch."

Höflichkeit zielt auf die Beziehung (Achtung vor dem Gegenüber). Konventionen, Etikette zielen auf Wirkung (einen guten Eindruck machen, weil man sich zu benehmen weiß). Höflichkeit ist eine persönliche Entscheidung, keine Orientierung an anderen. Immer einen guten Eindruck machen zu wollen, kann sehr anstrengend und belastend sein. Höflichkeit nicht.

Höflichkeit erweitert unsere Handlungsmöglichkeiten

Und wenn nicht ein Kind eine Scheibe Wurst, sondern ich selbst etwas geschenkt bekomme, das mir überhaupt nicht gefällt? Die Konvention erfordert die Notlüge. Höflichkeit erlaubt es, zwischen dem Schenken und dem Geschenk zu unterscheiden. Und deshalb kann ich mich ehrlich über den selbstgehäkelten Eierwärmer eines Fünfjährigen freuen, weil ich darin das große Bemühen sehe, mir eine Freude zu machen. Die Krawatte aus der Verwandtschaft lobe ich als sehr geschmackvoll – verbunden mit dem Hinweis, dass ich keine Krawatten trage. Damit nehme ich die Schenkenden Ernst und übertrage eine Fußball-Weisheit auf ein anderes Feld: Nach dem Geschenk ist vor dem Geschenk. Ich erspare meinem Gegenüber (und mir), dass es mir ein zweites Mal etwas schenkt, was ich nicht gebrauchen kann.Watzlawick schildert sehr amüsant, was geschehen kann, wenn man meint, dem Gegenüber nicht die Wahrheit zumuten zu können:

> Nach der Rückkehr aus den Flitterwochen stellt die Frau ihrem Mann eine große Schachtel *Corn Flakes* auf den Tisch, in der wohlgemeinten, aber irrtümlichen Annahme, dass er sie gerne äße. „Er wollte sie nicht kränken und nahm sich vor, das Zeug halt in Gottes Namen zu schlucken, und sie dann, wenn die Schachtel leer war, zu bitten, keine neue zu kaufen. Als gutes Weib aber hatte sie aufgepasst, und noch bevor die erste Schachtel ganz aufgebraucht war, stand bereits die zweite da. Heute, 16 Jahre später, hat er die Hoffnung aufgegeben, ihr schonend beizubringen, dass er *Corn Flakes* hasst. Ihre Reaktion könnte man sich ausmalen." (1983, S. 74)

Es gibt eine wichtige Ausnahme: Sie dürfen ehrlich schwindeln – wenn es sich um ein Beziehungsspiel handelt, bei dem den Beteiligten die Regeln bekannt sind. Sie schwindeln auf der Inhaltsebene und sagen auf der Beziehungsebene die Wahrheit. Damit kommt man aus einem Dilemma heraus, das Watzlawick (1983) als unauflösbar ansieht. Ein Beispiel – die „klassische" Frage: „Findest Du mich zu dick?" („Hab' ich zugenommen?").

Hat das Gegenüber nicht zugenommen, ist alles einfach. Man sagt „nein" und macht ihm eine Freude. Hat er oder sie zugenommen, und ist einem das Gegenüber gleichgültig, sagt man „ja". Was aber, wenn die Antwort „ja" lauten müsste, man das Gegenüber aber nicht betrüben möchte? Watzlawick: Die Chancen, sich aus dieser „Zwickmühle zu winden", sind minimal (1983, S. 73).

Hört man jedoch die Frage als Teil eines Spiels mit dem Beziehungsohr so: „Liebst Du mich so, wie ich aussehe? Ich weiß, ich habe ein paar Pfund zugelegt." Dann kann man, eine gute Beziehung vorausgesetzt, die Frage nach den Pfunden ehrlich mit „nein" beantworten.

Auf Höflichkeit als Ausdruck von Achtung werden Sie noch in anderen Kapiteln stoßen → *Feedback*, → *Kritisieren und kritisiert werden*, → *Schriftlich kommunizieren*.

Zum Weiterlesen

Rainer Erlinger: Höflichkeit. Vom Wert einer wertlosen Tugend. Frankfurt/Main: S. Fischer 2016

Ich-, Du-, Man-Botschaften – Wünschen und bitten

Selbstverantwortlich kommunizieren

„Du bist faul geworden!" „Sie müssen immer alles kritisieren." Oder: „Seit drei Monaten machst Du keinen Sport mehr und erledigst jeden Einkauf mit dem Auto. Ich befürchte, Du wirst bequem." „Keiner der Vorschläge, die wir in den letzten zwei Stunden gehört haben, fand Ihre Zustimmung. Mich interessiert, wie Sie das Problem anpacken würden."

„Man müsste mal wieder die Küche streichen." Oder: „Ich möchte, dass Du mir hilfst, die Küche zu streichen."

„Ich muss mich auf diesem Kongress sehen lassen." „Ich habe keine Zeit zum Lesen." Oder: „Ich traue mich nicht, den Kongress zu ignorieren." „Ich nehme mir keine Zeit zum Lesen."

Ich- oder Du-Botschaften, Ich- oder Man-Aussagen, haben oder nehmen, müssen oder trauen: Das sind die Themen in diesem Kapitel.

Ich- und Du-Botschaften

In einer Reihe von Kapiteln – zum Beispiel → *Feedback*, → *Höflichkeit*, → *Metakommunikation* und → *Moderation* – finden Sie die Empfehlung, in der ersten Person zu sprechen, zurückhaltend zu sein mit sogenannten *Du-Botschaften.*

Diese Empfehlung hat Tradition; sie ist rund ein halbes Jahrhundert alt. Formuliert wurde sie in Abgrenzung zu dem autoritären Stil, der bis in die späten Sechziger den Umgang von Vorgesetzten, Eltern, Männern, Lehrerinnen und Professoren mit Arbeitnehmern, Kindern, Frauen, Schülern und Studentinnen prägte (und der auch heute noch anzutreffen ist).

Das Plädoyer für die Ich-Botschaft zielt auf eine partnerschaftliche, wertschätzende Kommunikation – weg von der Konstellation: *Ich* (die bestimmende Instanz) *urteile. Du wirst beurteilt.* Stattdessen: Ich *urteile* nicht über mein Gegenüber, sondern *beschreibe* sein Verhalten und sage, was dieses Verhalten bei mir bewirkt. Ich übernehme Verantwortung für *meine Reaktion* auf das Verhalten oder die Aussagen meines Gegenübers. Das Feedback erfolgt nicht vom hohen Ross der Objektivität, sondern als *individuelle* Aussage. Das erleichtert dem Gegenüber, so die Erwartung, die Rückmeldung anzunehmen.

Mit *Du bist-* und *Sie sind-*Aussagen wird nicht über ein Verhalten geurteilt, sondern über die gesamte Person. Ein Beispiel: Der Sohn macht seit einem halben Jahr keine Mathematik-Hausaufgaben mehr. Der Vater: „Du bist ein fauler Kerl!" Der Sohn wird sich gegen diese Anklage wehren. Zumal dann, wenn er nicht erfährt, was den Vater zu dieser Aussage bewegt.

„Seit einem halben Jahr machst Du keine Mathe-Hausaufgaben mehr. Ich mache mir Sorgen über Dein Verhalten (Deine Versetzung ...)." Die Beschreibung (korrekte Sachaussage) und die Selbstauskunft (Sorge) sind eine Einladung zum Gespräch. Vielleicht ist der Vater nicht besorgt, sondern verärgert, weil er sich auf den Elternabenden die Klagen des Mathematik-Lehrers anhören muss. Auch darüber lässt sich reden. Der Sohn kann sich entscheiden, ob er dem Vater die Situation ersparen will oder ihm empfiehlt, auf „Durchzug zu schalten".[16]
Meine Empfehlung lautet also:

1. Eine Beschreibung statt eines Urteils;
2. die Auskunft, welchen Eindruck das beschriebene Verhalten auf mich macht bzw. welche Gefühle es auslöst;
3. eine Erläuterung, warum das so ist, und
4. der Hinweis, was ich mir vom Gegenüber wünsche.

Ein Beispiel:

1. „Ich habe Deine Vorlage für die Präsentation zwei Tage nach dem vereinbarten Termin erhalten.
2. Das ärgert mich.
3. Verzögerung bedeutet für mich Zeitdruck und damit Stress. Der verdirbt mir die Freude an der Arbeit".
4. Ich möchte, dass Du Dich künftig an Terminabsprachen hältst."

Zu viel Gesprächsaufwand? Ich meine: Nein. Jedenfalls nicht im Vergleich zu dem Gesprächsaufwand, der entsteht, wenn Du-Botschaften zu Konflikten führen.

Ich beziehe diese Überlegungen auf das Kommunikationsquadrat, das im Kapitel → *Kommunikation* im Mittelpunkt steht (Abb. 9).

Ist also die Ich-Botschaft das Patent-Mittel und die Du-Botschaft stets unangemessen? Nein. Für bestimmte „Situationen, Rollenbeziehungen, Phasen der Auseinandersetzungen und Persönlichkeiten" kann eine *Du-Botschaft* „stimmiger" sein als eine *Ich-Botschaft* (Schulz von Thun 2012, S. 37). Wann sind Du-Botschaften angebracht?

16 Schließt der Vater an seine Du-Botschaft den Appell an: „Kannst Du nicht wenigstens heute Deine Mathe-Arbeiten machen?", wird er auf Ablehnung stoßen – selbst dann, wenn der Sohn eigentlich bereit wäre, die Hausaufgaben zu machen: Würde er sich nach dieser Aufforderung an den Schreibtisch setzen, wäre das ein Eingeständnis. Anders fiele vielleicht eine Reaktion auf eine Ich-Aussage aus. Darum geht es im nächsten Abschnitt.

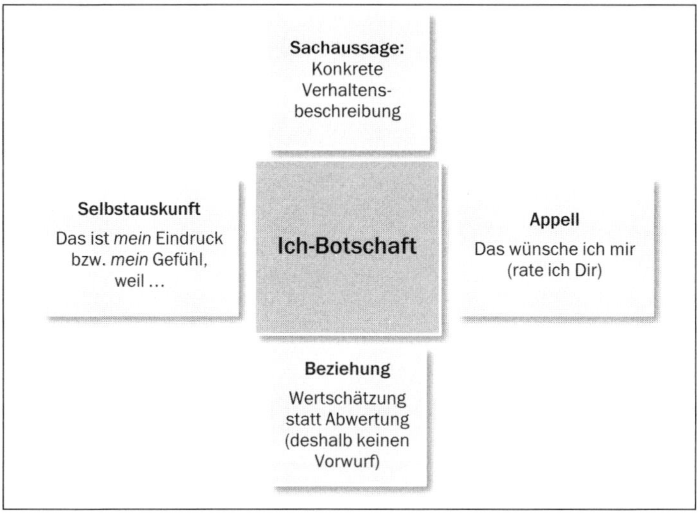

Abbildung 9: Die vier Seiten einer Ich-Botschaft

Situation

Wenn aus der Situation eindeutig hervorgeht, was mit einer Aussage gemeint ist, sind Du-Botschaft erste Wahl: Sie versuchen seit zwanzig Minuten vergeblich und zunehmend genervt, eine Schraube Ihres Dachgepäckträgers aufzudrehen. Ihre Freundin kommt vorbei und hat im Nu das Problem gelöst. Sie freuen sich und sagen zu ihr: „Du bist ein Schatz!" (oder *genial*, *super* ...). Ich-Aussagen wären affektierter Psycho-Slang: „Dir ist es ganz schnell gelungen, die Schraube herauszudrehen. Das finde ich toll!" (Aber natürlich möchte sie oder er hören: *„Ich* liebe Dich" – und nicht *„Du bist* liebenswert.")

Ein zweites Beispiel: Mia sagt beim Essen zu ihrem Freund: „Du schlürfst beim Trinken!" Egal, ob Mia das Schlürfen stört oder nicht: Die Rückmeldung ist wichtig, weil ihr Freund schlürfend unangenehm auffallen kann (und sich deshalb eine Verhaltensänderung empfiehlt). Das direkte „Du schlürfst!" sollte in einer Partnerschaft möglich sein. Unangemessen sind: „Schlürf nicht so!" und „Man schlürft nicht beim Trinken": Ein Befehlston und die Belehrung gehören nicht in eine Beziehung.

Rollenbeziehung

Mein Klavierlehrer sagt zu mir: „Sie spielen diese Passage zu getragen" – und nicht wie mein Spiel auf ihn wirkt. Die Fußballtrainerin gibt die Rückmeldung: „Du machst zu viele Alleingänge" – und nicht: „Ich würde mich freuen, wenn Du ..." Zu beider Rollen gehört die direkte Verhaltensbeurteilung. Das schließt → *Höflichkeit* oder ein → *Lob* nicht aus.

Phasen der Auseinandersetzung
Eine Du-Botschaft kann ein notwendiger Konflikt-Anstoß sein, der Bewegung bringt, wenn eine Beziehung längere Zeit konfliktvermeidend gelebt wurde. Sind mit der Du-Botschaft Vorwürfe, Ärger oder Wut ausgesprochen, gilt es, die zugrunde liegenden Gefühle und Bedürfnisse zu klären. Ohne Du-Botschaft würde diese Klärungssituation eventuell gar nicht erst erreicht.

Persönlichkeiten
Menschen, die eher selbstzweifelnd kommunizieren „und dazu neigen, für alles und jedes Verständnis aufzubringen" tun oft des Guten zu viel, indem sie stets „nach den eigenen Anteilen suchen". Sie sollten ihre „Konfrontationsfähigkeit stärken, und diese drückt sich auch in Du-Botschaften aus" (Schulz von Thun 2012, S. 39).

Ich sagen: Wünschen und bitten

Es scheint keine einfache Angelegenheit zu sein, einen Wunsch oder eine Bitte klar und direkt zu äußern. Das lässt sich zum Beispiel daran erkennen, dass wir im Alltag selbst bescheidene Bitten sehr umständlich formulieren. Wir sagen nicht: „Geben Sie mir doch bitte einmal den Zucker." Und nicht: „Sagen Sie mir bitte, wie spät es ist." Wir bemühen den Konjunktiv oder stellen eine Frage: „Würden Sie mir bitte den Zucker reichen?" „Können Sie mir bitte sagen, wie spät es ist?"

Selbst bei solch kleinen Bitten wird der Anschein einer Aufforderung vermieden. Was macht es so schwer, eine Bitte einen Wunsch direkt und unmissverständlich zu äußern? Viele Gründe kommen in Betracht. Zum Beispiel:

- Die Angst vor einem Nein.
- Die Meinung, es sei ungehörig oder selbstsüchtig, Wünsche und Bedürfnisse zu äußern.
- Die Sorge, wir würden anderen zu viel zumuten.
- Die Vermutung, es wäre unserem Gegenüber peinlich, die Bitte abzulehnen.
- Die Unsicherheit, ob sich unser Gegenüber traut, Nein zu sagen.
- Falscher Stolz.

Diese Gründe lassen sich zusammenfassen als Angst vor einem Gesichtsverlust – entweder der wünschenden Person oder des Gegenübers.

Ein weiterer Grund passt nicht in diese Kategorie: eine verklärte Vorstellung von Liebe und Freundschaft. *Wenn er mich liebt, liest er mir meine Wünsche von den Augen ab. Wenn sie mich liebt, fühlt sie, was ich gerne habe oder mache. Unter Freunden braucht es nicht viele Worte, um zu wissen, was der oder die andere mag.*

Die Alternative: Wünsche direkt äußern. Sie sind nun einmal da! Werden sie nicht angesprochen, ist die Chance gering, dass sie erfüllt werden. Unausgesprochene Wünsche kommen häufig – siehe das Beispiel in der Einleitung – als Vorwurf zum Ausdruck und erschweren das Miteinander. *Vor*würfe sind oft *nach*trägliche Wünsche.

Ich äußere Wünsche direkt, um mein Gegenüber zu *informieren*. Ich sage zu meiner Partnerin:

„Hilf mir doch bitte beim Kochen." Damit weiß sie, was ich möchte. Wenn sie völlig erschöpft ist oder Kopfschmerzen hat, wird sie mir meinen Wunsch nicht erfüllen. Das war auch nicht Voraussetzung, meinen Wunsch zu äußern. Umgekehrt erwarte ich, dass sie sagt, was sie will. Ich komme nicht jedem ihrer Wünsche nach, ich habe jedoch – und das ist für die Beziehung wichtig – eine Grundlage, um mich entscheiden zu können; ich muss nicht rätseln: *Was will sie, was ist mit ihr?* „Unter diesem Vorzeichen hat der offen vorgetragene Wunsch nichts mit Egoismus zu tun. (…) Der klare Wunsch enthält nicht den Willen seiner unbedingten Durchsetzung" (Schulz von Thun 1988, S. 251).

Ich statt man: Wünsche sind keine Normen oder Regeln

Wenn Sie diese Haltung teilen können, gibt es keinen Grund, das Ich zu verstecken und einen Wunsch als Regel oder Norm auszugeben. Zum Beispiel so: „Während der Inventur nimmt man keinen Gleittag." Oder so: „Es ist nun einmal so, dass man irgendwann zu einer Entscheidung kommen muss." Die Ich-möchte-Version:

- „Wenn wir bei der Inventur nur zu dritt sind, bedeutet das für uns eine enorme Belastung. Deshalb bitte ich Dich, Deinen Gleittag später zu nehmen."
- „Ich respektiere Ihre zahlreichen Vorbehalte, ich möchte jedoch, dass wir jetzt eine Entscheidung treffen."

Sinnvolle Normen und Regelungen sollten eingehalten werden. Sie brauchen nicht als persönlicher Wunsch vorgetragen zu werden. Deshalb ist es durchaus sinnvoll, wenn nötig an die Vereinssatzung zu erinnern, in der vorgesehen ist, dass auf dem Kleingartengelände zwischen 12 und 14 Uhr kein Rasenmäher die Mittagsruhe stören darf.

Ich statt Du- und Man-Aussagen: Indirekte Aufforderungen

Statt Wünsche hören wir häufig Feststellungen oder Klagen, die sich scheinbar an niemanden richten. Zum Beispiel:

- „Du bestellt schon Dein viertes Bier.“ – Statt: „Ich mache mir Sorgen um Deine Gesundheit, wenn Du mehr als zwei Bier trinkst. Bitte trinke jetzt etwas ohne Alkohol.“
- „Man sollte mal wieder ganz groß ausgehen.“ – Statt: „Ich würde gerne wieder einmal ganz groß mit Dir ausgehen.“
- „Man müsste endlich mal den Server von Daten-Müll befreien.“ – Statt: „Ich fände es gut, wenn Sie mir helfen, den Server aufzuräumen.“
- „Bei den vielen Anfragen muss ich bestimmt wieder die ganze Woche Überstunden machen.“ – Statt: „Ich bitte Dich, einen Teil der Anfragen zu beantworten, damit ich nicht so viele Überstunden machen muss.“

Was passiert, wenn Sie Ihre Wünsche wie in diesen Beispielen verstecken? Entweder Ihr Gegenüber hört sie heraus und ist verstimmt, weil Sie Ihre Wünsche in einer Feststellung oder Klage verstecken. „So fühlt man Absicht, und man ist verstimmt“, lässt Goethe seinen *Torquato Tasso* im zweiten Akt sagen. Oder Ihr Gegenüber überhört den versteckten Appell. Dann sind Sie vielleicht verärgert oder traurig, dass Ihr Gegenüber nicht auf Ihr Anliegen reagiert.

Ich statt Du, Sie oder Wir: Sagen statt fragen oder feststellen

Die indirekte Aufforderung tritt noch in zwei weiteren Varianten auf.

1. Die Frage, in der die fragende Person nicht vorkommt:
   - „Sollen wir noch eine Stunde an die frische Luft gehen?“ – Statt: „Ich würde gerne noch eine Stunde an die frische Luft gehen. Kommst Du mit?“ („Ich würde mich freuen, wenn Du mitkommst.“)
   - „Hast Du heute Abend schon etwas vor?“ – Statt: „Ich möchte Dich zum Abendessen einladen.“
   - „Werden Sie sich morgen auch für konsensorientierte Entscheidungen aussprechen?“ – Statt: „Ich würde mich freuen, wenn Sie morgen mein Plädoyer für konsensorientierte Entscheidungen unterstützen.“

2. Die Übertragung des eigenen Wunsches auf das Gegenüber:
   - „Sie haben sicher Hunger?“ – Statt: „Ich habe Hunger und würde jetzt gerne etwas essen.“
   - „Du bist bestimmt auch müde?“ – Statt: „Ich bin müde und gehe ins Bett. (Ich fände es schön, wenn Du mitkommen würdest).“

Ich statt scheinbarer Selbstlosigkeit: Verquerer Appell

Das Ich- und das Wünsche-Verstecken geht auch so: Die eigenen Bedürfnisse und Wünsche werden aktiv geleugnet, in der Hoffnung, das Gegenüber werde sie trotzdem erkennen und erfüllen:

- „Teil Dir Deine Zeit ruhig so ein, wie Du es für richtig hältst. – Statt: „Ich wünsche mir, dass Du mehr Zeit mit mir verbringst."
- „Nehmen Sie bitte keine Rücksicht auf mich." – Statt: „Bitte nehmen Sie auf meine Wünsche (Situation, Belastung) mehr Rücksicht."
- „Mir macht es wirklich nichts aus, am Wochenende die Klausuraufsicht zu übernehmen." – Statt: „Ich hätte sehr gerne ein freies Wochenende."

Auch hier gilt: Entweder fühlt Ihr Gegenüber Absicht und ist verstimmt. Oder die so Angesprochenen nehmen Ihre Aussage für bare Münze, und Sie sind gekränkt oder enttäuscht, weil Ihr Wunsch nicht herausgehört wurde.

Meine Formulierungsvorschläge auf den letzten Seiten stellen für die Angesprochenen keine Zumutung dar. Und niemand verliert bei einem Nein das Gesicht. Es ist kein Affront, wenn der Partner noch nicht müde ist und deshalb nicht mit ins Bett geht. Aber es ist schön zu hören, die Partnerin möchte, dass man mit ins Bett kommt. Kleine Anstrengung (in diesem Beispiel: 10 Wörter mehr), schöne Erfahrung.

Und wenn man sich „gewagter" exponieren möchte? Sich zum Beispiel nach einiger Zeit des Zusammenseins Oralverkehr wünscht? Schön, wenn der Wunsch erfüllt wird. Schön, wenn man erfährt, die Partnerin oder der Partner wünscht sich das auch (hat sich aber nicht getraut, das zu sagen). Kein Weltuntergang, wenn sie oder er keinen Oralverkehr möchte. Das ist aus meiner Sicht erst dann ein Problem, wenn die Begründung lautet, Oralverkehr sei „unanständig".

Verantwortung übernehmen

Wenn wir reden, sprechen wir zu unserem Gegenüber. Und zu uns selbst. Mit Wirkung: Wir beeinflussen unsere Selbstwahrnehmung mit dem, was wir sagen und von uns hören. Es bleibt nicht ohne Folgen, wenn in meiner Kommunikation *ich* selten vorkommt, denn dann komme ich selten vor. Es bleibt nicht ohne Folgen für das Selbstbewusstsein, wenn ich mich nicht wünschen und → *Gefühle* äußern höre, sondern davon abhängig bin, dass andere meine indirekten Aufforderungen, meine Fragen oder verdeckten Appelle in meinem Sinne hören. Gute Gründe, konkret und direkt zu sprechen, selbstverantwortlich zu kommunizieren; siehe auch: → *Unsicherheitssignale*.

Wenn ich mich in meine Aussage einbeziehe, *erlebe* ich mich in meinem Reden. Wenn ich mich nicht zurücknehme, wenn ich sage, was ich mir wünsche, was ich möchte, was ich tue oder lasse, dann übernehme ich Verantwortung für *mich.*

Deshalb *mache* ich mir Sorgen über mein Verhältnis zu Herrn Nolte; ich *habe* kein Problem mit ihm. Deshalb sage ich zu Petra: „Ich bin besorgt über die Beziehung zu Herrn Nolte – und möchte gerne mit Dir darüber reden." Ich lasse den zweiten Teil des Satzes nicht weg. Ich brauch nicht die Aufforderung von Petra, über meine Sorge zu sprechen, sondern melde meinen Wunsch an. Deshalb:

- *Ich möchte* bald mal wieder (mit Dir) in ein Jazzkonzert gehen" – statt: *Wir sollten mal …*
- „Ich möchte mit Ihnen über die Gestaltung unserer Zusammenarbeit sprechen" – statt: *Wir sollten mal …*
- „*Ich möchte* nach Hause gehen und würde mich freuen, wenn Du mitkommst" – statt: *Ich bin müde. Gehen wir nach Hause?*

Deshalb *muss* ich mich nicht auf dem Kongress sehen lassen; ich *kann* wegbleiben (es sei denn, ich habe eine Dienstanweisung erhalten).

Wähle ich das treffende Wort – ich *traue* mich nicht; ich bin *unsicher*, ob …; ich *befürchte*, … –, dann übernehme ich Verantwortung für mich. Eventuell komme ich damit in ein anregendes Selbstgespräch über meine Befürchtungen und darüber, wie abhängig ich mich fühle. Und wie ich das ändern könnte.

Zum Weiterlesen

Marshall B. Rosenberg: Gewaltfreie Kommunikation. 4. Aufl. Paderborn: Junfermann 2003

Konflikte austragen

Lösen und regeln statt gewinnen. Fair verhandeln

Konflikte sind Teil des Miteinanders. „Menschen, die miteinander zu schaffen haben, machen einander zu schaffen." (Schulz von Thun 2012, S. 126).

Gelungene Beziehungen sind nicht das Resultat der Konflikt-Vermeidung, sondern der Bereitschaft und Fähigkeit zur Auseinandersetzung. Ausgeprägter als diese Bereitschaft ist der Wunsch nach Harmonie: Um des „lieben Friedens willen" werden Konflikte „unter den Teppich gekehrt". Angst vor „bösem Blut" oder die Erfahrung, dass Auseinandersetzungen „unter die Haut gehen" können, machen konfliktscheu.

Hinzu kommt: Man hat sich in Konflikten schon so erlebt, wie man sich nicht mag: Man hat zurückgeschlagen oder zu schnell nachgegeben, beleidigende oder verletzende Worte gewählt, die einem später leidtaten, aus einer Mücke einen Elefanten gemacht; kurz: Man war unsouverän statt gelassen.

Es erleichtert das Leben ungemein, wenn man einmal großzügig über eine Störung oder eine unangemessene Reaktion hinweggehen und *fünf auch mal gerade sein lassen* kann. Als Dauerhaltung ist die Vermeidung von Konflikten allerdings selbstschädigend. Konflikt*verschiebungen* lösen auch keine Probleme. Sie treten vor allem in den folgenden drei Varianten auf:

1. *Pseudokonflikt austragen:* Es wird heftig über eine Nebensache gestritten, um den wirklichen (Beziehungs-)Konflikt nicht anzusprechen. Die Vehemenz der Auseinandersetzung über diese Kleinigkeit signalisiert: Hier geht es eigentlich um etwas anderes, hier wird ein Pseudokonflikt ausgetragen.
2. *Sich die Schuld zuweisen:* Statt sich mit dem eigentlichen Konfliktpartner auseinanderzusetzen, gibt man sich selbst die Schuld an dem Konflikt. Das erspart zwar die Auseinandersetzung mit dem Gegenüber, kann jedoch depressive Entwicklungen nach sich ziehen.
3. *Sündenbock suchen:* Es wird ein Sündenbock gesucht. Angestellte ziehen zum Beispiel über den Chef her, um sich nicht der Tatsache zu stellen, dass ihr Miteinander schwer belastet ist.[17]

Wenn Konflikte zu unserem Leben gehören, dann spricht viel dafür, sich mit der Konfliktgestaltung als Teil der Lebensgestaltung zu beschäftigen: Welche Kon-

17 In gesellschaftspolitischen Auseinandersetzungen wird aus dem Sündenbock ein Feindbild. National und international immer wieder mit abschreckenden Beispielen vorgeführt.

flikt-Typen gibt es? Warum und wann eskalieren Konflikte? Wie können Konflikte ohne Verletzungen bewältigt werden?

Sach- oder Beziehungskonflikt? Fakten, Meinungen oder Interessen?

Für die Vermeidung und die Klärung von Konflikten sind zwei Unterscheidungen hilfreich: Jeder Konflikt hat eine Sach- und eine Beziehungsdimension. Wir verbinden mit einer Meinung oder Überzeugung, einer Haltung oder einem Verhalten oft auch unsere Person: Wir identifizieren uns mit einer bestimmten Sichtweise, ein moralischer Maßstab liegt uns am Herzen. Deshalb kann zum Beispiel der Streit um die Bewertung einer Idee oder eines Vorschlags als Kritik der Person erlebt werden, als Abwertung auf der Beziehungsebene. Dann wird nicht mehr über die Sicht der Dinge gerungen, sondern um Prestige, ums Rechthaben, um die Frage, wer gibt nach und wer setzt sich durch. Deshalb sind diese Unterscheidung und die Fähigkeit so wichtig, die Konfliktebenen auseinanderzuhalten.

Auf der *Sachebene* kann unterschieden werden zwischen Auseinandersetzungen über Fakten, Meinungen und Interessen:

Fakten

Wenn Anton behauptet, der Schiefe Turm von Pisa sei fast hundert Meter hoch, Antonia meint, er sei etwas über fünfzig Meter hoch – dann geht es um Fakten: Was stimmt? Nach einem Fakten-Check einigen sich die beiden, dass Antonia der Wahrheit näher war (56 Meter). Wenn Antonia jetzt nicht nachlegt: „Siehst Du! Ich hatte wieder einmal recht! Du immer mit Deinen Übertreibungen! Zum Schießen!“ – dann ist alles im grünen Bereich.

Meinungen

Wenn sich die beiden darüber auseinandersetzen, ob das Internet ein Medium der Emanzipation (Anton) oder der Verdummung (Antonia) ist, geht es um Überzeugungen und Wertvorstellungen. Vielleicht bewegen sich die beiden aufeinander zu: sowohl als auch. Vielleicht nehmen sie etwas voneinander an. Und vielleicht bleiben sie während der Diskussion freundlich und zugewandt. Dann bleibt der Disput auf der Sachebene – und am Ende sind Antonia und Anton zufrieden. Oder sie werden heftig, Anton kehrt den Besserwisser heraus, Antonia lässt ihn nicht ausreden, beide wollen recht haben und garnieren das mit Du-Botschaften: „Du immer mit Deinem Pessimismus.“ „Du musst doch einsehen, dass …“ „Du überblickst einfach nicht die Zusammenhänge.“ – dann geht es nicht mehr um unterschiedliche Bewertungen: Aus einer Meinungsverschiedenheit wird ein veritabler Beziehungskonflikt.

Interessen

Antonia hält Anton vor, dass er sich zu wenig um den Haushalt kümmert. Es geht um Arbeitsteilung, also um Interessen. Von Antons Reaktion hängt es ab, ob es bei einer Sachauseinandersetzung bleibt. Ich übertrage seine möglichen Reaktionen in ein Vier-Felder-Konfliktschema (nach Schulz von Thun 2012, S. 128):

		Beziehung	
		einig	uneinig
Sache	einig	1 Das stimmt. Ich muss das ändern. Ab nächster Woche werde ich … Ich kann auch Deinen Unmut verstehen, Du hast ziemlich lange Geduld gehabt.	2 Das stimmt. Ich muss das ändern. Ab nächster Woche werde ich … Deinen Ton finde ich nicht akzeptabel. Du kannst auch freundlicher sagen, was Dich stört.
	uneinig	3 Ich kann Deinen Unmut verstehen, Du kümmerst Dich mehr um den Haushalt als ich. Aber ich kann vorläufig daran nichts ändern, weil ich …	4 Ich kann vorläufig daran nichts ändern, weil ich … Deinen Ton finde ich nicht akzeptabel. Du kannst auch freundlicher sagen, was Dich stört.

Abbildung 10: Vier-Felder-Konfliktschema

- *Feld 1:* Auf beiden Ebenen besteht Übereinstimmung: Antonia und Anton haben keinen Konflikt.
- *Feld 2:* Auf der Beziehungsebene gibt es Unstimmigkeiten. Beide sind gefordert, sich darüber zu verständigen. Das misslingt zum Beispiel dann, wenn Antonia auf Antons Rückmeldung zu ihrem Ton auf die Sachebene wechselt und ihm vorrechnet, wie wenig er sich in der Vergangenheit um die Kinder gekümmert hat.
- *Feld 3:* Anton gibt Antonia in der Sache recht, will jedoch vorläufig nichts ändern. Darüber müssen sie sich auseinandersetzen.
- *Feld 4:* Ein Konflikt auf der Sach- und auf der Beziehungsebene ist die größte Herausforderung. „Hier ist es ratsam, Sache und Beziehung voneinander zu trennen und beides nacheinander zu betrachten. Dabei gilt: Beziehungsklärung vor Sachklärung, da es in der Regel schwierig ist, sich über Sachthemen zu einigen, solange die Beziehung belastet ist." (Schulz von Thun 2012, S. 129)

Wobei zu ergänzen ist, dass die Sachebene, Aufteilung der Hausarbeit, unmittelbar beziehungsrelevant ist: Wie *partnerschaftlich* ist unsere Beziehung? Die Unterscheidung zwischen Sach- und Beziehungsebene bezieht sich daher ausschließlich auf Antons Reaktion auf Antonias Vorwurf.

Was lässt sich Antonia und Anton, was lässt sich bei einem Konflikt in einer Beziehung oder am Arbeitsplatz empfehlen, wenn die Beteiligten ihn *partnerschaftlich* lösen wollen?

Grundsätze partnerschaftlicher Konfliktlösungen

1. Respekt ist das regulierende Dialogprinzip.
2. Einen Konflikt lösen kann heißen:
   - ein Konfliktpartner kann überzeugt werden;
   - es wird ein Kompromiss gefunden.
3. Die Beteiligten lassen einander ausreden, hören aufmerksam zu und stellen Fragen, wenn sie etwas nicht verstanden haben.
4. Eigene Meinungen und Überzeugungen werden als eigene Meinungen und Überzeugungen geäußert und nicht als feststehende Tatsache – signalisiert als Ich-Botschaft: „*Ich* meine (denke)", *meine* Auffassung (Sicht)", „für *mich* ist …".
5. Interessen und Bedürfnisse werden erläutert: „Mir ist diese Frage aus folgendem Grunde wichtig: …". „Ich bin an diesem Punkt besonders empfindlich, weil …".
6. Es wird kein Pauschalurteil gefällt, sondern konkretes Verhalten angesprochen → *Feedback*.
7. Das Gegenüber wird nicht analysiert und nicht über Motive spekuliert: „Sie sagen das nur, um …". „Das machst Du nur, weil …" → *Feedback*.
8. Es wird kein Konflikt aus der Vergangenheit ins Feld geführt, sondern nur über den aktuellen Konflikt gesprochen.
9. Wenn das Gegenüber einen „wunden Punkt" anspricht, muss das keine böse Absicht sein. Und das Gegenüber ist nicht dafür verantwortlich, dass dieser Punkt ein *wunder* Punkt in meinem Leben ist.
10. Das Gegenüber wird wertschätzend und nicht mit der „Negativ-Brille" betrachtet, ihm werden keine schlechten Eigenschaften oder Absichten unterstellt.
11. Jede und jeder spricht nur für sich und führt keine Meinungen anderer an, um die eigene Position zu untermauern: „Herr Sommer meint auch …", „Elke sieht das wie ich."
12. Fehler werden zugegeben.
13. Wahrnehmungen mitteilen: „Ich habe den Eindruck, dass Du verärgert bist. Was kann ich tun, um diesen Zustand zu verändern?"
14. Wünschen statt vorwerfen. Nicht: „Du beteiligst Dich zu wenig an …", sondern: „Ich wünsche mir, dass Du …"
15. Das Gegenüber wird als Problemlöserin oder Problemlöser angesprochen:

„Was meinst Du, wie wir am besten aus dem Konflikt herauskommen?" „Wie stellen Sie sich eine Lösung des Konflikts vor?"

16. Es findet keine Auseinandersetzung darüber statt, wer angefangen hat.
17. Die Beteiligten fragen sich, ob im störenden Verhalten des Gegenübers ein positiver Aspekt zu entdecken ist (siehe S. 46).
18. Reframing: Lässt der Konfliktanlass auch eine positive Sicht zu? „Es ist ärgerlich, dass sich das gesamte Seminar so heftig ins Zeug gelegt hat, wir aber trotzdem beim Plakat-Wettbewerb leer ausgingen. Die gute Seite: Jetzt hat die Fachbereichsleitung endlich eingesehen, dass wir eine bessere Ausstattung der Druckwerkstatt brauchen."
19. Hilfreich ist es zudem, den Blick auch nach innen zu richten: Was ist mit mir los? Zu einer Konflikt-Selbstklärung gehören unter anderem folgende Fragen:
    - Habe ich den Konflikt verdrängt oder verleugnet (und bin deshalb so aufgebracht)?
    - Stört mich etwas an meinem Gegenüber unabhängig vom konkreten Konflikt (und trage ich das in den Konflikt mit hinein)?
    - Kenne ich meine wunden Punkte (und kann deshalb Überreaktionen vermeiden)?
    - Neige ich dazu, meine Position um des lieben Friedens willen aufzugeben (und mir in der Opferrolle zu gefallen)?
    - Habe ich einen eher dominanten Kommunikationsstil, der es anderen erschwert, etwas von mir anzunehmen?

Partner, Parteien, Gegner, Feinde. Miteinander oder gegeneinander?

Es treffen nicht nur Menschen aufeinander, die *partnerschaftlich* um eine *Einigung* ringen, sondern auch – ich übernehme eine Unterscheidung von Stahl (2010) – Parteien, Gegner und Feinde:

- *Parteien:* Menschen suchen in einem *mittelbaren fairen Gegeneinander* das Urteil einer überparteilichen Entscheidungsinstanz. Klassisches Beispiel: das Gerichtsverfahren.
- *Gegner:* Im *direkten Kräftemessen* wird unter Einhaltung von Fairness-Regeln versucht, eine Lösung durchzusetzen.
- *Feinde: Alles wird versucht,* um eine Lösung zu erzwingen.

Die vier Beziehungsmodi schließen einander weitgehend aus und folgen eskalierend aufeinander: Eine Konflikt-*Partnerschaft* erhalten oder aufbauen heißt: den Konflikt *miteinander fair* austragen und lösen, die Entscheidung nicht Dritten überlassen.

> „Wer Dritte anruft, beendet damit eine Konfliktpartnerschaft und beugt gleichzeitig offener Gegnerschaft und Feindschaft vor. Wer einen direkten Vorteil auf Kosten des anderen zu gewinnen sucht, verspielt die Möglichkeit einer Partnerschaft … und eröffnet mindestens eine Gegnerschaft. Verstößt er zusätzlich gegen die Fairnessgebote, bereitet er einer Feindschaft die Bahn." (Stahl 2010, S. 49)

Ein Beispiel, welche Konfliktinszenierungen mit diesen Optionen verbunden sind: Vor dem Mietshaus wird ein Parkplatz frei. Familie Fest und Familie Burg hätten ihn gerne.

Partner – Einigung. Familie Fest und Familie Burg diskutieren, wer den Parkplatz bekommen sollte. Herr Fest führt seine Gehbehinderung an. Für ihn wäre es eine enorme Erleichterung, wenn er direkt vor dem Haus parken könnte. Frau Burg verweist darauf, dass sie zwei kleine Kinder hat. Ein Parkplatz vorm Haus würde ihr das Leben leichter machen. Beide Familien haben gute Gründe und gegensätzliche Interessen. Mögliche Einigung: Wer den Parkplatz bekommt, zahlt der anderen Familie tausend Euro.

Parteien – Urteil. Familie Fest und Familie Burg überlegen, ob sie den Vermieter entscheiden lassen oder würfeln.

Gegner – Kampf. Die Beteiligten beschließen: Wer dem Vermieter mehr bietet, soll den Parkplatz erhalten.

Feinde – Schlacht. Beide Familien wollen auch in Zukunft miteinander auskommen, deshalb schließen sie unfaire Mittel aus: Anschwärzen beim Vermieter oder bei den Nachbarn („Die sind so unsozial, denen ist meine Gehbehinderung völlig gleichgültig") oder Nötigung (man wird sich dafür einsetzen, dass die Kinder nicht mehr im Hof spielen dürfen). Sie wählen deshalb eine Notlösung: Keine Familie bewirbt sich um den Parkplatz.

Deeskalation könnte bedeuten, einen Konflikt stufenweise zu dämpfen: Regeln für ein *faires* Gegeneinander zu vereinbaren, das *direkte* faire Gegeneinander in ein *mittelbares* faires Gegeneinander zu überführen: Dritte entscheiden lassen. Und im Idealfalle ein partnerschaftliches *Miteinander* anzustreben.

Konflikt und Kommunikation: Gehen Sie bitte noch einmal zurück auf Feld 3 (S. 111). Antonia und Anton haben gegensätzliche Interessen. Ihr Konflikt ist kein Kommunikationsproblem. Für eine Konfliktlösung muss Anton sich bewegen, Antonias berechtigtes Anliegen aufgreifen. Vielleicht räumt ihm Antonia noch etwas Zeit ein, vielleicht verkauft er sein Motorrad und sie finanzieren von dem Geld einige Zeit eine Putzhilfe. Vielleicht … In jedem Falle muss etwas geschehen.

Konflikte werden gerne in Kommunikationsprobleme umgedeutet – zum Beispiel an Wahlabenden: Die Wahlschlappe hat nichts mit dem Programm, mangelnder Glaubwürdigkeit oder einem unbefriedigenden Personalangebot zu tun, sondern wird als Ergebnis der Tatsache ausgegeben, dass es nicht gelungen sei, die „zukunftsweisenden Alternativen überzeugend zu *kommunizieren*".

Umsichtige Kommunikation kann dazu beitragen, eine *Lösung in der Sache zu* erreichen, sich nicht in Beziehungskonflikten zu verheddern oder Gegensätze zu verschärfen. Eine Lösung in der Sache heißt: einen *Ausgleich der Interessen* zu erreichen.

Verhandeln: Was ist gut für beide Seiten?

Eine Übereinkunft in der Sache ist auch das Ziel von Verhandlungen. Die Auseinandersetzungen von Antonia und Anton und von Familie Fest und Burg könnten daher auch als *Verhandlung* bezeichnet werden. Diesen Terminus verwenden wir allerdings nur dann, wenn am Ende ein Vertrag oder ein Abkommen steht, ein Kauf- oder Tarifvertrag, ein Handelsabkommen oder ein Schuldenerlass. Wenn sich die Beteiligten gut kennen und auch nach der Auseinandersetzung miteinander auskommen wollen oder müssen, sprechen wir gewöhnlich nicht von Verhandlungen (Ausnahme: die Gehaltsverhandlung).

Wie bei einem Konflikt ist es für das Gelingen von Verhandlungen entscheidend, zwischen Sach- und Beziehungsebene zu unterscheiden, zwischen der Auseinandersetzung um die Sache und dem Stil, *wie* dies geschieht. Von daher sind die Grundsätze für eine partnerschaftliche Konfliktlösung (S. 112 f.) auch für Verhandlungen handlungsrelevant. Ich verdichte sie zu einer Empfehlung: *miteinander reden.*

Werden die Äußerungen des Gegenübers nur daraufhin abgeklopft, wo Angriffspunkte zu finden sind, wo man auftrumpfen kann, redet man gegeneinander. Das führt zu einem schlechten Gesprächsklima und zu Schutz- und Abwehrreaktionen statt zu Offenheit. Der persönliche Triumph geht auf Kosten der Sache und der Beziehung.

Ich weise auf vier weitere Gesichtspunkte hin, die grundlegend sind für das *Harvard Konzept* des *prinzipienorientierten Verhandelns* (Fisher u. a. 2015).

1. Auf Interessen statt auf Positionen achten

In Eltern-Kind-Beziehungen wird viel gefeilscht: um 20 Uhr ins Bett oder „bitte noch eine halbe Stunde". „Na gut, noch eine Viertelstunde. Dann aber ab ins Bett." Und so geht es weiter: Wie lange fernsehen oder online sein? Um wie viel

Uhr zu Hause sein? Es werden „Machtworte" gesprochen und Vorwürfe gemacht. Das Beharren auf Positionen legt einen Kompromiss irgendwo zwischen den Positionen nahe. Kommt ein solches Ergebnis zustande, wird es häufig in den Kategorien *Sieg* oder *Niederlage* erlebt: Ich habe mich *durchgesetzt*, ich habe *nachgegeben, verloren, mich untergeordnet.*

Die Alternative: Ich prüfe, ob das Interesse, das sich in meiner Position ausdrückt, auch so zu befriedigen ist, dass mein Gegenüber zustimmen kann. Ein einfaches Beispiel, in dem ich nur mit mir verhandele: Ich habe Hunger und Appetit auf ein Pilzrisotto. Dort, wo ich mich aufhalte, gibt es vier Restaurants, die alle kein Pilzrisotto auf der Karte haben. Ich beharre auf meiner Position und gebe ein wenig nach: Ich verzichte auf das Pilzrisotto; ein Risotto muss es aber sein. Oder ich besinne mich auf mein Interesse: etwas leckeres Essen, um satt zu werden. Ich gehe zum Italiener und bestelle ein Zanderfilet mit Reis und Gemüse.

Ich übertrage die Unterscheidung zwischen Position und Interesse auf die Frage, wann soll die Tochter, wann muss der Sohn nach Hause kommen: Was ist mein Interesse als Mutter bzw. Vater? Dass dem Kind nichts passiert. Was fällt unter *passieren*? Dass *ich* nicht mit Sorgen zu Hause sitze?

Wie kann ich diese Interessen befriedigen? Die Tochter abholen (wenn ihr das nicht peinlich ist)? Dem Sohn Taxigeld geben? Der Tochter vorschlagen, ihren Freund zu sich nach Hause einzuladen (wenn ihr das nicht peinlich ist)? Über *Interessen* lässt sich reden. *Positionen* erscheinen oft, jedenfalls Heranwachsenden, als Willkür.

Ein abschließendes Beispiel: eine Gehaltsverhandlung. Worum geht mir als Arbeitnehmer? Ist mehr Geld das zentrale Kriterium? Oder geht es mehr um die Anerkennung meiner Leistungen? Könnte diese Anerkennung anders ausgedrückt werden? Wäre eine Vereinbarung akzeptabel, die die Gehaltserhöhung an den Unternehmensgewinn koppelt?

Hilfreich ist es, sich zu fragen, warum nimmt mein Gegenüber diese Position ein? Oder sich direkt zu erkundigen: „Aus welchem Grund wollen Sie …?" „Warum ist … für Sie so wichtig?" Das schließt einen Perspektivenwechsel ein: Was bedeutet die eigene Forderung für das Gegenüber?

2. Den Lösungsraum vergrößern

Die für mich beste Lösung ist nicht unbedingt die beste gemeinsame Lösung. Können die eigenen Interessen *und* die des Gegenübers befriedigt werden? Um eine Einigung zu erreichen, bei der es weder Verlierer noch Gewinner gibt, ist es notwendig, sich von der Annahme zu lösen, es könne nur *eine richtige* Lösung geben. Diese Voraussetzung begrenzt den Lösungshorizont auf ein Entweder-oder und verhindert so eine kreative Lösungssuche. Das erschwert Lösungen zum beiderseitigen Vorteil und fördert das Gegeneinander.

3. Auf gemeinsame Kriterien verständigen

Damit eine Einigung akzeptiert wird, muss sie als fair angesehen werden. Um das zu erreichen und zu vermeiden, dass der *Stärkere gewinnt,* schlagen Fisher u. a. vor, sich auf Kriterien zu verständigen, die unabhängig sind von der persönlichen Auffassung – vergleichbar der Entscheidungsfindung durch Dritte. Das können Gutachten sein oder Vergleiche (Vergleichsmieten, Tarife, Durchschnittszins usw.). Liegen solche Kriterien nicht vor, ist es Teil des Verhandlungsprozesses, gemeinsam solche Kriterien zu entwickeln.

4. Was passiert, wenn nichts passiert?

Was, wenn mir mein Gegenüber „das Messer auf die Brust“ setzt? Oder weniger bedrohlich formuliert: Was, wenn ich am „kürzeren Hebel“ sitze, die Macht- oder Einflussverhältnisse ungleich verteilt sind, mein Gegenüber nicht auf Lösung aus ist, die beide Seiten tragen können?

Dann ist es notwendig, sich klarzumachen, welche Handlungsoptionen man hat, wenn eine Verhandlung scheitert: Was ist die beste Alternative, wenn das Ergebnis der Übereinkunft nicht besser ist als keine Einigung, wenn man nach der Übereinkunft nicht besser dasteht als vorher?

Zum Weiterlesen

Eberhard Stahl: Konfliktinszenierungen. In: Schulz von Thun, Friedemann; Kumbier, Dagmar (Hrsg.): Impulse für Kommunikation im Alltag. Kommunikationspsychologische Miniaturen 3. Aufl. Reinbek: Rowohlt 2010, S. 40-62

Kritisieren und kritisiert werden

Kritik sachlich äußern und gelassen aufnehmen

Sie ärgern sich über einen Freund oder die Partnerin – und sprechen das *nicht* an, sondern ärgern sich weiterhin. Das bedeutet: Sie lassen sich von anderen steuern. Eine solche Fremdsteuerung hat Konsequenzen: Wird Kritik zu lange unterdrückt, kommt es, wir haben das alle schon erlebt, irgendwann zur Eskalation: Man wird laut, Türen knallen … Ein Wutausbruch hilft nicht weiter, sondern verschlimmert die Situation.

Eine andere Folge der Scheu vor Auseinandersetzungen: Man bringt seinen Ärger bei anderen Gelegenheiten oder gegenüber anderen Menschen zum Ausdruck. Für die Betroffenen ist ein solches Verhalten unverständlich – und nicht akzeptabel: Man verscherzt sich Sympathien, macht sich unbeliebt. Ein hoher Preis für die Vermeidung von Kritik.

Schluckt man jeden Ärger runter, kann das gravierende Konsequenzen haben – denn verdrängt ist nicht aus der Welt geschafft: Fehler bei der Arbeit, körperlichen Beschwerden, Depression sind mögliche Folgen.

Im Interesse des Wohlbefindens und der Gesundheit empfiehlt sich daher, anzusprechen, was missfällt, ärgert oder stört – auch wenn es (zunächst) schwerfällt.

Kritisieren steht im ersten Teil dieses Kapitels im Mittelpunkt. Im zweiten Teil geht es um die Frage, wie angemessen reagieren, wenn man kritisiert wird? Und schließlich ermunterte ich, Kritik herauszufordern, um zu erfahren, woran man ist.

Kritisieren: Präzise und wertschätzend sagen, was Sache ist

Jede Kritik ist ein → *Feedback.* Daher gelten für eine sachliche Kritik die Feedback-Grundsätze, die ich auf der Seite 75 f. vorgestellt habe. Ich führe sie komprimiert noch einmal an:

- Der Zeitpunkt und der Ort müssen stimmen.
- Nicht die Person bewerten oder analysieren, sondern Verhalten bzw. (unzureichende) Leistungen beschreiben und klären.
- Wahrnehmungen als eigene Wahrnehmungen formulieren – und nicht als Tatsachen ausgeben.
- Nach Lösungen suchen statt nachzubohren.
- Kritik umkehrbar formulieren.

Darüber hinaus sollte man stets zunächst prüfen, ob es eine Mitverantwortung für den kritisierten Fehler gibt – und folgende Kritik-Grundsätze beachten:

Pauschalierungen und Angriffe vermeiden

Jemanden kritisieren, heißt nicht: sie oder ihn auf die Anklagebank zu setzen – mit Zuschreibungen, die häufig so beginnen:

- „Du bist (immer) …"
- „Du willst (einfach nicht) …"
- „Du kannst (doch endlich auch einmal) …"
- „Ständig musst Du …"

Wie reagieren die Angesprochenen auf solche Formulierungen? Sie sehen sich in eine Verteidigungshaltung gedrängt. Und häufig schließt sich eine Auseinandersetzung über die Pauschalierung an („Was heißt hier *immer?*"). Das eigentliche Thema gerät so aus dem Blick.

Will man erreichen, dass die oder der Angesprochene bereit ist, sich auf die Kritik einzulassen, sind Vorwürfe und/oder ein aggressiver Ton keine sachdienlichen Einstiege. Am Anfang einer sachlichen Kritik sollte vielmehr eine *präzise Beschreibung des Verhaltens* stehen, das als beeinträchtigend erlebt wird, bzw. der Leistung, die von geltenden Standards abweicht.

Deutlich machen, warum kritisiert wird

Sie haben vielleicht einen Nachbarn, der aus Prinzip kritisiert, wenn ein Kinderwagen im Hausflur oder ein Fahrrad im Hof abgestellt wird. Wer keinen guten *Grund zur Kritik* hat, wird als Nörgler angesehen.

> Ein Beispiel. Felix zu seiner Partnerin: „Du hast schon wieder vergessen, meinen Sakko aus der Reinigung zu holen." Diese Aussage fordert zu einem „Na und?" heraus. Warum? Weil Felix eine scheinbar nur sachliche Feststellung trifft. Wahrscheinlich ist er jedoch ärgerlich (was an seinem Tonfall zu hören sein wird).

Nehmen wir an, seine Partnerin nimmt diese Aussage auf der Ebene der Sachaussage auf. Dann wird sie vielleicht antworten: „Was heißt hier ‚schon wieder'? Es ist doch erst das dritte Mal." Ich überlasse es Ihrer Fantasie, sich die Fortsetzung dieses Gesprächs auszumalen.

Mein Vorschlag: Präzise beschreiben und sagen, *was* das beschriebene Verhalten *warum* auslöst: „Es ist das dritte Mal in diesem Monat, dass Du vergessen hast, meinen Sakko aus der Reinigung zu holen. Das ärgert mich, weil ich die Sicherheit brauche, für Bewerbungsgespräche einen sauberen und gebügelten Sakko im Schrank zu haben."

Verantwortung für die eigene Reaktion übernehmen

Andere Menschen können nur der *Anlass* dafür sein, dass wir uns ärgern oder freuen. Ob wir wütend oder traurig werden, uns ärgern oder freuen, liegt in unserer *Verantwortung*. Deshalb treffen Aussagen wie „Du machst mich wütend" nicht den Kern der Sache: Dass mich ein Verhalten wütend macht (verunsichert oder ärgert) liegt an mir. Mein Gegenüber ist nur der Anlass.

Ein Beispiel. Hannah ist sehr ironisch. Sofia amüsiert das, Ben ärgert sich. Ein Anlass, zwei Reaktionen. Die Verantwortung für die jeweilige Reaktion liegt bei Sofia und Ben. Eine akzeptable Kritik könnte lauten: „Ich werde wütend, wenn Du über dieses Thema so ironisch sprichst." Und Ben könnte hinzufügen: „Ich möchte, dass Du Dich ernsthaft auf das Thema einlässt." Diese Kritik kann angenommen werden. „Du machst mich wütend" unterstellt, Hannah habe es darauf angelegt, Ben wütend zu machen.

Um eine Erklärung bitten

Noch einmal zu Felix: Er sollte seine Partnerin *fragen*, warum sie wiederholt seinen Sakko nicht abgeholt hat: *Wer kritisiert wird, hat das Recht, das kritisierte Verhalten aus der eigenen Sicht darzustellen*. Vielleicht gab es zwischen Felix und der Partnerin unklare Absprachen. Oder an ihrer Arbeitssituationen hat sich etwas geändert, und es müssen neue Vereinbarungen getroffen werden.

Sagen, was man möchte

Wenn ich kritisiere, möchte ich eine Veränderung erreichen. Was ich möchte, sollte ich deutlich aussprechen:

- Beschreiben: „Das war das dritte Mal, dass Du mich vor anderen kritisierst."
- Ausdrücken: „Es ist mir peinlich, vor anderen kritisiert zu werden."
- Präzisieren: „Ich möchte, dass Du aufhörst, mich vor anderen zu kritisieren."

> „Sie haben im letzten Halbjahr mehrfach Ihren Beitrag für den Abteilungsbericht drei bis vier Tage zu spät abgegeben. Das ärgert mich, denn ich muss mich stets vor der Ge-

schäftsleitung rechtfertigen, warum ich den Bericht zu spät vorlege. Ich möchte, dass Sie künftig Ihre Vorlage zum vereinbarten Termin abgeben."

Ursachen und Lösungen besprechen

Das Ziel von Kritik sollte die Verbesserung einer Situation sein, nicht die Verurteilung einer Person. Um Veränderungen vornehmen zu können, ist es notwendig, die Ursachen von Fehlern oder unzureichenden Leistungen zu klären. Verhaltensveränderungen sollten nicht vorgegeben werden. Vielmehr sollte die oder der Kritisierte selbst Ideen entwickeln und Wege aufzeigen. Das erhöht die Bereitschaft, Lösungsvorschläge anzunehmen und umzusetzen.

Was heißt das für das zuletzt angeführte Beispiel? Der Abgabetermin steht nicht zur Diskussion. Wohl aber ist eine Verständigung darüber möglich, was getan werden kann, damit der Bericht künftig pünktlich abgegeben wird.

Positiv schließen

Wird unterstrichen, dass die Kritik sich auf ein bestimmtes Verhalten bezieht und nicht die kritisierte Person infrage stellt, fällt es leichter, mit der Kritik umzugehen. Deshalb ist es wichtig, zu unterstreichen, dass man an einem gedeihlichen Miteinander interessiert ist.

Kritisiert werden: Ruhig bleiben und Fehler nicht mit Schuld verbinden

Ich werde nach einem Vortrag darauf hingewiesen, dass ich einen wichtigen neuen Aufsatz von ABC, erschienen in Journal XYZ, nicht berücksichtigt habe. Mit diesem Versäumnis habe ich keine *Schuld* auf mich geladen. Wenn ich dafür kritisiert werde, bedeutet das keine *Ablehnung meiner Person*. Vielmehr erhalte ich eine wichtige Rückmeldung, die dazu führt, dass ich diesen *Fehler* nicht wiederhole. Für dieses Versäumnis rechtfertige ich mich nicht. Wegen dieses Fehlers geht die Welt nicht unter: Ich mache schon mein ganzes Leben Fehler.

Ich entschuldige mich bei einem Freund, wenn ich zu einer Verabredung zu spät komme: „Es tut mir leid, dass ich zu spät komme, …" Und einem Freund erkläre ich auch, warum ich zu spät komme: „… ich bin in eine Verkehrskontrolle geraten."

Wenn ich einen Aufsatz übersehen habe, sage ich: „Den habe ich übersehen (noch nicht gelesen), gut, dass Sie mich darauf hinweisen". Das reicht.

Schuld und Sühne ist großer Dostojewski-Stoff. Umgang mit Kritik, die Reaktion auf Fehler, Irrtümer und Versäumnisse ist ein anderes Thema. *Verbinden Sie,* wenn Sie kritisiert werden, *Kritik nicht mit Schuld.* Verbrechen sind mit Fragen nach der Schuld verknüpft, Fehler und Irrtümer dagegen mit Fragen nach der Ursache und der Verantwortung. Es ist nicht zu vermeiden, dass wir Fehler machen, dass wir uns irren. Wenn es Ihnen gelingt, Fehler und Irrtümer von Schuld-Überlegungen zu trennen, wird Kritik Sie nicht mehr erschüttern. Sie werden vielmehr Kritik als nützliche Rückmeldung bewerten können.

Zutreffende Kritik

Allerdings kann nur *zutreffende* Kritik eine *nützliche* Rückmeldung sein. Nehmen Sie Kritik an, wenn Sie einen Fehler gemacht haben und darauf angesprochen werden. Geben Sie nicht der Versuchung nach, sich wortreich zu verteidigen. Wenn es Ihnen angebracht erscheint, drücken Sie Ihr Bedauern aus. Und nur dann, wenn Sie es für notwendig halten und wenn Ihnen die Person wichtig ist, die Sie kritisiert, erklären Sie, wie dieser Fehler zustande kam.

- „Ja, es stimmt, ich habe den Anruf vergessen."
- „Es tut mir leid, dass ich zu spät komme."
- „Es tut mir leid, dass ich zu spät komme. Ich bin in eine Verkehrskontrolle geraten."

Sie können zudem darauf hinweisen, was Sie ändern wollen, um Ihren Fehler nicht zu wiederholen. Zu guter Letzt: Sie sollten auch nachsichtig mit sich selbst sein – und die Sache dann innerlich abschließen.

Unzutreffende Kritik

Weisen Sie unzutreffende Kritik freundlich, aber bestimmt zurück, statt sie vorschnell anzunehmen und mit Rechtfertigungen zu reagieren:

- „Das trifft nicht zu …"
- „Mein Eindruck ist ein anderer …"
- „Das stimmt insofern nicht …"
- „Ich vermute, Sie haben vergessen …"
- „Sie übersehen …"

Imperative statt Argumente

Im Alltag arbeitet Kritik oft mit Imperativen: So sollte „man“ sein bzw. sich verhalten. Drei Beispiele:
- „Das ist aber nicht konsequent.“
- „Das machen doch alle so.“
- „Musst Du aus der Reihe tanzen?“

Mit solchen Bemerkungen wird unterstellt, es gäbe verbindliche Verhaltensmaßstäbe: Man müsse *immer* konsequent sein oder dürfe *nie* „aus der Reihe tanzen“.

Über diese Verhaltensmaximen gibt es keinen verbindlichen sozialen Konsens: *Sie* entscheiden, ob und wann Sie konsequent sein wollen. *Sie* entscheiden, ob Sie sich einer Meinung bzw. einem Vorschlag anschließen oder nicht.

Die Mehrheit hat nicht immer recht. Wenn alle etwas „so“ machen, ist das kein Argument, denn nicht die Masse macht's. Lassen Sie sich kein schlechtes Gewissen einreden, wenn Sie einen eigenen Kopf haben:
- „Das ist aber nicht konsequent.“ – „Soll es auch nicht sein.“
- „Das machen doch alle so.“ – „Ich bin nicht alle.“
- „Musst Du immer aus der Reihe tanzen?“ – „Nicht immer.“

Kränkende, verletzende Kritik

Versuchen Sie, die beabsichtigte Kränkung als das zu durchschauen, was sie ist: ein Angriff auf Ihre Person, Ihr Selbstwertgefühl – und machen Sie nicht mit:
- „Das ist für mich keine Gesprächsebene.“
- „Ich bevorzuge sachliche Auseinandersetzungen.“

Wenn Sie sich über eine solche Kritik ärgern, bringen Sie es zum Ausdruck. Sagen Sie, dass die Form der Kritik Sie ärgert, Verstecken Sie Ihren Ärger nicht hinter Sachargumenten.

Unklare, versteckte Kritik

Leider ist nicht immer klar zu entscheiden, ob eine Kritik zutreffend ist oder nicht, ob eine Kritik darauf abzielt, zu kränken bzw. zu verletzen, oder nicht. Nicht eindeutige Kritik ist nun Thema.

Leon und Paul besuchen zusammen ein Seminar. Am Ende der dritten Sitzung sagt Leon zu Paul: „Wenn Du weiterhin so viel fragst, wirst Du Dir noch alle Sympathien in der Gruppe verscherzen."
Paul geht auf Konfrontation: „Das musst gerade Du sagen. Du bist doch der Dauerredner Nummer eins!"

Können Sie sich eine sinnvolle Fortsetzung des Gesprächs vorstellen? Mir fehlt dafür die Fantasie. Mein Antwort-Vorschlag: „Vielleicht hast Du recht, einige mögen meine Fragen stören." Diese Reaktion bestätigt den möglichen Wahrheitsgehalt von Leons Aussage. Es kann ja wirklich sein, dass sich einige durch ihre Fragen gestört fühlen. Paul entschuldigt und rechtfertigt sich nicht.

Nun ist wieder Leon an der Reihe: Fühlt *er* sich gestört? Oder macht er sich tatsächlich Sorgen, dass Paul sich „Sympathien verscherzt"? Wenn Paul mag, schließt er eine Frage an, zum Beispiel: „Stören *Dich* meine Fragen?"

Ein zweites Beispiel: Herr Mühle zu Frau Hauser: „Sie sind wohl so eine radikale Umweltschützerin?!"
Frau Hauser hört die Kritik – und nimmt sie nicht an, sondern stellt deutlich heraus, was sie unter *radikaler Umweltschützerin* versteht: „Wenn Sie damit sagen wollen, dass ich mich engagiert für den Schutz der Natur und Umwelt einsetze, dann bin ich eine *radikale Umweltschützerin.*"

Eine drastischere Variante: Herr Mühle zu Frau Hauser: „Ach, Sie sind Vegetarierin. *Ich* sehe das Leben nicht verbissen."
Frau Hauser: „Sie meinen, ich sei eine verklemmte Körnerfresserin, die lustlos durchs Leben läuft, weil sie kein Fleisch isst!?"

Wenn Sie unverschämte verdeckte Kritik auf diese Weise zuspitzen, werden Sie die Erfahrungen machen, dass Ihr Gegenüber unbeholfen zurückrudert.

Tausendmal gehört

Vater zur Tochter: „Wenn Du nicht mehr für Dein Studium tust, wirst Du nie fertig."
Tochter: „Das hast Du mir schon 100-mal gesagt!"
Vater: „Kind, ich meine es doch nur gut mit Dir!"
Tochter (bereits auf dem Weg aus dem Zimmer): „Auf Deine gutgemeinten Ratschläge kann ich verzichten!"

Eine fruchtlose Auseinandersetzung, bei der beide „verlieren". Nehmen wir an, die Tochter hat dem Vater bereits mehrmals erklärt, ihr sei wichtig, keinen

Schmalspurabschluss zu machen. Deshalb schaue sie über den Tellerrand ihres Faches hinaus. Das kostet Zeit. Sie hat ihn darauf hingewiesen, dass sie ihr Studium selbst finanziert und auch deshalb selbst entscheidet, wie lange sie studiert. Dann würde ich der Tochter zu folgender kurzen Antwort raten: „Ich weiß, dass Du das so siehst."

Diese Antwort kann dazu beitragen, ein ohnehin fruchtloses Gespräch abzukürzen. Und sie kann verhindern, dass sich die Gesprächsatmosphäre „aufheizt". Zumindest erspart diese Antwort der Tochter psychische Energie.

Abschließend die drei Reaktionsmöglichkeiten auf versteckte, uneindeutige und vielfach gehörte Kritik noch einmal in einem Dialog.

- Den Fakt bestätigen – mehr nicht,
- Dem zustimmen, was richtig sein könnte – mehr nicht,
- Zum Ausdruck bringen, dass man weiß, dass der oder die andere das so sieht – mehr nicht.

> Jonas: „Musst Du immer in diese Literaturgruppe rennen? Da hocken doch bloß gelangweilte Arzt- und Architektengattinnen rum."
> Claudia: „Ja, ich gehe regelmäßig zu meiner Literaturgruppe." (1.)
> Jonas: „Du versuchst ja nur, Deine Bildungsdefizite zu kompensieren."
> Claudia: „Ich bin in moderner Literatur nicht so bewandert, wie ich es mir wünsche." (2.)
> Jonas: „Ach, ihr seid doch eine abgehobene Runde. Was euch guttun würde, wäre mehr Kontakt mit dem wirklichen Leben."
> Claudia: „Ich weiß, dass Du das so siehst." (3.)

Jonas ist unverschämt. Seine Äußerungen sind ein starkes Signal, dass in der Beziehung Klärungsbedarf besteht. Eine Auseinandersetzung über die Literaturgruppe wäre allerdings nicht das Thema, um das es bei einem klärenden Gespräch gehen müsste. Deshalb empfehle ich Claudias Reaktionen; sie entscheidet, ob sie die Vorwürfe von Jonas zum *Anlass* für eine Beziehungsklärung nehmen will.

Kritik herausfordern: Wissen, woran man ist

Ich habe im Abschnitt über unklare bzw. versteckte Kritik auf die Möglichkeit hingewiesen, anderen Hilfestellungen zu geben, ihre Kritik eindeutig zu formulieren (zum Beispiel: „Stören Dich meine Fragen?"). Abschließend geht es darum, wie man Kritik herausfordert. Das kann in Situationen nützlich sein, in denen Sie den Eindruck haben, eine Person, die Ihnen nahesteht, hat etwas an Ihnen auszusetzen, bringt das aber nicht deutlich zur Sprache, sondern kritisiert Kleinigkeiten oder etwas anderes. Ist Ihnen die Beziehung zu dieser Person wichtig, möchten Sie wissen, „was Sache ist", was sie wirklich stört – dann kann es nützlich sein, Ihrer Freundin oder Ihrem Partner zu helfen, diese Kritik zu formulieren, indem Sie Angebote zur Kritik Ihrer Person machen. Ein Beispiel:

Bernd: „Musst Du den ganzen Abend auf der Couch liegen und lesen!?"
Petra: „Möchtest Du Dich auf die Couch legen?"
Bernd: „Ja, vielleicht."
Petra: Stört es Dich, dass ich seit der *Tagesschau* lese?"
Bernd: „Ja, auch."
Petra: „Was stört Dich noch?"
Bernd: „Ach, ich weiß nicht, irgendwie der ganze Abend."
Petra: „Findest Du, dass ich mich zu wenig um Dich kümmere?"
Bernd: „Du gehst nur danach, wozu Du Lust hast."
Petra: „Meinst Du, ich sei egoistisch?"
Bernd: „Wenn Dich ein Buch fesselt, kannst Du stundenlang lesen."
Petra: „Findest Du, dass ich mich zu wenig mit Dir unterhalte?"
Bernd: „Ja, Du könntest Dich ruhig mal erkundigen, wie es heute an der Uni lief."
Petra: „Ist sonst noch etwas nicht in Ordnung?"
Bernd: „Erst liest Du stundenlang. Und dann fällst Du todmüde ins Bett.
Petra: „Wo liegt da das Problem?"
Bernd: „Wenn Du es genau wissen willst: Wir haben seit drei Wochen nicht mehr zusammen geschlafen."
Petra: „Wünschst Du Dir, dass wir häufiger miteinander schlafen?"
Bernd: „Ich bin ja noch kein alter Mann."
Petra: „Heißt das ja?"
Bernd: „Ja, auch."
Petra: „Das möchte ich genau verstehen. Was hast Du an mir auszusetzen?"
Bernd: „Du liest bis kurz vor Mitternacht, und dann bist Du müde und möchtest gleich schlafen. Früher hast Du viel öfter gefragt, ob wir nicht zusammen ins Bett gehen wollen."
Petra: „Meinst Du, ich sei sexuell zu passiv?"
Bernd: „Ja, das ist es. Es scheint Dir überhaupt keinen Spaß mehr zu machen."
Petra: „Ich schlage vor, wir sprechen über unsere sexuellen Bedürfnisse. Ist es Dir recht, wenn wir das gleich machen?"
Bernd: …

Petra hat hart gearbeitet. Schließlich hat sie den Kern des Problems herausgefiltert. Bernd war dazu offenkundig nicht in der Lage. Petra hat deshalb, und weil ihr Bernd wichtig ist, eine ganze Reihe von Formulierungen (Du-Aussagen) hingenommen, die sie sonst nicht akzeptieren würde. Das Gespräch muss an der Stelle, an der ich es abgebrochen habe, weitergehen. Ohne Petras Bemühungen wäre es erst gar nicht bis zum Punkt gekommen, sondern hätte sich vermutlich in oberflächlichem Geplänkel verfangen.

Ein solch selbstsicherer Umgang mit Kritik kann auch in anderen Zusammenhängen nützlich sein. Nehmen wir eine Situation aus dem Berufsleben: Sie haben (einen) Fehler gemacht, werden aber nicht direkt darauf angesprochen. Einige Zeit später merken Sie, dass aus Ihrem Fehler – ohne mit Ihnen darüber zu reden – für Sie negative Konsequenzen gezogen wurden.

Ein Beispiel: Birgit jobbt seit Beginn ihres Studiums als Schreibkraft in einem mittelständischen Unternehmen. Seit zwei Jahren ist sie für eine der Sachbearbeiterinnen, Frau Schulz, eingesprungen, wenn diese krank oder im Urlaub war. Als Birgit hört, dass Frau Schulz gekündigt hat, hofft sie, dass sie die Stelle als Sachbearbeiterin übernehmen kann. Doch am folgenden Tag sieht sie in der Zeitung, dass die Stelle von Frau Schulz ausgeschrieben wurde. Sie geht zur Personalchefin, um die Angelegenheit zu besprechen:

Birgit: „Frau Schneider, ich habe heute in der *Frankfurter Rundschau* gelesen, dass Sie für Frau Schulz eine Nachfolgerin suchen. Warum haben Sie mich nicht gefragt? Ich hätte die Stelle gerne übernommen."

Schneider: „Weil Sie nicht die Voraussetzungen für die Stelle einer Sachbearbeiterin haben."

Birgit: „Ich weiß, dass mir die formalen Voraussetzungen fehlen. Aber ich bin doch in den letzten zwei Jahren häufig für Frau Schulz eingesprungen."

Schneider: „Das ist richtig, und das habe ich auch positiv registriert."

Birgit: „Woran liegt es dann, dass Sie mich nicht gefragt haben, ob ich die Stelle übernehmen will?"

Schneider: „Nun, in den Wochen, in denen Sie Frau Schulz vertreten haben, ist immer Arbeit liegen geblieben, stimmt's?"

Birgit: „Ja, das stimmt."

Schneider: „Sie haben sich in dieser Zeit auch nicht mit allen Anforderungen vertraut machen können, die eine Sachbearbeiterin bewältigen muss."

Birgit: „Woran liegt das Ihrer Meinung nach?"

Schneider: „Ihnen fehlen gewisse Voraussetzungen für diese Arbeit."

Birgit: „Können Sie mir genauer erklären, welche Voraussetzungen mir fehlen?"

Schneider: „Ihre Briefe waren nicht gerade Glanzleistungen."

Birgit: „Was war daran auszusetzen?"

Schneider: „Es fiel Ihnen sehr schwer, eigenständig nach Stichworten einen Brief zu schreiben. Sie haben dafür sehr viel Zeit gebraucht. Deshalb ist die Abteilungsleiterin dazu übergegangen, Ihnen die Briefe zu diktieren."

Birgit: „Ja, das ist wirklich nicht Sinn der Sache. Was meinen Sie, woran das liegt?"

Schneider: „Sie sind mit den unterschiedlichen Vorgängen nicht vertraut. Ihnen fehlt die Routine."
Birgit: „So wird es sein. Habe ich noch andere Fehler gemacht?"
Schneider: „Ja, die Buchführung der Porto- und die Lieferantenkasse war nicht jeden Tag auf dem neusten Stand. Deshalb kam es manchmal zu unnötigen Engpässen."
Birgit: „Es war nicht sehr geschickt, dass ich erst am Freitag die Ein- und Ausgänge gebucht habe. Gibt es noch einen Punkt, mit dem Sie nicht zufrieden waren?"
Schneider: „Nein, das ist alles."
Birgit: „Lassen Sie mich kurz wiederholen: Mir fehlt Routine im Umgang mit den verschiedenen Geschäftsvorgängen und meine Buchführung war nicht zufriedenstellend."
Schneider: „So ist es."
Birgit: „Ich bin sehr interessiert daran, dass Sie mich berücksichtigen, wenn wieder eine Sachbearbeitungsstelle frei wird. Ich werde deshalb bei nächster Gelegenheit, wenn ich für eine Kollegin in der Sachbearbeitung einspringe, diese Mängel abstellen."
Schneider: „Prima, wir sind immer froh, wenn wir bei Neubesetzungen auf Mitarbeiterinnen aus dem Hause zurückgreifen können."

Birgit hat sich nicht als Person infrage gestellt und sich nicht infrage stellen lassen. Sie hat sich nicht wortreich entschuldigt, sondern ihre Fehler eingeräumt. Sie weiß nach diesem Gespräch, woran sie ist, dass sie Chancen hat, beim nächsten Mal berücksichtigt zu werden.

Solche Gespräche kosten Kraft; sie verlangen und zeigen Selbstvertrauen. Solche Gespräche führt man nicht täglich; sie sind eher die Ausnahme. Doch es gibt oft Anlässe, gezielt Kritik nachzufragen, um sich Klarheit zu verschaffen: Situationen mit weniger „Zündstoff" als in den beiden Beispielen, in denen die Gespräche daher auch kürzer ausfallen:

- „Meinst Du, ich hätte Dich vorher fragen sollen?"
- „Haben Sie den Eindruck, ich hätte Ihre Überlegungen zu wenig berücksichtigt?"
- „Meinst Du, ich hätte Deinen Anteil an unserer Arbeit stärker hervorheben sollen?"

Lautet die Antwort „ja", weiß man, woran man ist und kann sich entscheiden, wie man sich künftig verhalten will. Ist die Antwort ein Nein, braucht man sich keine unnötigen Gedanken zu machen. Gezieltes Nachfragen, gezielte Angebote zur Kritik helfen, sich Klarheit zu verschaffen und Unstimmigkeiten sofort zu klären bzw. zu beheben (statt sie unter den Teppich zu kehren und anwachsen zu lassen). Gezieltes Nachfragen entlastet also – und demonstriert Selbstsicherheit: Man bringt zum Ausdruck, dass man über sein Verhalten nachdenkt.

Loben und gelobt werden

Futter für die Seele: Lob und Anerkennung

„Wenn ich nichts sage, bin ich zufrieden.“ Diese Haltung vieler Vorgesetzter sorgt in der Arbeitswelt für viel Unzufriedenheit.

Wie verquer die Haltung hinter diesem Satz ist, zeigt eine Übertragung: „Wenn ich nichts sage, liebe ich Dich noch.“ Und doch ist auch in Beziehungen diese Haltung keine Seltenheit.

Wie interpretieren Mitarbeiterinnen oder Studenten ausbleibende Anerkennung? Wie wird die fehlende Rückmeldung, dass die Beziehung glücklich macht, von der Partnerin oder dem Partner aufgenommen? Mit Sicherheit nicht als Ausdruck von Zufriedenheit oder Glück.

Obwohl alle wissen: Fast alle Menschen brauchen Anerkennung. Obwohl viele klagen, dass sie am Arbeitsplatz, in der Hochschule oder für die Familienarbeit zu wenig Anerkennung bekommen – sind Lob und Anerkennung selten zu hören. Und wenn, dann oft in der Minimalversion: „Nicht übel“ oder „Nicht schlecht“.

Kinder werden oft gedankenlos gelobt: Die ungelenke Zeichnung ist „wunderschön“, weil der Vater sich nicht die Arbeit machen will, dem Kind zu zeigen, wie man Arme und Beine malt; oder es ist ein unbeholfenes Lob: Der Vater freut sich, dass seine Tochter etwas für ihn gemalt hat. Er weiß jedoch nicht, zwischen dem Motiv der Tochter und dem Ergebnis zu unterscheiden → *Höflichkeit*. Schließlich werden, durchaus gut gemeint, Zähneputzen und andere Selbstverständlichkeiten gelobt. Wie kann aus gut gemeint auch gut gemacht werden – nicht nur im Umgang mit Kindern?

Konkret, persönlich umkehrbar loben

Ich beginne mit einer Abendbrot-Szene. Am Tisch sitzen Ann-Sophie, 3, und ihre Eltern. Die Mutter hat ihren Teller leergegessen. Ann-Sophie: „Das hast Du gut gemacht, Mama.“ Sicher werden die Eltern schmunzeln. Ann-Sophie hat nachgeplappert. Vielleicht merken die Eltern: Das ist ein sehr diffuses Lob, das Ann-Sophie von uns übernommen hat. Was fehlt? Die folgenden beiden Beispiele machen es deutlich.

> Wissenschaftliche Leiterin: „Frau Menzel, Ihr Bericht zeigt sehr gründlich die Schwächen unseres Forschungsansatzes auf. Das hilft mir bei meinen weiteren Überlegungen enorm weiter.“

Nikolai zu Tina: „Dein Lammcurry schmeckt mir ausgezeichnet, vor allem die Nüsse und Trockenfrüchte finde ich besonders lecker."

Nikolai führt sich nicht als Gourmet auf, der Sterne und Hauben vergibt. Er fällt kein Urteil von hoher Warte („Das Curry hast Du prima hingekriegt"), sondern sagt, dass es *ihm* schmeckt. Das wollte Tina mit dem Lammcurry erreichen. Sie freut sich, dass ihr das gelungen ist. Und sie weiß, was sie, falls sie wieder einmal ein Lammcurry für sich und Nikolai zubereitet, unbedingt beibehalten sollte.

Frau Menzel erlebt eine *konkrete* Anerkennung ihrer Arbeit. Zudem bekommt sie die Sicherheit, dass Hinweise auf Schwachstellen von der Chefin gewünscht sind.

Die Chefin hat ihr Lob *umkehrbar* formuliert. Frau Menzel könnte zum Beispiel in einem anderen Zusammenhang zur Chefin sagen: „Ihre Präsentation über Fehlerkultur fand ich sehr aufschlussreich; sie war für mich Anlass in manchen Punkten meine Auffassung zu überdenken." Hätte sich die Chefin auf „Gute Arbeit, Frau Menzel" beschränkt, wäre dieses Lob wohl kaum umkehrbar.

Zusammengefasst: Loben heißt *konkret beschreiben,* was zum Loben veranlasst, und *persönlich Stellung nehmen,* eine *Ich-Aussage* machen. Wird ein Lob so formuliert, dann ist es umkehrbar. Wird ein Lob so formuliert, dann formuliert man kein Routine-Lob. Das undifferenzierte Standard-Lob, Repertoire vieler Chefs und Professoren, nehmen Arbeitnehmer und Studentinnen nicht ernst.

Und die Eltern von Ann-Sophie? Ihnen rate ich, ihrer Tochter so früh wie möglich zu erklären, was gesunde Ernährung bedeutet. Und vor allem stets deutlich zu machen: *Uns* ist wichtig, dass Du gesund bleibst. Auf keinen Fall sollte Zuwendung an das erwünschte Essverhalten geknüpft werden – zum Beispiel mit Sätzen wie: „Du bist aber lieb. Du hast ja den ganzen Spinat gegessen."

Die Empfehlung, zu beschreiben und eine Ich-Aussage zu treffen, gilt auch für Komplimente über Frisur, Kleidung, ein neues Fahrrad usw.: „*Ich* finde, der neue Kurzhaarschnitt lässt Dich jünger aussehen." „*Mir* gefällt sehr gut, wie Du dunkle Hosen und farbige Schuhe kombinierst." → *Feedback.*

Loben und loben lassen

Was Du willst, dass man Dir tu', das füg' auch anderen zu. Loben Sie – immer dann, wenn Sie etwas freut, Ihnen etwas gefällt, wenn Sie für etwas dankbar sind, wenn Ihnen etwas guttut. Sie machen anderen eine Freude und bekommen diese Freude zurück:

- „Ich fand Ihren Vortrag sehr informativ und habe Ihnen begeistert zugehört."
- „Mich hat sehr beeindruckt, wie Du trotz des heftigen Widerspruchs ruhig und beharrlich Deine Meinung vertreten hast."

- „Eine halbe Stunde nach meinem Anruf warst Du hier und hast mir geholfen. Ich bin sehr froh über Deine Hilfsbereitschaft.“
- „Es macht mich glücklich, dass Du mir so geduldig und umsichtig dabei hilfst …“.

Und wenn Sie gelobt werden? Können Sie Lob annehmen? Oder reagieren Sie so:
- „Ist doch nicht der Rede wert“?
- „Ist doch selbstverständlich“?
- „Das war doch nichts Besonderes“?
- „Du warst auch sehr gut“?

Warum wehren viele Menschen Lob ab? Vielleicht weil sie die Erfahrung gemacht, dass ein Lob vergiftet sein kann: Die Kollegin, der Partner loben, wenn sie unangenehme Arbeit abschieben wollen: „Du schreibst so gute Protokolle!“ „Du kochst halt fantastisch!“ „Du kannst mit Ann-Sophie besser umgehen als ich.“

Manche stellen ihr Licht unter den Scheffel, weil sie meinen, sonst als überheblich oder eitel wahrgenommen zu werden. Oder sie können ein Lob nicht annehmen, weil sie meinen, andere fühlten sich herabgesetzt, wenn sie hervorgehoben werden.

Frauen haben vielleicht mit anzüglichen oder zweifelhaften Komplimenten über ihr Äußeres oder ihre Rolle schlechte Erfahrungen gemacht.

„Das ist doch nicht der Rede wert“ oder „Das war doch nichts Besonderes“ kann auch Ausdruck von Überheblichkeit sein: *Ich kann noch viel mehr!* Golda Meir wies deshalb einmal einen ihrer Minister mit den Worten zurecht: „Seien Sie nicht so bescheiden, so großartig sind Sie nun auch wieder nicht.“ (Rosenberg 2003, S. 182)

Wenn Sie unsicher sind, ob ein Lob ernst gemeint ist, bitten Sie Ihr Gegenüber, das Lob zu konkretisieren – zu beschreiben, was gut war, warum Ihr Gegenüber mit dieser Leistung zufrieden ist:
- „Was genau fanden Sie gut an meinem Bericht? Ich welcher Hinsicht hat er Ihnen geholfen?“
- „Was genau war *super*?“
- „Was fandest Du *toll*?“

Wenn Sie den Eindruck haben, die Anerkennung, das Lob ist aufrichtig gemeint, dann freuen Sie sich! Relativieren Sie das Lob nicht. Machen Sie sich nicht klein. Wenn Sie sich freuen, freut sich auch Ihr Gegenüber, dass es Ihnen eine Freude gemacht hat. Deshalb:
- „Das freut mich.“
- „Das höre ich sehr gerne.“
- „Ich freue mich sehr, dass Sie das registriert haben.“

- „Ich bin jetzt etwas verlegen, noch mehr freue ich mich jedoch."
- Sie können auch zustimmen:
- „Ich freue mich, dass Du das gut findest. Ich bin auch sehr stolz auf meinen Lösungsvorschlag."
- „Das höre ich sehr gerne. Ich bin auch mit mir zufrieden."

Metakommunikation

Konflikten vorbeugen. Konflikte lösen

Wenn Kommunikation misslingt, kann Metakommunikation helfen. Die Fähigkeit, über unsere Kommunikation zu kommunizieren, ist eine Grundvoraussetzung erfolgreicher Kommunikation (Watzlawick u.a. 1969, S. 92). Schlichter: Metakommunikation kann helfen, Konflikten vorzubeugen und Konflikte zu lösen. Die Grundidee ist einfach: Wir müssen uns darüber verständigen, wie wir gut miteinander auskommen. Störungen und Konflikte sind lösbar – wenn wir darüber reden. Wie?

Darüber reden, wie wir miteinander reden

„Gute Metakommunikation verlangt in erster Linie einen vertieften Einblick in die eigene Innenwelt und den Mut zur Selbstoffenbarung." (Schulz von Thun 1988, S. 91) Warum Mut? Weil es nicht selbstverständlich ist, die Innenwelt nach außen zu tragen: „Was geht – hier und jetzt – in mir vor, wie erlebe ich dich und was spielt sich zwischen uns ab?" (S. 92)

Fehlt der Mut, kann irgendwann die Situation eintreten, dass gar nichts mehr geht. Oder: Bei einem nichtigen Anlass verschafft sich der lange aufgestaute Ärger, die verdrängte Wut, die heruntergeschluckte Enttäuschung lautstark Gehör. Keine gute Voraussetzung für ein klärendes Gespräch. Und es gibt noch eine schlechte Alternative: Man ergreift die Flucht und meidet den Kontakt. So bringt man sich um die Erfahrung, dass man Ärger, Kränkungen, Ängste loswerden und aus Beziehungsstörungen herauskommen kann.

Und wenn man sich ein Herz fasst? Was meint „Einblick in die Innenwelt"? Worauf kommt es noch an, um diese Erfahrung machen zu können?

Gefühle und Bedürfnisse klären, Verhalten beschreiben und klären, Verantwortung übernehmen

Nehmen wir an, die in der Einleitung (S. 13) zitierte Klage von Petras Partner, nennen wir ihn Andreas, veranlasst diese zu folgender Reaktion: „Andreas, ich habe maximal vier Stunden gemalt. Du machst daraus *das ganze Wochenende.* Das lässt mich zu dem Schluss kommen, bei Dir hat sich etwas aufgestaut. Stimmt der Eindruck?" Ein Feedback – verbunden mit dem Appell, *lass uns reden.*

Eine Chance für Andreas, sich darüber Klarheit zu verschaffen, welches Gefühl ihn zu dieser Übertreibung veranlasst hat. Und welches Bedürfnis dieses Gefühl ausdrückt. Wenn es das Bedürfnis nach mehr Zuwendung oder Nähe war, ist er vielleicht enttäuscht oder traurig. Das sollte er sagen. Nach allen Regeln der → *Feedback*-Kunst: „An den Wochenenden kümmerst Du Dich um den Haushalt und Paul. In den freien Stunden nimmst Du Dir Zeit für Dich, fürs Malen. Ich erlebe das als Zurücksetzung. Ich wünsche mir, dass Du mehr Zeit mit mir verbringst."

Andreas hätte auch die Hausarbeit und die Hausaufgaben-Betreuung würdigen können. Für Petra ist Klarheit die Hauptsache. Den Wunsch kann sie verstehen – und sie hört ihn gerne. Sie bemüht sich nun, ihrem Partner deutlich zu machen: Wenn ich Zeit für mich brauche, dann ist das keine Entscheidung gegen Dich. Vielleicht macht sie noch einen Vorschlag, der seinem Wunsch nach mehr gemeinsamer Freizeit entgegenkommt. Zum Beispiel kann er einkaufen oder mit Paul Hausaufgaben machen. Beide machen die Erfahrung, dass man aus Beziehungsstörungen herauskommen kann.

Ein anderes Beispiel: Sie fahren Bahn. In Ihrem Abteil streitet sich ein Paar. Sie haben keine Kopfhörer dabei und verstehen jedes Wort. Sie können den Standpunkt von ihr und von ihm nachvollziehen. Der Streit betrifft Sie nicht, das unausgesprochene Signal schon: *Vor Ihnen dürfen wir uns streiten.* Was tun?

Sie können das Abteil verlassen und sich einen anderen Platz suchen. Sie können sagen, dass der Streit Sie stört – in der Hoffnung, dass diese Feststellung die beiden gegen Sie in Stellung bringt und sie den Streit, jedenfalls zeitweilig, beilegen. Oder Sie machen ein Angebot zur Metakommunikation: „Ihr Streit ruft bei mir (Verantwortung übernehmen) zwei Reaktionen hervor. Einerseits würde ich Ihnen gerne bei der Klärung Ihres Konflikts helfen. Andererseits denke ich, dass mir das als Außenstehende(r) nicht zusteht. Was meinen Sie?"

Ein weiteres Beispiel. Kurz, knapp und unfair: „Du hast mich wieder einmal ewig auf Deine Vorlage warten lassen. Du bist einfach rücksichtslos." Oder ein wenig mehr Sprachaufwand mit der Chance auf Konfliktlösung: „Ich habe Deine Vorlage für die Präsentation zwei Tage nach dem vereinbarten Termin erhalten (Beschreibung). Mich ärgert das (Gefühl). Verzögerung bedeutet für mich Zeitdruck und damit Stress. Der verdirbt mir die Freude an der Arbeit (Bedürfnis, das dem Gefühl zugrunde liegt). Ich möchte, dass Du Dich künftig, an Terminabsprachen hältst. Kannst Du mir das Zusagen?" (Verhalten klären). Zuviel des „vertieften Einblicks in die eigene Innenwelt"?

Ein klassisches Beispiel, wie Kommunikation schiefläuft, wenn nicht nach dem Bedürfnis gefragt wird, das ein Gefühl auslöst, ist die „Verwandlung" von Sorge in Vorwürfe: Maximilian macht sich Sorgen, weil seine Partnerin um Mitternacht noch nicht zu Hause ist; sie wollte spätestens um 23 Uhr zurück sein. Als seine Partnerin gegen 0:30 Uhr kommt, bringt Maximilian seine Sorge durch Vorwürfe zum Ausdruck: „Wo warst Du denn so lange? Warum hast Du nicht angerufen und gesagt, dass Du später kommst? Hast Du mal eine Minute an mich gedacht?"

Maximilian bringt sich um die Chance, von seiner Partnerin zu hören: „Es tut mir leid, dass Du Dich gesorgt hast. Ich sende Dir künftig eine SMS, wenn es später wird".

Metakommunikation situationsangemessen einsetzen

Metakommunikation kann helfen, Konflikte zu klären, habe ich eingangs formuliert. Ich ergänze nun: aber nicht immer und überall. Worauf ist zu achten, damit Metakommunikation nicht zur Konflikt-Verschärfung führt? Die folgenden Gesichtspunkte sind besonders wichtig.

Metakommunikation gelingt nur freiwillig

Wie für jedes → *Feedback* gilt auch für Metakommunikation: Das Gegenüber muss damit einverstanden sein. Wird Metakommunikation aufgedrängt, wird das Gespräch nicht nur erfolglos bleiben, sondern sehr wahrscheinlich auch noch zur weiteren Trübung der Beziehung beitragen: Aus einer Mücke (eine Unstimmigkeit) kann ein Elefant (nachhaltige Verärgerung) werden. Vor allem dann, wenn „Gefühle, Empfindlichkeiten oder gar ‚wunde Punkte' berührt" werden, hat jeder und jede das Recht, zu entscheiden, „ob er oder sie darüber sprechen will – und wenn ja: mit wem und zu welchem Zeitpunkt" (Kumbier 2010, S. 246).

Kulturelle Gewohnheiten beachten

Metakommunikation gehört nicht für alle und überall zur kulturellen Selbstverständlichkeit. Deshalb rät Kumbier, sich zu vergewissern, wie in einem bestimmten kulturellen Umfeld normalerweise mit Schwierigkeiten umgegangen, wie Metakommunikation gehandhabt und bewertet wird, bevor man Schwierigkeiten in der Kommunikation thematisiert. Nur so ist zu entscheiden, ob es „erfolgsversprechend sein kann, Probleme direkt anzusprechen" (2010, S. 245).

Hierarchien beachten

Metakommunikation ist stets mit einer Beziehungsdefinition verbunden: *Ich darf dieses Thema ansprechen.* Vorgesetzte haben die Rollenmacht, Schwierigkeiten anzusprechen und Mitarbeiter aufzufordern, Stellung zu nehmen. Zur Rolle von Professorinnen gehört die Bewertung von Leistungen. Ob Vorgesetzte, ob Professorinnen dies als eine umkehrbare Beziehung begreifen, sollten Sie nicht voraussetzen, sondern prüfen, wenn Ihnen an Verständigung über ein Problem im Miteinander gelegen ist. Eventuell nimmt der Chef das als Anmaßung wahr. Oder die Professorin erlebt es als Zumutung, weil sie sich veranlasst sieht, Ihr Ansinnen, mehr Diskussion und einen stärkeren Praxisbezug im Seminar, ausdrücklich zurückzuweisen.

Beleidigungen sind kein Anlass für Metakommunikation

Metakommunikation ist nicht angebracht, wenn man beleidigt oder bösartig auf den Arm genommen wird. Solchen Zumutungen sollte man mit einem unmissverständlichen *So nicht!* entgegentreten: Es gibt nichts zu klären, sondern nur zu unterlassen.

Nicht nerven

Wenn man häufig fragt, ob dieses nicht stört und jenes wirklich keine Zumutung ist, ob man dies und das richtig gemacht hat – dann fragt man zu viel und läuft Gefahr, als Nervensäge erlebt zu werden. Kurz: nicht übertreiben.

Metakommunikation ist kein Ersatz für Konfliktfähigkeit

Metakommunikation kann helfen, Missverständnisse und Konfliktsituationen zu klären. Metakommunikation kann nicht Interessengegensätze auflösen, sondern allenfalls dazu beitragen, sie zivil auszutragen. Das Reden darüber, wie wir miteinander reden, schafft keine Hierarchien aus der Welt und keine Privilegien und Benachteiligungen. Die Fähigkeit zur Metakommunikation, ich komme auf das einleitende Watzlawick-Zitat zurück, ist eine wichtige Grundvoraussetzung erfolgreicher Kommunikation. An Hierarchien, Benachteiligungen und Privilegierungen etwas zu ändern, erfordert noch andere Fähigkeiten – und Haltungen.

Metakommunikation im Team

Metakommunikation ist nicht auf das Gespräch unter vier Augen beschränkt. Metakommunikation kann auch in der Gruppe erfolgen – zum Beispiel am Arbeitsplatz, an der Hochschule oder im Verein.

Was unterscheidet die Verständigung über das Wie der Zusammenarbeit im Team von Metakommunikation im Vieraugengespräch?

Vorbeugen

Vorbeugen ist ein leitendes Motiv für Metakommunikation im Team. Kleinigkeiten sind leichter zu klären, als ein Problemberg abzutragen. Werden Unstimmigkeiten erst dann angesprochen, wenn einem Teammitglied „der Kragen platzt“, ist es meist sehr zeitintensiv, die Störungen zu beheben. Metakommunikation im Team soll einer schlechten Arbeitsatmosphäre ebenso vorbeugen wie Unsicherheiten und Gerüchten.

Versuchen Vorgesetzte, Konflikte im Team ausschließlich durch Gespräche unter vier Augen zu klären, führt das häufig zu lebhaften *informellen* Gesprächen und unter Umständen dazu, dass sich das Team in Fraktionen spaltet oder sich gegen die Teamleitung verbündet.

Gemeinsame Teamlösungen

Werden Konflikte und Herausforderungen im Team besprochen und Lösungen gemeinsam getragen, *erleichtert* das die *Teamleitung.* Vor allem dann, wenn es im Team viele Schnittstellen gibt: Je mehr Kooperation nötig ist, desto wichtiger sind gute Beziehungen innerhalb des Teams.

Regelmäßigkeit

Metakommunikation im Team muss *mindestens einmal im Monat.* Stattfinden. Regelmäßige Metakommunikation im Team entlastet: Alle Teammitglieder können sich darauf verlassen, wenn sie ein Problem umtreibt, können sie es in absehbarer Zeit ansprechen.

Offene Kommunikation

Voraussetzung für eine erfolgreiche Metakommunikation ist die *Bereitschaft der Teamleitung, offen zu kommunizieren.* Die Teamleitung darf sich nicht auf eine Beobachtungsrolle beschränken. Eine solche Rolle würde als Kontrolle erlebt und die Bereitschaft zum offenen Dialog blockieren.

Alle Betroffenen beteiligen

Alle, die von einem Konflikt betroffen sind, sollten an seiner Klärung beteiligt werden: Kommen zum Beispiel zwei Teammitglieder nicht mehr miteinander klar, wirkt sich das auf das gesamte Team aus: Die Stimmung verschlechtert sich. Manche fühlen sich gedrängt, Partei zu ergreifen. Es wäre deshalb keine kluge Entscheidung, würde ihr Teamleiter mit den beiden ausschließlich Einzelgespräche führen. Ein Gespräch zu dritt wäre besser. Optimal wäre es, würde danach – mit Einverständnis der beiden – der Konflikt (oder vielleicht schon seine Lösung) im gesamten Team besprochen. Unausgesprochenes nährt Gerüchte. Metakommunikation im Team würde zeigen: Konflikte sind keine Katastrophen. Konflikte lassen sich lösen.

Zum Weiterlesen

Paul Watzlawick, Janet H. Beavin, Don D. Jackson: Menschliche Kommunikation. 12. Aufl. Bern: Huber 2011

Moderation

Menschen ermutigen, sich zu bewegen

Gemeinsam statt einsam – entscheiden. Die Beteiligung von Bürgerinnen und Bürgern an politischen Entscheidungen macht eine Demokratie aus, die diesen Namen verdient. In modernen Unternehmen ist die Mitbestimmung der Beschäftigten eine Selbstverständlichkeit. Das gemeinsame Bemühen um Veränderungen kennzeichnet lernende Verbände und Institutionen.

Moderation ist ein geeignetes Verfahren, um Beteiligung zu ermöglichen und Veränderungen zu erreichen. Warum und wofür genau? Wie plant man eine Moderation, wie läuft sie ab? Und welche Rolle spielt dabei der Moderator? Das sind die Themen dieses Kapitals. Auf handwerkliche Feinheiten und technische Finessen der Methode gehe ich nicht ein: Ich konzentriere mich vielmehr auf Grundzüge der Moderation und zeige, worauf es ankommt.

Warum und wozu moderieren?

In Talkshows sprechen Menschen gelegentlich miteinander, häufig jedoch mehr gegeneinander. Es soll „hoch hergehen"! Schließlich ist der Talk eine *Show*. Deshalb wird bei der Einladung der Gäste nicht in erster Linie darauf geachtet, ob sie zur Lösung eines Problems beitragen können. Vielmehr wird überlegt, wie der Show-Effekt erreicht werden kann. Im Mittelpunkt steht die Gastgeberin. Sie erteilt Wort und schneidet es ab, sie bestimmt (oder versucht es zumindest), worüber gesprochen wird.

Ein Moderator hat andere Aufgaben, denn mit Moderationen werden andere Ziele verfolgt. Moderation ist dann sinnvoll, wenn Kommunikation gewünscht ist, wenn

- die Erfahrungen, das Wissen, die Kreativität und Fantasie aller Beteiligten genutzt werden sollen, um Antworten auf schwierige Fragen zu finden, Konflikte oder Probleme zu lösen;
- nicht Hierarchie zählt, sondern Ideen gefragt sind;
- Entscheidungen beteiligungsorientiert zustande kommen sollen – und nicht „oben" entschieden, dann verkündet und (gegen Einwände und Widerstände) durchgesetzt werden sollen;
- offen ist, wie ein Problem gelöst, welche Entscheidung getroffen werden soll.

Je mehr Arbeitsprozesse eigenständiges Denken, Motivation und Kreativität erfordern, desto dysfunktionaler sind einsame Entscheidungen von Vorgesetzten und Vorgaben von „oben". Je mehr Bürgerinnen und Bürger an Entscheidungen beteiligt werden wollen, desto mehr ruft eine Politik Widerstände hervor, die Betroffene vor vollendete Tatsachen stellt. Deshalb wird in den letzten Jahrzehnten in Unternehmen und Organisationen – die (Kommunal-)Politik zog nach – auf die Moderationsmethode gesetzt, um

- Probleme und Schwächen aus unterschiedlichen Perspektiven zu benennen,
- die Lösungen komplexer Probleme durch Vertreterinnen und Vertreter unterschiedlicher Abteilungen oder Fachrichtungen auf den Weg zu bringen und „Insellösungen" zu vermeiden,
- Ideen zu produzieren und gemeinsam Ziele festzulegen,
- eine Strategie oder ein Leitbild zu entwickeln, die bzw. das von allen getragen und gelebt werden soll.

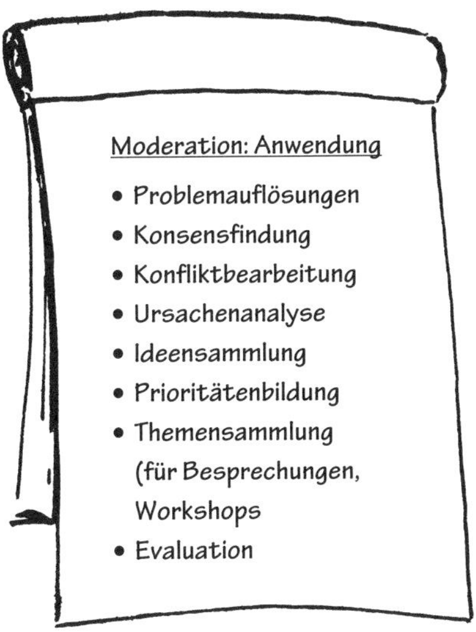

Abbildung 11: Anwendungsbereiche der Moderationsmethode

Um solche Ziele zu erreichen, wird nicht auf *Leitung* gesetzt, sondern auf *Moderation*. Leitung bedeutet *führen*, Moderation *vermitteln*. Abbildung 12 (S. 140) verdeutlicht die Unterschiede.

Für Routine-Entscheidungen braucht man keine Moderation. Sie ist auch kein Mittel, um einen Standpunkt durchzusetzen oder Entscheidungen nachträglich zu legitimieren, die bereits anderswo getroffen wurden. Moderation ist nicht geeignet, um Probleme zu lösen, die aus mangelnder kommunikativer Kompetenz eines Vorgesetzten entstanden sind. Sie ist auch kein Verfahren, um unerfreuliche Entscheidungen, die ein Abteilungsleiter oder eine Bürgermeisterin treffen musste, als Abteilungs- bzw. Bürgerentscheidung „hinzubiegen". Schließlich: Moderation ist kein Mittel, um Wissen zu vermitteln.

Leitung	Moderation
• oft höhergestellt	• Hierarchie spielt keine Rolle
• bewertet Aussagen, verstärkt Beiträge	• alle Aussagen werden gleichrangig behandelt
• gibt Ziele vor	• unterstützt die Gruppe bei der Zielformulierung
• will häufig eigenen Willen durchsetzen	• fördert den Willensbildungsprozess in der Gruppe
• konzentriert sich auf den Inhalt	• ist prozessorientiert
• arbeitet mit ungeschriebenen Regeln	• Regeln werden mit der Gruppe vereinbart
• delegiert die Protokollierung (oder erstellt es im Nachhinein)	• offenes Protokoll simultan zum

Abbildung 12: Unterschiede zwischen Moderation und Leitung (angelehnt an Hartmann u. a. 1997, S. 22)

Wenn die potenziellen Teilnehmer nicht miteinander klarkommen, dann kann ein moderierter Workshop geeignet sein, dieses Problem zu beheben; jede andere Aufgabenstellung hätte keine Erfolgsaussicht. Diese Prognose ist auch dann zu stellen, wenn die Teilnehmerinnen nicht aus freien Stücken teilnehmen.

Mit Moderation ist der Anspruch verbunden, die Schwächen von Entscheidungsfindungen zu vermeiden, die nicht selten zu beobachten sind, wenn gegensätzliche Interessen oder unterschiedlichen Kommunikationskulturen aufeinandertreffen, wenn einige Teilnehmerinnen und Teilnehmer die Diskussion dominieren. Moderation soll erreichen, dass die Diskussion über Problemlösungen und die Besprechung von Konfliktursachen erfolgreich verlaufen:

- strukturiert statt chaotisch
- konstruktiv statt polarisierend
- kreativ statt blockierend
- wertschätzend statt abwertend
- fragend statt besser wissend
- miteinander statt gegeneinander
- partnerschaftlich statt hierarchisch
- ergebnisorientiert statt ergebnislos

Moderation: Person, Planung und Prozess

Moderatorinnen und Moderatoren haben die Aufgabe, ein gutes Gruppenklima und zielgerichtetes Arbeiten zu fördern. Das erfordert eine sorgfältige Planung und eine teilnehmerorientierte Steuerung des Prozesses der Themenbearbeitung. Worauf kommt es dabei besonders an?

Allparteilich: Die Moderatorin, der Moderator

Moderatorinnen *erleichtern* Gruppen die Lösung von Problemen, die Entscheidungsfindung oder die Bearbeitung von Konflikten. Moderatoren *vermitteln*. Sie sagen nicht, was richtig und was falsch ist, sondern steuern – vor allem fragend – den Prozess. Sie

- stellen ihre eigenen Meinungen zurück;
- nehmen alle Teilnehmerinnen und Teilnehmer erst;
- favorisieren nicht eine bestimmte Lösung.

Die Kernaufgabe von Moderatorinnen besteht darin, eine Gruppe emotional zusammenzuhalten und inhaltlich voranzubringen.

Zusammenhalten heißt vor allem: darauf achten, dass alle Beteiligten zu Wort kommen und niemand (innerlich) aussteigt. *Voranbringen* heißt vor allem: Lösungen bzw. Ergebnisse im Blick behalten, Zwischenergebnisse deutlich machen, mögliche Schritte aufzeigen. Daraus ergeben sich folgende Anforderungen an Moderatoren: Sie

- machen nicht den Talk*master:* Im Mittelpunkt steht die Gruppe;
- bewerten nicht die inhaltlichen Beiträge der Teilnehmerinnen;
- sorgen für eine hierarchiefreie Diskussion und achten darauf, dass alle ihre Meinung vertreten können und jeder Vorschlag zur Kenntnis genommen wird;
- bringen allen Teilnehmern die gleiche Wertschätzung entgegen;
- haben stets das verabredete Ziel im Auge und weisen die Gruppe auf Abweichungen vom Weg zum Ziel hin;
- behaupten nicht, sondern bringen durch Fragen die Teilnehmer ins Gespräch. Sie drängen der Gruppen keine eigenen Lösungsvorschläge auf;
- sorgen dafür, dass Störungen behoben werden, aus einem Gegeneinander ein Miteinander wird;
- achten darauf, dass Rivalitäten oder Profilierungsversuche nicht den Prozess dominieren;
- machen deutlich, dass gegensätzliche Meinungen und Interessen keine Störungen sind, sondern Ansatzpunkt für Problem-Analysen und Veränderungen;

- achten darauf, dass Interessengegensätze nicht als Kommunikationsprobleme interpretiert, sondern diskutiert werden;
- visualisieren den Stand der Diskussion und (Zwischen-)Ergebnisse. Und stellen die Ergebnisse – aufbereitet – den Teilnehmerinnen zur Verfügung;
- stellen Ergebnisse als Team-Ergebnisse heraus.

Planung ist nicht alles. Ohne Planung wird eine Moderation nichts

Moderation ist kein Allheilmittel und nicht der einzige Weg zum Ziel. Moderation ist deshalb hier und da in Verruf gekommen, weil eine Moderation sich in „Kärtchen aufhängen" erschöpfte, weil die eine oder andere Moderatorin für jede Selbstverständlichkeit eine Kartenabfrage (siehe S. 147) startete, weil der eine oder andere Moderator zu starr auf seinen Regeln beharrte, statt sie flexibel Veränderungen im Prozess anzupassen. Gute Planung kann so etwas verhindern. Sechs Phasen sind zu planen:

1. Einstieg
2. Problemidentifizierung und Aufgabenpräzisierung
3. Problembearbeitung
4. Ergebnissicherung
5. Schluss
6. Dokumentation

Gute Planung heißt vor allem: sich mit dem Problemfeld und den Schwierigkeiten oder Konflikten vertraut machen:

- Was gehört zu diesem Feld?
- Wie wurde bisher auf diesem Feld gearbeitet – was wurde gemacht und was nicht?
- Was sind die zentralen Entwicklungen bzw. Herausforderungen auf diesem Feld? Was machen Mitbewerber anders?
- Worin besteht der zentrale Konflikt?
- Wer sind die Konfliktbeteiligten?
- Worin sehen sie die Konfliktursachen?
- Wer gilt warum als Konfliktverursacher?
- Welchen Folgen hat der Konflikt – für die Betroffenen, für ihr Umfeld?

Wenn man den Verlauf einer Moderation beobachtet, mag der Eindruck entstehen, moderieren sei nicht so schwer: ein paar Fragen stellen, die Antworten der Teilnehmerinnen und Teilnehmer auf Karten schreiben und dann gewichten und entscheiden lassen. Eine *erfolgreiche* Moderation setzt voraus, dass eine Moderatorin mehr kann als ein paar Methoden der Gruppenarbeit. Ein Moderator ist dann gut, wenn er aus der Kenntnis des Themenfeldes der Gruppe die Durchdringung dieses Feldes erleichtert.

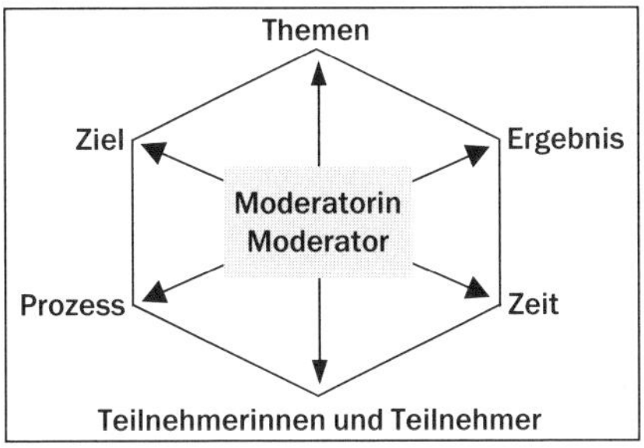

Abbildung 13: Worauf bei der Moderation zu achten ist

Vom Anfang bis zur Zielerreichung: Phasen der Moderation

1. Begrüßen, Anlass benennen, Rollen klären, Regeln und Ablauf vereinbaren

Der Beginn einer Moderation entscheidet maßgeblich darüber mit, wie die Teilnehmerinnen den kommen Stunden entgegensehen, mit welchen Erwartungen und Gefühlen sie sich an der Arbeit der Gruppe beteiligen. Dies sind die zentralen Aspekte der Startphase:

- Begrüßung.
- Vorstellung der Moderatorin.
- Wenn die Teilnehmer einander nicht kennen: Vorstellung.
- Warum sind wir hier: Anlass und Hintergrund.
- Erläuterung der Rolle des Moderators.
- Regeln des Miteinanders vorstellen und vereinbaren.
- Ablauf und Zeitplan vorstellen und vereinbaren.

Teil der Einführung kann eine Kartenabfrage zu den Erwartungen (und Befürchtungen) der Teilnehmer sein. Der Moderations-„Fahrplan“, Themen und Zeiten, sollte auf jeden Fall visualisiert werden. Sind auch die Regeln und Vereinbarungen stets auf einer Pinnwand sichtbar, genügt bei Regel-Verstößen ein kurzer Hinweis.

2. Problem(e) benennen, Ziele des Treffens bestimmen

Für die Motivation der Teilnehmerinnen ist es entscheidend, ob es gelingt, sie zuversichtlich zu stimmen, dass die richtigen Fragen zielgerichtet besprochen werden. Das Thema des Treffens ist zwar bekannt, aber aus einem Thema ergibt sich noch kein Weg, wie ein Thema behandelt oder eine Frage beantwortet werden kann.

Ein Beispiel: An einer Fachhochschule soll das Vorhaben „Verbesserung unserer Mensa“ moderiert angepackt werden. *Verbesserung* muss aufgeschlüsselt werden. → *Fragen* sind dafür der beste Weg: Womit ist man unzufrieden? Was ist warum gut? Was heißt *Verbesserung*? Welche Wünsche haben die Studierenden? Was meinen die Lehrenden? Und was die Beschäftigten? Welchen Zwängen unterliegt und welche Handlungsmöglichkeiten hat der Betreiber der Mensa? Es geht in dieser Phase also darum,

- die unterschiedlichen Aspekte und Sichtweisen zusammenzutragen,
- diese Aspekte und Sichtweisen zu Teilthemen zu gruppieren,
- die Bedeutung dieser Themen zu gewichten und
- eine Reihenfolge der Behandlung festzulegen.

Diese Sammlung, Gewichtung und Festlegung kann durch eine Kartenabfrage oder Zurufe erfolgen (mehr dazu im nächsten Abschnitt).

3. Themen-, Problembearbeitung: Stärken und Schwächen herausarbeiten, Ziele, Maßnahmen formulieren

Wie isst man eine Pizza? Stück für Stück. So werden auch die Fragen und Probleme angepackt, die in der zweiten Phase zusammengetragen wurden. Verbindungen und Zusammenhänge werden in den Blick genommen, wenn zu allen Teilthemen Ergebnisse vorliegen.

Ob Arbeitsgruppen gebildet werden, hängt von der Zahl der Teilnehmer ab und davon, ob Arbeitsteilung angesichts vieler Themen sinnvoll erscheint. Als Faustregel formuliert: Ab acht Teilnehmerinnen sind Arbeitsgruppen zu empfehlen. Wenn Gruppen gebildet werden, sollten möglichste in allen Gruppen die unterschiedlichen Perspektiven oder Abteilungen vertreten sein.

Die Arbeit in Gruppen ist keine Pause für den Moderator. Er geht von Gruppe zu Gruppe, hört zu und bietet, wenn erforderlich, Hilfe an – mischt sich aber nicht ein.

Hilfe meint: → *Fragen*. Zum Beispiel: „Gibt es noch weitere Aspekte zu bedenken?“ „Was wäre wenn ...?“

Für die Präsentation der Ergebnisse im Plenum sind diese vier Leitfragen in vielen Zusammenhängen hilfreich:

- Wie ist der Istzustand?
- Welcher Zustand soll erreicht werden?
- Welche Maßnahmen müssen ergriffen werden, um dieses Ziel zu erreichen?
- Mit welchen Hindernissen ist zu rechnen?

Die Gruppe sollte stets genügend Zeit für die Vorbereitung der Präsentation im Plenum einplanen und rechtzeitig festlegen, wer präsentiert.

4. Ergebnisse sichern, offene Fragen festhalten, Weiterarbeit vereinbaren

In dieser Phase geht es um eine *Verständigung* darüber, welche Probleme besonders gravierend sind, welche Lösungen und welche Lösungswege vorgeschlagen werden und welche Ziele in welcher Reihenfolge wie erreicht werden sollen.

Diese Phase hat ein doppeltes Ziel: *Inhaltlich* geht es um einen Maßnahmeplan. *Gruppendynamisch* geht es um einen Konsens. Alle müssen nicht die gleiche Sicht der Dinge haben. Alle sollten jedoch Entscheidungen mittragen können. Besteht über eine Problembestimmung oder einen Vorschlag ein grundlegender Dissens, wird dieser festgehalten und geklärt, ob wie und wann er bearbeitet werden soll.

5. Abschließen und verabschieden

Gleich, ob drei Stunden oder zwei Tage intensiv gearbeitet wurde: Zu einem runden Abschluss gehören

- ein Dank an die Teilnehmer,
- der Wunsch, die Teilnehmerinnen mögen ihre Vorhaben erfolgreich umsetzen,
- eine Rückmeldung der Teilnehmer: Wie zufrieden sind sie mit den Ergebnissen und dem Verlauf und der Gestaltung der Zusammenarbeit?
- Die Verabschiedung der Teilnehmerinnen: „Auf Wiedersehen", „eine gute Heimfahrt" oder „einen vergnügten Abend".

Und wenn die Arbeit nicht von Erfolg gekrönt war? Dann sollte das angesprochen werden. Dann braucht die Gruppe eine Rückmeldung über den Verlauf des Miteinanders, an welchen Stellen es nicht weiterging. Dabei sollte die Moderatorin darauf achten, so konkret wie möglich zu beschreiben und nicht zu bewerten oder über Tabus zu spekulieren.

6. Die Besprechung, den Workshop dokumentieren

In moderierten Workshops wird unter anderem deshalb so viel Wert auf Visualisierung gelegt, weil sie eine gute Grundlage für die Dokumentation der Ergebnisse liefert.

Semiprofessionell ist das Fotoprotokoll: Alles wird fotografiert und den Teilnehmerinnen und Teilnehmern zur Verfügung gestellt. Die haben es oft sehr schwer, die Bilder zu entziffern. Aufwendiger, aber dafür entschieden besser zu lesen, ist eine Übertragung dessen, was auf den Pinnwänden und Flipcharts steht, in eine PC-Version. Dafür gibt es spezielle Software – zum Beispiel *PinKing 5.0.*

Ich bevorzuge ein Ergebnisprotokoll, in dem die Ergebnisse strukturiert wiedergegeben werden.

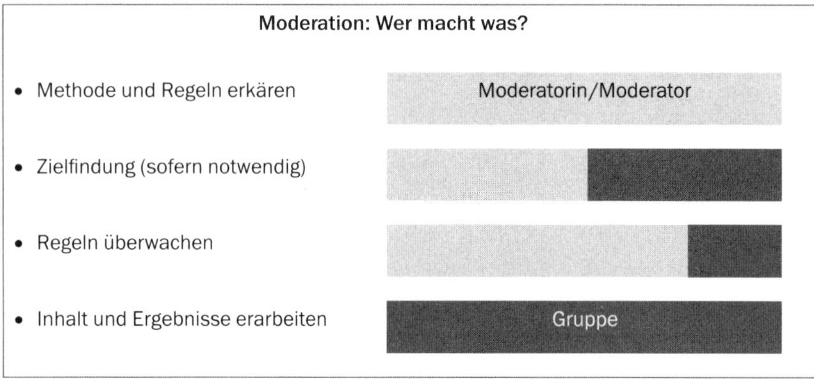

Abbildung 14: Was macht die Gruppe und was der oder die ModeratorIn?

Moderation: Regeln, Techniken und Tipps

Moderation ist eine Methode zur Gestaltung zielgerichteter Kommunikation. Die Methode ist kein Selbstzweck und keine Arbeitsgruppen-Beschäftigungstherapie. Zum Erfolg moderierter Sitzungen und Workshops tragen eine Reihe von Regeln, Techniken und bewährter Tipps bei, um die es auf den nächsten Seiten geht.

Regeln: Kommunikation erleichtern

In den seltensten Fällen bringen die Teilnehmer einer moderierten Besprechung oder eines Workshops alle Voraussetzungen für eine gelungene Kommunikation mit. Es gibt Vorurteile über „die" aus der anderen Abteilung, Rivalitäten mit Teammitgliedern oder schlicht Unsicherheiten, in größeren Gruppen zu diskutieren.

Deshalb sind Regeln für die Zusammenarbeit wichtig. Solche Regeln entlasten auch die Moderatorin: Alle sind für das Gelingen der Besprechung oder des Workshops verantwortlich. Und dafür sind Kommunikationsregeln sinnvoll. Alle sollten sie tragen und darauf achten, dass sie eingehalten werden. Die folgenden sieben Regeln haben sich bewährt:

1. *Störungen* haben Vorrang. Störungen können als Störungen angemeldet werden. Es kann jedoch auch vereinbart werden, dass nicht die Störung angesprochen wird („Ich bin völlig erschöpft"), sondern das, was man braucht, um die Störung zu beheben („Ich brauche jetzt eine Pause").
2. Alle Beteiligten sprechen nur für sich.
3. Alle sprechen in der ersten Person: Ich meine/habe die Erfahrung gemacht/schlage vor.

4. Es spricht immer nur eine Person.
5. Kein Vorschlag wird sofort verworfen, keine Idee sofort kritisiert.
6. Niemand muss sich rechtfertigen.
7. Über die Methode wird nicht diskutiert: Wie diskutiert wird, der Verlauf der Diskussion, darf angesprochen werden. Es wird jedoch nicht darüber diskutiert, dass diskutiert wird.

Damit wirklich alle zu Wort kommen können, kann es notwendig sein, eine *Begrenzung* der *Redezeit* zu vereinbaren. Eine solche Regel schließt aus, dass vor allem Vorgesetzte oder vorwiegend wortstarke Teilnehmer und redegewandte Teilnehmerinnen reden. Allerdings dürfen und sollen die häufiger zu Wort kommen, die über reflektierte Erfahrungen und wichtiges Fachwissen verfügen. Moderierte Kommunikation sollte nicht den Anschein erwecken, alle würden in gleichem Maße Gehör finden.

Techniken: Fragen, ordnen und bewerten

Visualisieren ist ein zentrales Element jeder Moderation. Es wird schriftlich diskutiert, um *alle* Idee, Meinungen und Vorschläge präsent zu haben, um Wiederholungen und die Dominanz einzelner Teilnehmerinnen und Teilnehmer zu vermeiden. Die Kartenabfrage ist dafür eine geeignete Technik.

Kartenabfrage

Mithilfe der Kartenabfrage werden Problemursachen, Themenaspekte, Lösungsmöglichkeiten zusammengetragen, Schwerpunkte gebildet und Vorschläge zur Lösung von Problemen bzw. Konflikten erarbeitet.

Nehmen wir an, es solle um die Frage gehen, wie die Jahresplanung eines Verbandes verbessert werden kann. Die Frage wird zunächst erläutert – ohne Antworten vorwegzunehmen. Die Teilnehmerinnen und Teilnehmer erhalten zwei bis drei Karten, auf die sie ihre Überlegungen schreiben. Dafür bekommen sie fünf Minuten Zeit. Die Karten kommen ungeordnet an eine Pinnwand. Es gibt keine verbindliche Regel, ob der Moderator oder die Teilnehmerinnen die Karten anpinnen, ob die Moderatorin vorliest, was auf den Karten steht, oder jeder Teilnehmer seine Karten vorliest.

In der anschließenden „Loreley-Phase" („Ich weiß nicht, was soll es bedeuten") können Verständnisfragen zu den Karten gestellt werden. Danach können Einwände „geblitzt" werden: Einwände zu einer Aussage, einer Problembeschreibung oder einem Vorschlag werden auf Zuruf durch ein Blitzzeichen (↯) auf der entsprechenden Karte optisch deutlich gemacht. Einsprüche müssen unterfüttert werden: Blitz-Erläuterungen werden gewöhnlich auf eine ovale Karte geschrieben und der Anlass-Karte zugeordnet.

Im nächsten Schritt werden die Karten geordnet: Der Moderator nimmt eine beliebige Karte und heftet sie an eine zweite Pinnwand. Dann nimmt er die nächste Karte und fragt, ob sie thematisch zur ersten Karte passt oder einen anderen Themenaspekt berührt. So wird Karte für Karte gruppiert. Die Moderatorin kann dazu Vorschläge machen oder die Teilnehmer fragen, wohin eine Karte gehört. Im Zweifelsfalle entscheidet der Autor der Karte. Jede Karte kommt an die zweite Pinnwand. Karten mit der gleichen Aussage werden sichtbar untereinander angebracht.

Sind alle Karten auf der zweiten Pinnwand, geht es darum, Überschriften für die einzelnen Kartenblöcke (Cluster) zu finden. So entstehen Teilthemen, die in der nächsten Phase bearbeitet werden.

Mehrpunkt-Frage

Welche Themen vorrangig bearbeitet werden sollen, kann mit der Technik der Mehrpunkt-Frage entschieden werden: Jeder Teilnehmer erhält drei bis fünf (bei mehr als 20 Clustern) Klebepunkte, die für die einzelnen Karten vergeben können. Diese Technik dient dazu, Entscheidungen zu treffen und Prioritäten zu setzen: Welcher Vorschlag erhält meisten Punkte? Welche Themen sollen vorrangig besprochen werden?

Weniger aufwendig sind das „Rosinenpicken“ und die Zuruf-Frage.

Rosinenpicken

Beim Rosinenpicken wird auf das Ordnen verzichtet. Vielmehr fragt die Moderatorin nach der „Loreley-Phase“, mit welchen Karten sich die Gruppe vorrangig beschäftigen will. Der Moderator oder die Teilnehmerinnen befestigen diese „Rosinen“ an einer zweiten Pinnwand. Werden sehr viele Karten genannt, muss – das ist der Nachteil des Verfahrens – gebremst werden. Karten, die nicht behandelt werden, kommen in den Themenspeicher (siehe S. 150).

Zuruf-Frage

Mit der Zuruf-Frage, die bei jeder Besprechung einsetzbar ist, können die Teilthemen schneller ermittelt werden: Die Moderatorin notiert jeden Zuruf, den sie auf ihre Frage erhält, auf einer Karte. Vorstrukturierte Zuruf-Listen ersparen das anschließende Clustern (Abbildung 15); sie sind dann sinnvoll, wenn zunächst einmal ausschließlich Vorteile und Nachteile oder Pro- und Kontra-Argumente zusammengetragen werden sollen.

Abbildung: 15:
Vorstrukturierte Zuruf-Liste

Tipps: Karten nutzen, Karten gestalten

1. Eine deutlich sichtbare *Musterkarte* für die Schriftgröße und den Umfang ist hilfreich – zum Beispiel: „Pro Karte nur eine Aussage".

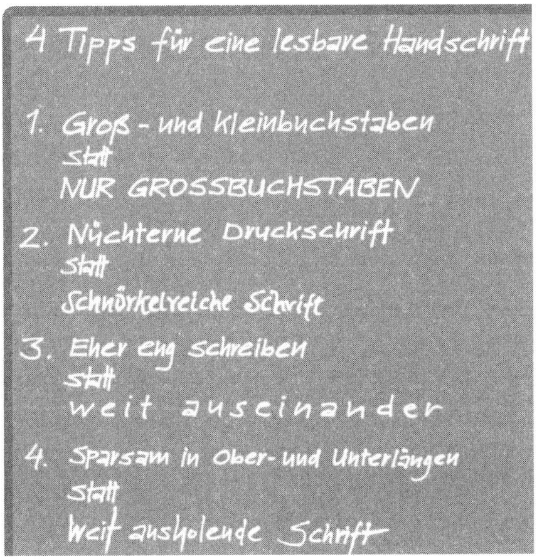

Abbildung 16:
Tipps für eine lesbare Handschrift

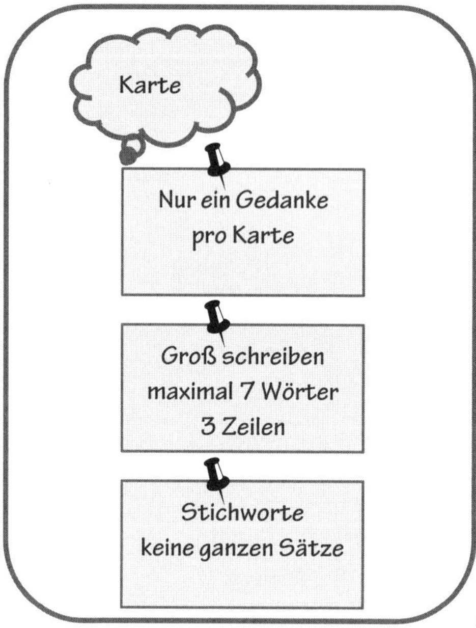

Abbildung 17: Kartengestaltung

2. *Themenspeicher:* Auf einer Pinnwand oder einem Flipchart werden Fragen und Probleme notiert, die nicht *sofort* bearbeitet werden können. In der Phase der Ergebnissicherung werden Fragen, die nicht beantwortet und Probleme, die nicht gelöst wurden, in einem Themenspeicher festgehalten. Er ist Teil der Dokumentation. Dieses Verfahren nimmt den Teilnehmerinnen und Teilnehmer die Sorge, ihr Anliegen könne in Vergessenheit geraten.
3. Ich habe bislang zwei Beispiele für eine Kartenabfrage angeführt: „Wie können wir unserer Mensa verbessern?" „Wie können wir unsere Jahresplanung verbessern?". Das sind offene Fragen. Es können jedoch Frage-Vorgaben gemacht werden. Mit der doppelten Kartenabfrage wird gewöhnlich nach Vorteilen und Nachteilen gefragt, nach Pro- und Kontra-Argumenten. Mit dieser Vorgabe sind die Teilnehmerinnen und Teilnehmer aufgefordert, in zwei Richtungen gleichzeitig zu denken.
   Dieses Prinzip lässt sich mit der Mehrfachfrage erweitern: Es werden mehrere Antwortrichtungen vorgegeben. Das können Abteilungen, Arbeitsbereiche und Entscheidungsebenen sein oder Kategorien wie Produkt, Management, Mitarbeiterinnen und Mitarbeiter, Produktion, Vertrieb oder klassische Analysekategorien wie in Abbildung 18. Die Mehrfachfrage ist besonders geeignet, um die ganze Breite eines Themas zu beleuchten.

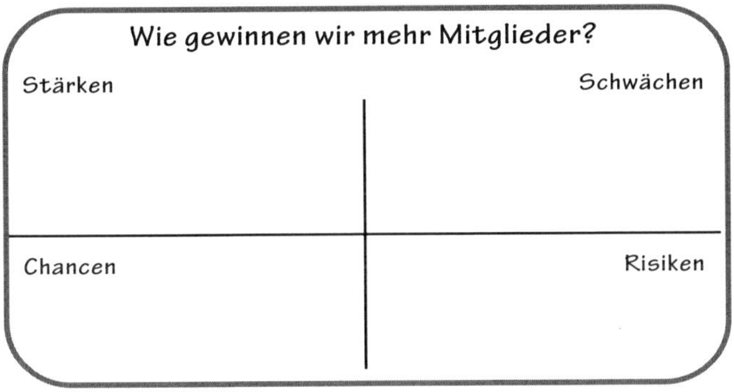

Abbildung 18: Stärken-Schwächen-Analyse als Vorgabe für eine Mehrfachfrage

4. Die Kartenabfrage lässt sich auch zur Gestaltung des Einstiegs nutzen. Werden zum Beispiel *Erwartungen* und *Befürchtungen* auf Karten notiert und aufgehängt, entsteht ein erstes Gruppenbild und somit eine nützliche Orientierung für die Moderation.
   Wenn die Teilnehmerinnen einander nicht (näher) kennen, kann mit Karten die Vorstellungsrunde strukturiert und dokumentiert werden: Die Teilnehmer erhalten eine Reihe von Karten, die sie auf einer „Wer-ist-wer"-Pinnwand anbringen, auf der zum Beispiel folgende Kategorien vorgegeben sind: Name, Unternehmen (Kreisverband, Hochschule …), Funktion, Hobbys, augenblickliche Verfassung.
   Eine solche Vorstellungsrunde kostet Zeit; sie daher nur dann angebracht, wenn die Gruppe mindestens einen Tag zusammen ist.
5. Mit der *Einpunkt-Frage* können Erwartungen, Einstellungen, Meinungen zu einem Thema visualisiert und Rückmeldungen eingeholt werden.

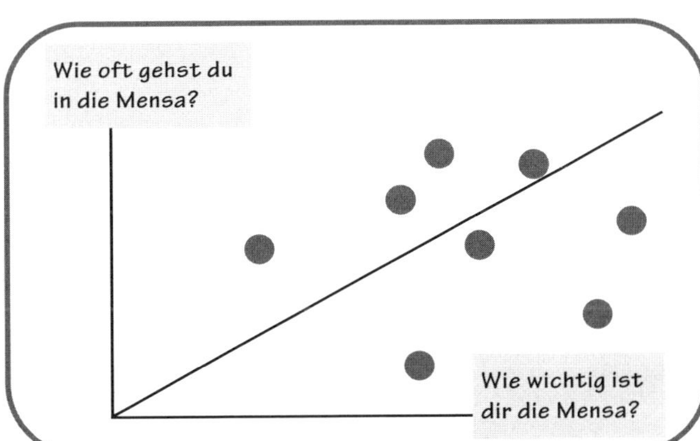

Abbildung 19: Antworten auf eine Einpunkt-Frage

Die erste Moderation

Fangen Sie klein an! Mit nicht sehr komplizierten Herausforderungen – zum Beispiel: Wie können wir unseren Newsletter für Vereinsmitglieder attraktiver machen? Was sollte an der AStA-Homepage verbessert werden? Wie können wir mehr ehrenamtliche Unterstützerinnen und Unterstützer gewinnen?

Wichtig ist, Meinungen und Sichtweisen zu erkunden, um sich mit den Dimensionen des Themas vertraut zu machen. Eine gute Ausstattung (Moderationskoffer, Flipchart und Pinnwände) erleichtert die Arbeit immens. Man kommt jedoch auch mit Karten, Filzstiften, Packpapier und Kreppband aus.

Zum Weiterlesen

Martin Hartmann, Michael Rieger, Rüdiger Funk: Zielgerichtet moderieren. 6. Aufl. Weinheim und Basel: Beltz 2012

Nein sagen

Ja zu sich selbst sagen

Die Deutschen leiden. An Ja-Sageritis: 81 Prozent sagen, so das Ergebnis einer repräsentativen Befragung, zu oft *ja* – und ärgern sich anschließend darüber (Dämon 2014).

Vielen fällt das Nein-Sagen schwer: Man möchte gemocht werden und befürchtet, sich mit einem Nein unbeliebt zu machen, Freundschaften zu gefährden oder die Karriere zu riskieren. Aus Scheu vor Konflikten passt man sich an. Wird in einem Unternehmen, einem Verband oder einer Verwaltung nicht chancenorientiert gearbeitet, sondern risikovermeidend, gibt es keine ausgeprägte Fehlerkultur, dann erscheint ein Nein als ein Risiko, das man besser vermeidet.

Und obwohl viele, die nicht mitgemacht, sondern Nein gesagt haben, Vorbilder sind, die im Unterricht behandelt werden – von Wilhelm Tell über die Göttinger Sieben bis zu den Geschwistern Scholl –, ist Erziehung vielfach noch immer Anleitung zum Ja-Sagen, zum Nicht-Auffallen. Davon ist auch die Lehr- und Lernkultur vieler Fachbereiche geprägt.

Die Folge: Lena sitzt länger im Büro, als sie möchte – und ihr Partner allein zu Hause. Leon begleitet Lena zu einer Lesung, für die er sich nicht interessiert. Lena und Leon folgen der Einladung von Elias und Emilia zum Abendessen und langweilen sich gründlich.

Wer nie Nein sagt, kommt zu kurz. Wer – sei es im Studium oder im Beruf – kontinuierlich nicht auf die eigenen Bedürfnisse achtet, um „gut dazustehen" oder um Konflikten aus dem Wege zu gehen, gefährdet die Gesundheit oder verliert zumindest die Freude am Studieren oder Arbeiten. Burn-out ist eine Folge solchen Verhaltens. Das permanente Ja ist ein Nein zu sich selbst.

Nicht sofort *ja* sagen

Sie machen einen ersten Schritt auf dem Weg, *nein* zu sagen, wenn Sie nicht sofort *ja* sagen. Sie müssen sich nicht sofort entscheiden, wenn Sie gefragt werden, ob Sie dieses tun oder jenes übernehmen können. Fragen Sie nach mehr Informationen, räumen Sie sich Bedenkzeit ein, um *Ihre* Wünsche und Bedürfnisse zu prüfen. Fragen bzw. sagen Sie zum Beispiel:

- „Wie lange soll ich auf Dein Baby aufpassen?"
- „Was genau muss ich tun, wenn ich diese Aufgabe übernehme?"
- „Ich möchte es mir überlegen."

- „Ich möchte darüber nachdenken."
- „Das möchte ich nicht spontan entscheiden."

Vor allem im Job kann ein „Selbstvertrag" als Ergänzung zum Arbeitsvertrag nützlich sein:

- Zu was kann ich ja sagen?
- Was tut mir gut und was nicht?
- Wobei fühle ich mich wohl?
- Welche Mehrbelastung bin ich zu übernehmen bereit? Für wie lange? Zu welchen Konditionen?

Wenn Sie wissen, was Sie wollen und was nicht, können Sie es überzeugend kommunizieren, der Chefin oder Kollegen selbstbewusst begegnen.

Keine Ausreden

Die Ausrede ist keine Alternative zu einem klaren Nein. Ausreden sind vor allem aus zwei Gründen keine tragfähige Lösung:

- Werden sie durchschaut, kommt das gewöhnlich deutlich schlechter an als ein klares Nein.
- Wer Ausreden gebraucht, ist selten mit sich zufrieden.

Führt die Ausrede nicht zum Ziel, lässt man sich doch auf etwas ein, was man eigentlich nicht wollte, dann wird sich der Ärger darüber ein Ventil suchen. Und häufig haben alle Beteiligten darunter zu leiden.

Ein Beispiel: Pauls Sohn geht in die dritte Klasse. Seine Lehrerin fragt Paul, ob er zum Ausflug in die Kinderabteilung des Kunstmuseums mitkommt (eine Lehrerin als Aufsicht reicht nicht). Paul möchte nicht und versucht es mit Ausreden:

> „Ich kenne mich mit Kunst doch überhaupt nicht aus."
> Lehrerin: „Das macht nichts. Ich übernehme im Museum die Führung."
> „Bei mir geht aber nur ein Tag in der Woche.
> Lehrerin: „Kein Problem, wir richten uns nach Ihnen."
> So geht es noch eine Weile hin und her. Schließlich ist Pauls Ausreden-Repertoire erschöpft, und er sagt widerwillig zu.
> Beim Ausflug gelingt es ihm anfangs noch, seine Missstimmung zu verbergen. Doch nach einiger Zeit, für die Lehrerin und die Kinder unvermittelt und unverständlich, macht sich sein Unmut aus nichtigem Anlass Luft. Die Folge: Jetzt ist auch die Stimmung aller anderen dahin. Paul hat sich keinen Gefallen getan und den anderen die Freude verdorben. Ein ehrliches Nein beugt solchen Situationen vor.

Mit der Ausrede im letzten Moment macht man sich besonders unbeliebt – zum Beispiel, wenn man einem Freund versprochen hat, ihm am Wochenende beim Renovieren zu helfen und eine Stunde vor der Verabredung mit einer durchsichtigen Ausrede absagt. Der Freund hat sich Werkzeug ausgeliehen, Material gekauft, die Möbel abgedeckt, einen Imbiss vorbereitet … Nun ist er enttäuscht oder ärgerlich.

Ausreden schaden jeder Beziehung, denn eine Grundlage guter Beziehungen ist die Sicherheit, sich darauf verlassen zu können, dass jede und jeder sagt, was sie oder er meint, und dass ein Ja ein Ja bedeutet und ein Nein ein Nein.

Zu Schwächen stehen

Wenn Sie sich aus guten Gründen für ein Nein entscheiden, werden Sie das einem Kind erläutern. Schlagen Sie ihm ohne Erläuterung eine Bitte ab, wäre das keine akzeptable Kommunikation, sondern Machtausübung. Einer Freundin, dem Partner erläutern Sie, warum Sie einer Bitte nicht nachkommen. Professoren oder Kolleginnen würden Sie bald schief ansehen, würden Sie keine Gründe für Ihr Nein angeben.

Aber haben wir immer *gute* Gründe? Was ist mit Gefühlen, Befindlichkeiten, Schwächen, die wir selbst nicht recht erklären können?

Ein Beispiel aus einem meiner Workshops: Herr Plathe möchte sein Auto nicht mehr verleihen. Er hat noch nie schlechte Erfahrungen gemacht, bekam sein Auto stets ohne Kratzer oder Beulen zurück. Aber er fühlte sich nie wohl, wenn er sein Auto verliehen hatte. Er war unruhig und konnte sich nicht dagegen wehren, dass er sich Sorgen machte. Zu Ausreden will er nicht greifen. Zumal er befürchten muss, ertappt zu werden, zum Beispiel wenn er einem Freund sagt, er bräuchte den Wagen selbst, und der Freund sieht ihn dann vor Herrn Plathes Tür stehen.

Ich habe Herrn Plathe geraten, seine „Schwäche“ klar zu nennen, wenn sich das nächste Mal jemand seinen Wagen leihen möchte. – Unser Trainingsdialog (ich habe die Rolle von Bernd Plathe übernommen):

„Bernd, kann ich mir am Samstag noch einmal Deinen Wagen leihen?“

„Ich brauche das Auto am Samstag zwar nicht, ich möchte es Dir trotzdem nicht geben.“

„Aber warum denn? Es ist doch noch nie etwas passiert. Du weißt doch, dass ich sehr vorsichtig fahre.“

„Ja, das weiß ich. Es hat auch nichts mit Dir zu tun. Aber ich mache mir jedes Mal Sorgen, wenn ich den Wagen verleihe. Und das will ich mir einfach nicht mehr zumuten.“

„Ich garantiere Dir, dass Du den Wagen heil zurückbekommst. Und wenn wirklich etwas passieren sollte, komme ich für alle Schäden auf, und Du brauchst Dich um nichts zu kümmern.“

„Das glaube ich Dir. Aber ich kann meine Sorgen nun mal nicht aus der Welt schaffen.“

„Das ist nun aber wirkliches kein sehr rationales Verhalten.“

„Da magst Du recht haben.“

Ob ein Grund ein „guter“ Grund ist, hängt davon ab, wie wichtig wir unsere Gefühle und Befindlichkeiten nehmen. Man mag Bernd Plathes Sorge als „Macke“ oder „Schwäche“ bezeichnen. Ich plädiere dafür, zu dieser Schwäche zu stehen. Herr Plathe entscheidet, ob er etwas gegen diese Schwäche unternehmen will. Er entscheidet, ob und wann er zum Beispiel Sorgen in Kauf nimmt oder eine Bitte ablehnt.

Der „Fall“ lässt sich übertragen. Zum Beispiel auf Ängste. Man *kann* etwas unternehmen gegen Flug-, Höhen-, Platz- oder Tunnelangst. *Muss* man aber nicht. Vielleicht *will* man etwas unternehmen, wegen der Urlaubswünsche der Partnerin oder des Partners. Darüber lässt sich reden.

Auf die Beziehungsebene achten

Ich habe die Einleitung mit einem kleinen Dialog begonnen, in der ein Nein *unfreundlich* ausgesprochen wird. Das Nein zu einem Tag Freizeitausgleich wird nicht mit einer wertschätzenden Haltung vorgetragen. Die Chefin frustriert den Mitarbeiter mit der Ablehnung seines Wunsches und auf der Beziehungsebene. Diese Kombination stößt den Mitarbeiter vor den Kopf.

Das Gespräch wäre anders verlaufen, hätte die Chefin es zum Beispiel so eröffnet: „Ich finde es prima, dass Sie das gesamte Wochenende für unser Projekt arbeiten.“ Wäre es ihr gelungen, diese *wertschätzende* Äußerung mit folgendem Appell zu verbinden: „Ich bitte Sie um Verständnis, dass …“ – Herr Über hätte wahrscheinlich weniger aufgebracht reagiert. Zumal dann, wenn sie nicht „bleiben Sie bitte sachlich“ gesagt hätte, sondern: „Ich kann ihre Enttäuschung nachvollziehen.“

Wertschätzung ist keine Verpackungsstrategie. Wenn ich, einen akzeptablen Wunsch vorausgesetzt, Ausdrücke, dass ich den Wunsch verstehe, und so mein Nein auf der Sachebene mit einem Ja auf der Beziehungsebene verbinde, wenn ich, falls angebracht, um Verständnis für mein Nein bitte, dann ermögliche ich meinem Gegenüber, ein Nein auch dann anzunehmen, wenn es unerfreulich ist. Ury (2009) nennt das „Positives Nein“. Drei Beispiele für ein *negatives* Nein:

- „Ich würde mir gerne mit mir das Ibsen-Stück in der *Schaubühne* ansehen.“ – Antwort ohne Bezug auf den ersten Teil des Satzes: „Oh Gott, bleib mir bloß mit diesem Langweiler weg.“
- „Ich fände es schön, wenn Du am Sonntag mit zu meinen Eltern kommst.“

– Antwort ohne Bezug auf den ersten Teil des Satzes und ohne Bitte um Verständnis: „Nee, die immer gleichen Geschichten Deines Vaters hör' ich mir wirklich nicht mehr an."
- „Herr Schmale, können Sie bitte noch einmal rasch einen Blick auf die Kalkulation werfen?" – „Bin ich Ihr Rechensklave?"

Diese Antworten sind ein Affront. In den ersten beiden Fällen wird unsensibel die Selbstauskunft überhört. Die dritte Antwort ist schlicht unverschämt respektlos. Die Alternativen:
- „Ins Theater würde ich auch mal gerne wieder mit Dir gehen. Ibsen interessiert mich allerdings weniger. Lass uns doch schauen, ob wir etwas finden, das beide interessiert."
- „Ich weiß, dass Dir dass wichtig ist. Deshalb hoffe ich, dass Du akzeptieren kannst, dass ich nicht mitkomme, weil ich eine längere Pause von den Geschichten Deines Vaters brauche."
- „Ich sitze an einer Präsentation, die ich erst zu Ende bringen will. Ich hoffe, Sie können das verstehen."

Eine Anmerkung zur dritten Antwort: *Will* ist ehrlich – es wird kein *Muss* vorgeschoben. Und es wird auch kein „sonst immer gern" zur Abfederung hinzugefügt. Eine solche Bemerkung sollten Sie nur dann machen, wenn Sie das auch tatsächlich meinen!

Wenn Sie den Eindruck haben, Ihr Gegenüber nimmt Ihr Nein als persönliche Ablehnung auf, *können* Sie ihm helfen, das Nein anzunehmen. Machen Sie einem guten Freund, einer lieben Kollegin oder einem geschätzten Nachbarn deutlich, dass sich Ihr Nein auf ein *konkretes Anliegen* bezieht, nicht auf die *gesamte Person.*

Ein Beispiel: Sie leiten ein Statistik-Tutorium immer zu zweit. Der zweite Tutor ist krank geworden. Sie erzählen das Ben, einem Informatik-Studenten. Ben bietet an, einzuspringen. Sie lehnen ab.
„Ben, ich habe mich über Dein Angebot gefreut. Kränkt Dich meine Ablehnung?"
„Ja, schon. Ich habe den Eindruck, Du unterschätzt meine fachliche Kompetenz."
„Das ist nicht der Grund für meine Ablehnung. Ich schätze Dein Fachwissen sehr. Dein Angebot möchte ich nicht annehmen, weil ich für das Tutorium ein bestimmtes Konzept habe, Zugangshürden zu Statistik abzuräumen. Und ich will Dich nicht auf mein Konzept verpflichten. Was auch auf die Schnelle nicht realistisch wäre – einmal vorausgesetzt, das Konzept würde Dich überzeugen."
„Ok, damit kann ich leben."

Nein sagen. 5 Ermutigungen

1. Wenn Sie Nein sagen, lehnen Sie eine *Bitte* oder *Forderung* ab; Sie weisen nicht die Person zurück.
2. Nein sagen heißt nicht, andere zu verletzen oder zurückzuweisen, sondern die eigenen Bedürfnisse geltend zu machen.
3. Sie können es nicht allen recht machen.
4. Wenn Sie sich stets nach den Wünschen anderer richten, geben Sie sich auf.
5. Wenn Sie sich nur um die anderen kümmern, vernachlässigen Sie sich selbst.

Zum Weiterlesen

Martin Wehrle: Sei einzig, nicht artig! 3. Aufl. München: Mosaik Verl. 2015

Nonverbale Kommunikation

Körpersprache, Küchenpsychologie und Performance-Wettrennen

„Wir können nicht nicht kommunizieren" (Watzlawick u. a. 1996, S. 50): Sonja betritt, zweiter Praktikumsmonat in einem Verband, freundlich grüßend das Zimmer von zwei Arbeitskollegen – und erhält keine Resonanz.

Ist das Schweigen gegen Sonja gerichtet? Wollen die Kollegen damit sagen: „Sehen Sie zu, dass Sie rauskommen"? Haben sie sich gestritten? Sind sie überarbeitet? Schweigen oder Lachen, Weinen oder Umarmen haben wie alle nonverbalen Signale drei Seiten. Was wollen die beiden Kollegen mit ihrem Schweigen „sagen"?

- „Gehen Sie einfach" (Appell),
- „Von Ihnen lassen wir uns nicht stören" (Beziehung) oder
- „Wir sind sehr angestrengt beschäftigt" (Selbstauskunft).

Die Antwort liegt nicht auf der Hand. Das Schweigen bedarf der Interpretation – Irrtum, bei voreiligen Schlüssen, eingeschlossen. An dieser Stelle mag erst einmal die Warnung genügen, aus dem Schweigen nicht den Schluss zu ziehen: Die haben was gegen mich (die können mich nicht leiden).

Es gibt tausende Untersuchungen und abertausende Bücher über die Bedeutung nonverbaler Kommunikation. Und es wird viel Unsinn über nonverbale Kommunikation geschrieben und geredet. Bei kaum einem anderen Thema feiert die Küchenpsychologie solch fröhliche Urständ.

Wie kommunizieren wir nonverbal? Welche „Mittel" und „Medien" werden eingesetzt? Vor allem die folgenden:

- Blickkontakt
- Mimik
- Stimme
- Gestik
- Körperhaltung
- Nähe/Distanz
- Zuwendung/Abwendung

Beobachtungen und Experimente haben zu einer Fülle von Erkenntnissen über nonverbale Kommunikation geführt, die zum Teil zu unserem Alltagswissen gehören. Wir wissen zum Beispiel, dass Südeuropäer einen kleineren „persönlichen Raum" beanspruchen als Nordeuropäer. Einfacher ausgedrückt: Man kommt sich in Italien bei Gesprächen *räumlich* näher als in Schweden. Und wir haben es erlebt, dass Spanierinnen und Italiener erheblich lebhafter gestikulieren als Finnen oder Däninnen.

Kleine Kinder sind „distanzlos" und lernen durch Beobachtung und Nachahmung den in ihrem Kulturkreis „richtigen" Gesprächsabstand.

Aus diesem Wissen können wir Konsequenzen für unsere Wahrnehmung ziehen: Südeuropäer sind nicht unhöflich, wenn sie uns räumlich näher kommen, als wir das gewohnt sind, und Nordeuropäerinnen nicht abweisend oder desinteressiert, wenn sie eine größere räumliche Gesprächsdistanz bevorzugen. Und in der Regel suchen wir in einem überfüllten Fahrstuhl keinen Blickkontakt. Mit diesem Verhalten bringen wir (unbewusst) zum Ausdruck, dass wir die körperliche Nähe nicht gewollt haben und keinen Kontakt suchen.

Spannend sind zwei Fragen: Lassen sich Gestik, Mimik usw. zuverlässig interpretieren? Und kann oder soll man nonverbale Kommunikation trainieren?

Interpretation und Wirkung nonverbaler Kommunikation

Wer zu leise spricht, wird nicht verstanden. Daher empfiehlt sich eine angemessene Lautstärke. Wer bei einer Präsentation sehr hektisch gestikuliert, lenkt vom Inhalt der Präsentation ab. Deshalb ist es ratsam, Hektik zu vermeiden. Wer seinem Gesprächspartner zu dicht „auf die Pelle rückt", macht sich unbeliebt. Ein guter Grund, den persönlichen Raum unseres Gegenübers zu respektieren.

Wer ein Rhetorik-Training besucht hat, wird vielleicht einwenden, bewusst leise zu sprechen, sei ein Dominanz-Mittel, mit dem man anderen signalisieren könne: Ihr müsst euch anstrengen, um mich zu verstehen. Oder: Bei der Begrüßung dem Gegenüber an den Oberarm zu fassen und in den persönlichen Raum einzudringen, sind beliebte – eingeübte – nonverbale Machtdemonstrationen von Politikern (bei Politikerinnen werden Sie das nicht beobachten).[18]

Blickkontakt ist in allen Kommunikationssituationen zu empfehlen. Aber können wir es zuverlässig interpretieren, wenn jemand bei einem Vortrag oder während eines ernsthaften Gesprächs keinen Blickkontakt herstellt? Ist die Person unsicher, unfreundlich oder angestrengt?

Wir können, auf diesen Hinweis stoßen Sie mehrfach in diesem Buch, nicht in das Innere anderer Menschen sehen. Und nicht jede Gesprächssituation lässt es zu, sich fragend zu vergewissern → *Zuhören*. Die unterschiedlichen Dimensionen einer Aussage drücken sich auch nonverbal aus. Gestik, Mimik oder Tonfall können den Inhalt, einen (implizierten) Appell oder eine Selbstauskunft unterstreichen – oder die Körpersprache widerspricht Inhalt, Appell oder Selbstaus-

18 Solche Tricks werden noch immer empfohlen und solche Posen (besser: Possen) kommen noch immer gut an, weil sie als Ausdruck von Tatkraft und Dynamik interpretiert werden – und nicht als einstudierte Verhaltensmuster.

kunft. *Was* unterstrichen wird, ist nicht immer eindeutig. Bei Schulz von Thun findet sich dafür ein anschauliches Beispiel:

> Therapeutin zum Klienten: „Sie sagen, es geht Ihnen beschissen – und Sie lächeln dabei?!" Sie hat „vielleicht einen tadelnden Unterton, wenn sie dem Ideal anhängt, dass verbaler und nonverbaler Anteil einer Äußerung stets kongruent sein mögen. Aber es könnte doch sein, dass einem Teil in ihm miserabel zumute ist, ein anderer Teil sich davon nicht unterkriegen lassen will und diesem ‚Hypochonder' in seinem Seelenleben nicht das Zepter überlassen will? Und ein Dritter in ihm drin will vielleicht sein Gegenüber nicht ungebührlich belasten und besorgt machen, und signalisiert mit dem Lächeln, dass sein Stimmungstief nicht so dramatisch sei, wie seine Worte es vermuten lassen." (2015, S. 12)

Das Schweigen der beiden Kollegen, von denen eingangs die Rede war, kann mit dem Appell verbunden sein: „Stören Sie uns bloß nicht!" Oder mit Wunsch: „Sagen Sie was! Holen Sie uns bitte aus unserem Streit raus!"

Ich rate daher zur Zurückhaltung: Ist ein Stirnrunzeln eindeutig ein Signal für Bedenken? Signalisieren die verschränkten Arme vor der Brust zuverlässig Distanz oder Ablehnung und der fehlende Blickkontakt Unsicherheit?

Sie haben bestimmt schon einmal die Erfahrung gemacht, dass der erste Eindruck täuschen kann. Und Sie haben bestimmt schon einmal erlebt, dass der „Hallo-Effekt", ein Merkmal einer Person überstrahlt alle anderen und bestimmt ganz wesentlich den Gesamteindruck, zu Fehleinschätzungen führt. Wladimir Tendrjakow beschreibt das in *Mondfinsternis* so:

> „Bald hatte ich begriffen, dass der tragische Schwung ihrer Lippen und die unablässige Erregung in ihren weit offenen Augen durchaus nicht ein Spiegel ihres seelischen Zustandes waren. Ihr Gesicht war einfach so gebaut. Wie eine von Natur aus kräftige Kinnpartie den Eindruck eines willensstarken Charakters hervorruft, wie Grübchen in den Wangen auf Weichheit und Sorglosigkeit schließen lassen, so fleht mich Majas Gesicht ohne ihr Zutun und unabhängig von ihrem Wollen um Hilfe an" (1981, S. 9).

Schließlich: Paul bringt seiner Partnerin Blumen mit. Das hat er lange nicht mehr gemacht. Seine Partnerin freut sich (über den Ausdruck von Zuneigung). Oder? Wird sie vielleicht misstrauisch (*Er will bestimmt was von mir)?* Oder kommt Sorge auf *(Hat er ein schlechtes Gewissen, weil er …)?* Wenn die Blumen zu Grübeleien oder einem Missverständnis führen, ist es Zeit, miteinander zu reden. Ein guter Anfang könnte sein: „Vielen Dank! Gibt es einen besonderen Anlass?"

Vor allem Menschen, die von Kommunikationstrainings leben, predigen, es käme weniger darauf an, was man sagt, als vielmehr darauf, *wie* man es sagt. Das erspart ihnen die anstrengende Arbeit, sich darauf einzulassen, wie man ziel- und zielgruppenbezogen einen interessanten Vortrag oder eine anschauliche Präsentation vorbereitet. Man kann sich auf Tipps für die Gestik und Körperhaltung (und das passende Kostüm oder die angemessene Krawatte beschränken).

Selbst von Kommunikationsprofis ist zu hören, bei Kommunikation käme es nur zu zehn Prozent auf das Thema an. Entscheidend für die Wirkung seien zu 40 Prozent die Sprache und zu 50 Prozent das Wie der Präsentation. Begründung: Die Zuhörerinnen und Zuhörer lassen sich nur zu dreißig Prozent vom Verstand, aber zu siebzig Prozent von ihrem Instinkt leiten.

Nonsens pur, bei dem beliebig in den Prozent-Topf gegriffen wurde. Wenn Sie jemanden nach dem Weg fragen, interessiert Sie dann die Wegbeschreibung fast überhaupt nicht? Achten Sie vor allem auf die Körpersprache? Wenn Ihr Arzt seine Diagnose erläutert, hören Sie dann vor allem auf den Klang der Stimme und das Sprechtempo?

Solche Zahlenspielereien halten sich hartnäckig – ähnlich wie der Mythos, Spinat sei besonders eisenhaltig. Seit bald fünfzig Jahren wird die Mär verbreitet, der Inhalt des gesprochenen Wortes mache nur sieben Prozent der Wirkung eines Vortrags oder einer Präsentation aus. Die restlichen 93 Prozent verteilten sich auf die Körpersprache (55 Prozent) und die Stimme (38 Prozent). Diese Zahlen, sie legitimieren das Drauflosplappern anstelle klarer Gedanken und Worte, sind abstruse Verallgemeinerungen einer Veröffentlichung des US-amerikanischen Psychologen Albert Mehrabian von 1971.[19]

Wer den Empfehlungen folgt, die aus solchen Zahlen abgeleitet werden, setzt auf Verpackung, auf Marketing statt Kommunikation.

Ich meine: *Was* man sagt (und was nicht), ist wichtig. Wichtig ist, *dass* man etwas zu sagen hat. Missverständnisse, Kränkungen, Ärger sind sowohl im privaten als auch im beruflichen Alltag viel häufiger dem geschuldet, *was* in Gesprächen *nicht gesagt wird* oder *nicht* zum Ausdruck kommt: Dem fehlenden …

- „Bitte"
- „Vielen Dank"
- „Ich würde mich freuen, wenn Du …"
- „Ich bin sehr zufrieden mit Ihrer …"

Dem …

- „Wie kannst Du …?" – statt: „Ich frage mich, …"
- „Musst Du immer …" – statt: „Ich fände es besser …"
- stummen Leiden: Wenn sie mich liebt, kommt sie von alleine darauf, dass ich … – statt: „Ich würde mich freuen …"
- Schweigen – statt: „Schön, dass Du schon zurück bist."

19 Zu dieser Kategorie von Wissenschaft zählt auch die Behauptung, Männer würden immer erst zuhören und dann genauer schauen, wer spricht. Wohingegen Frauen angeblich erst schauen und dann (vielleicht) zuhören. Mehr skurrile Auffassungen über Körper(-haltungen) und Kommunikation finden Sie in der Sammelrezension von Schöneck (2016).

Training nonverbaler Kommunikation

Ich habe für eine zurückhaltende Interpretation nonverbaler Kommunikation plädiert und dafür, wichtig zu nehmen, was wir sagen. Das ist eine Seite vernünftigen Umgangs mit nonverbaler Kommunikation. Die andere Seite: Wir müssen damit umgehen, dass

1. es in jedem Kulturkreis übereinstimmende Interpretationen nonverbaler Kommunikation gibt. Das betrifft vor allem die Inkongruenz von Worten und Körpersprache;
2. Körpersprache auch Ausdruck von Status und Macht ist – und damit geschlechtsspezifisch konnotiert.

Zu 1: „Mir geht es prima." Wird dieser Satz mit einer kraftlosen Stimme und gerunzelter Stirn gesprochen, glauben wir das nicht recht. Antwortet eine stellvertretende Abteilungsleiterin auf die Frage, ob sie sich die Leitung der Abteilung mit dreißig Mitarbeiterinnen und Mitarbeitern zutraue, mit sehr leiser Stimme, ohne Blickkontakt aufzunehmen, und intensiv damit beschäftigt, ihre Strickjacke von nicht vorhandenen Fusseln zu befreien, dass sie sich das sehr wohl zutraue; sie habe in den letzten Jahren öfter den Abteilungsleiter mit Erfolg vertreten und genieße Sympathie und Respekt bei allen Mitarbeiterinnen und Mitarbeitern – dann korrespondiert das, was sie sagt, nicht mit ihren nonverbalen Signalen, dann kommen Zweifel auf, ob sie so sicher auftreten kann, wie das von einer Abteilungsleiterin erwartet wird.

Zu 2: Wir erleben es täglich in Bus und Bahn: Dort, wo zwei Menschen bequem Platz hätten, macht sich ein Mann breit.

Es gibt weibliche und männliche Muster zu sitzen, zu stehen, zu gehen und zu reden. Männer sitzen mit breiten oder ausgestreckten Beinen, beanspruchen Platz. Bei Frauen ist das eine selten anzutreffende Sitzhaltung; sie machen sich eher schmaler als sie sind. Männer sprechen in der Regel lauter als Frauen. Frauen signalisieren in Gesprächen viel häufiger als Männer Zuwendung – durch Blickkontakt, ein Lächeln oder Kopfnicken. Frauen stehen bestimmte Dominanz-Muster nicht zur Verfügung. Der männliche Chef kann sich unterschiedliche Unhöflichkeiten leisten, zum Beispiel sich nachlässig auf dem Stuhl fläzen, um seinen Status zu unterstreichen. Würde eine Chefin dieses Verhalten imitieren, würde sie Befremden auslösen.

Frauen laufen – noch immer – Gefahr, in eine der zahlreichen Bewertungsfallen zu geraten: Nickt eine Frau zum Beispiel freundlich, kann das als Zustimmung statt als Ausdruck von Aufmerksamkeit interpretiert werden. Spricht eine Frau in der

Lautstärke eines Mannes, kann das als „unweiblich“ oder „zickig“ ausgelegt werden.[20] Ich leite aus diesen Tatbeständen zwei Empfehlungen ab:

- Vermeiden Sie nonverbale Signale, die sich nachteilig für Sie auswirken können.
- Lassen Sie sich auf kein Performance-Wettrennen ein. Prüfen Sie, was für Sie richtig und wichtig ist. Oder mit Francois Truffaut formuliert: „Man kann niemanden überholen, wenn man in seine Fußstapfen tritt.“

Nonverbales Verhalten lässt sich in zwei Richtungen beeinflussen: abgewöhnen und angewöhnen. Wenn Sie während einer Präsentation oft mit der Schulter zucken, wird das gewöhnlich als Unsicherheit interpretiert, wenn Sie während eines Vortrags hörbar nach Luft schnappen, ist das Publikum vielleicht irritiert, und wenn man während eines Gesprächs in unregelmäßigen Abständen mit dem linken Arm an der rechten Schulter am Hemd zupft, ist man am Ende des Gesprächs vielleicht ein wenig derangiert oder das Gegenüber während des Gesprächs abgelenkt.

Diese Interpretationen und Wahrnehmungen mögen Ihnen egal sein. Wenn nicht, lohnt es, mit ein wenig Training, diese Verhaltensmuster abzustellen. Dazu braucht man ein wohlwollendes Feedback zu möglichen „Macken“, da diese Signale einem selbst gewöhnlich nicht bewusst sind.

Komplizierter ist das *Angewöhnen*. Es wäre leicht, meine Empfehlungen auf den Seiten 166f. umzusetzen, ginge es nur um Können und Training. Entscheidender ist Trauen und Selbstvertrauen: Wenn Sie sich gestatten, ihre Worte mit Gesten zu unterstreichen, die Lautstärke zu variieren, sich Raum zu nehmen, dann brauchen Sie kein Körpersprache-Training, dann stellen sich Gestik und die richtige Lautstärke meist von alleine ein. Diese Feststellung ist allerdings an zwei Voraussetzungen geknüpft:

- Sie nehmen ernst und wichtig, was Sie sagen,
- Sie überfordern sich nicht durch Perfektionsansprüche.

Wenn Sie sich die Empfehlung auf den Seiten 166f. zu eigen machen, geben Sie anderen weniger Anlass, ihre Körpersprache als Ausdruck von Unsicherheit zu interpretieren. Das kann Sie sicherer machen.

Übertriebene Erwartungen sollte man an einzelne Veränderungen jedoch nicht knüpfen, sie führen in der Regel nicht zu einer spürbar veränderten Ausstrahlung. Und es ist auf die Dauer anstrengend und emotional unbefriedigend, Effekte erzielen zu wollen, die nicht dem eigenen Ich bzw. der Situation entsprechen.

20 Um Missverständnisse zu vermeiden: Es geht nicht um das biologische Geschlecht, sondern um Muster, die sich am sozialen Geschlecht festmachen lassen (vgl. Frauensprache 2010).

Der persönliche Preis für ein freundliches Lächeln in allen Lebenslagen oder die dauerhaft zur Schau gestellte gute Laune ist hoch – wer nach allen Seiten lächelt, bekommt Falten, aber kein Profil – und immer mit dem Risiko verbunden, als nicht „echt“ wahrgenommen zu werden. Die Chancen steigen, sich wohler zu fühlen und authentischer zu wirken, wenn man nicht am „*Gut-ankommen*-Wettbewerb“ teilnimmt, sondern sich darauf konzentriert, seinen Gesprächspartner, seine Zuhörerinnen zu *erreichen*.

Kleider machen Kommunikation

Als Joseph Fischer im Dezember 1985 im hessischen Landtag seinen Amtseid als Minister für Umwelt und Energie ablegte, sandte er mit seinen weißen Turnschuhen ein zweites Signal: Jetzt sitzt eine unkonventionelle Kultur auf der Ministerbank. Ich (die Grünen) bin (sind) anders. Die *Nike*-Turnschuhe, für diesen Anlass extra gekauft und heute im Schuhmuseum in Offenbach zu besichtigen, waren nonverbale Kommunikation.

- Mit dem, was wir tragen, sagen wir etwas über uns selbst aus und über unsere Beziehung zu unserer Mitwelt. Zum Beispiel:
- Mein Äußeres ist mir sehr wichtig.
- Ich halte mich an Etikette (zum Kunden nur mit Anzug und Krawatte, am Schalter nur Kostüm oder Hosenanzug).
- Etikette ist mir egal (damit müssen meine Mitmenschen klarkommen).

Kleidung muss funktional sein. Deshalb verzichte ich auf alles, was nicht hundert Prozent zweckmäßig ist (mag der Herr neben mir in der Oper mich noch zu verwundert anschauen).

Wie wir uns kleiden, bewegt sich, wie jede Kommunikation, zwischen Ausdruck und Wirkung (vgl. Seite 20). Damit ist nicht die Frage nach Konventionen oder Etikette angesprochen: „Dürfen“ Männer im Sommer zu kurzen Hosen und Sandalen Socken anziehen? „Schickt“ es sich für Frauen, am Strand das Bikini-Oberteil abzulegen, nur dann, wenn sie einen schönen Busen haben?

Es geht vielmehr um die Frage, wann, zu welchen Anlässen kann und soll ich – sofern das in meinem Ermessen steht – auf meinen Stil verzichten? Wie bringe ich Ausdruck und Wirkung in ein angemessenes Verhältnis?

Ein Beispiel: Die betagten Eltern haben Goldene Hochzeit und wollen das festlich in einem größeren Rahmen feiern. Der Sohn, der seit seiner Konfirmation keinen Anzug und keine Krawatte mehr getragen hat, muss sich entscheiden: Ich oder die Eltern? Ausdruck oder Wirkung? Jeans und Pullover oder Anzug und Krawatte?

Ich plädiere für Anzug und Krawatte. In meinen Augen ist das keine Anpassung an Konventionen, sondern Ausdruck der Achtung vor den Eltern – mit anderen Worten → *Höflichkeit.*

Blickkontakt, Gestik, Mimik und mehr. 7 Empfehlungen

Blickkontakt

Halten Sie Blickkontakt. Schauen Sie nicht an die Decke oder über die Köpfe der Zuhörenden hinweg. Es kann bei einer Präsentation oder Rede sehr hilfreich sein, zu Beginn den Blickkontakt mit einer Kommilitonin, einem Freund oder einer Kollegin zu suchen, allgemeiner: zu freundlichen Menschen. Es gibt nie nur grimmige Zuhörerinnen und Zuhörer, sondern immer die eine oder den anderen, die oder der Sie freundlich anschaut oder zustimmend nickt.

Die Zuhörerinnen einzeln anschauen. Aber niemanden fixieren, sonst fühlt sich der Angeschaute unwohl.

Die Körpersprache signalisiert *nicht* immer eindeutig das, was ein Mensch denkt oder fühlt – auch wenn das in der Alltagspsychologie über nonverbale Kommunikation hartnäckig behauptet wird. Wenn Sie Männer im Publikum anschauen, dann meinen Sie vielleicht, skeptische, reservierte, gelangweilte oder ablehnende Minen oder Körperhaltungen zu sehen. Das ist bei vielen Männern eine Geschlechtsrollen-Haltung, die sich in dem Maße verfestigt, in dem Männer Karriere machen. Lassen Sie sich davon nicht irritieren: Der skeptische Gesichtsausdruck oder die gelangweilte Haltung bedeutet bei Männern nicht notwendig Skepsis oder Langweile, sondern ist einfach nur eine Männer-Haltung.

Körperhaltung

Wenn Sie sitzen: Rutschen Sie mit dem Hintern bis an die Rückenlehne und lehnen Sie sich an. Stellen Sie beide Füße auf den Boden. Wenn Sie klein sind, rutschen Sie so weit nach vorn, dass Sie Ihre Füße fest auf den Boden stellen können. Rücken Sie den Stuhl so nahe an den Tisch ran, dass Sie die Unterarme auf den Tisch legen und Ihre Ausführungen problemlos mit Gesten unterstreichen können. Bleiben die Hände unter dem Tisch, sinken Ihre Schultern nach vorne. Die Folge: Sie machen sich kleiner und sitzen nicht mehr gerade.

Wenn Sie stehen: Machen Sie nicht Schillers *Glocke* („Festgemauert in der Erde“) und nicht den Tiger, der ständig am Gitter hin und her streift. Das schafft Unruhe. Stehen Sie mit beiden Beinen fest auf dem Boden, das Körpergewicht gleichmäßig verteilt. Nehmen Sie die Schultern nach hinten, ziehen Sie die Schultern nicht hoch, halten Sie den Rücken gerade, den Kopf erhoben. Und beachten Sie drei „Verbote“: Nicht

- am Redepult festhalten,
- über das Pult beugen und
- auf das Pult schlagen. Schläge sind keine angemessene Form, um eine Forderung oder These zu unterstreichen.

Sie sind nur wenig größer als das Redepult? Dann sollten Sie ohne dieses Schutzschild auskommen: Treten Sie neben das Pult oder schieben Sie es mit einer Bemerkung weg (zum Beispiel: „Ich nehme an, Sie wollen sehen, wer zu Ihnen spricht“).

Gestik

Unterstreichen Sie das, was Sie sagen, *sparsam* mit den Händen. Das wird erschwert, wenn Sie die Arme verschränken, einen Stift oder Ähnliches in der Hand halten oder sich am Pult festhalten.

Wohin mit Armen und Händen? Auf den Tisch, wenn Sie sitzen. Wenn Sie stehen: Winkeln Sie einen Arm an, und lassen Sie den anderen locker herunterhängen. Sie werden die Erfahrung machen: Nach einiger Zeit beginnen Sie ganz automatisch, Ihre Rede mit Gesten zu unterstreichen. Wenn Sie in der Hand des angewinkelten Arms eine Redevorlage halten, wird der andere Arm diese Funktion übernehmen.

Stehen Sie hinter einem Pult, kann es schwieriger werden. Oft sind Redepulte so hoch, dass gerade noch der Oberkörper zu sehen ist. Verzichten Sie auf Gestik, wenn Sie dafür die Arme sehr weit nach oben nehmen müssten. Ist das Pult nicht zu hoch, empfehle ich die gleiche Armhaltung wie beim freien Stehen. In jedem Falle sollten Sie nicht zu nahe am Pult stehen.

Studieren Sie keine Gesten ein. Das geht meist schief. Das Publikum spürt, wenn Gestik nicht echt ist. Wenn *Sie* für wichtig halten, was Sie vortragen, wenn *Sie* von dem überzeugt sind, was Sie sagen – dann stellt sich die richtige Gestik von selbst ein.

Sie schmälern die Bedeutung Ihres Vortrags, wenn Sie mit den Schultern zucken oder den Kopf schräg halten. Das kann interpretiert werden als: Ich habe es nicht wirklich ernst gemeint; ich weiß es selbst nicht genau; ich bin auf Zustimmung angewiesen; ich bin unsicher. Schließlich sollten Sie vermeiden, Haarsträhnen zu drehen, sich durch die Haare oder über das Gesicht zu fahren, den Kopf in die Hand zu stützen.

Mimik

Wenn Sie während einer Rede mit sich und der Situation zufrieden sind, lächeln Sie. Wenn Sie einen Witz erzählen, lachen Sie (aber nicht schon vor der Pointe). Wenn Sie über ein lustiges Thema berichten, bringen Sie Heiterkeit zum Ausdruck. Aber nur dann! Lächeln Sie nicht, wenn Ihnen nicht danach zumute ist. Es kommt nur ein Verlegenheitslächeln dabei heraus. Sie schmälern damit die Wirkung Ihrer Aussage (*ist wohl nicht so ernst gemeint*).

Lautstärke

Auch die Zuhörerinnen in der letzten Reihe haben Anspruch, Sie gut hören zu können. Deshalb muss die Lautstärke der Raumgröße angemessen sein. Zu leises Sprechen ist ebenso unangemessen wie zu lautes. „Mit einer sehr lauten Stimme im Hals“ ist man „außerstande, feine Sachen zu denken“ (Nietzsche). Und man verbaut sich die Möglichkeit einer Steigerung zur Betonung wichtiger Passagen. Der Wechsel von einer angemessenen Lautstärke zum leiseren Sprechen kann eindringlich wirken und die Aufmerksamkeit des Publikums erhöhen. Lauter werden ist kein Mittel gegen Unruhe im Raum; eine kurze Pause ist wirksamer.

Sprechtempo

Angenehm für die Zuhörenden ist ein Wechsel im Sprechtempo. Ein gleichmäßig schnelles Tempo nervt die Hörer, ein kontinuierlich ruhiges Tempo ermüdet sie. Tragen Sie die entscheidenden Passagen mit Nachdruck vor: mit Betonung und Pausen. Legen Sie bei Beispielen und leicht verständlichen Sachverhalten im Tempo etwas zu.

Pausen

Selten wird zu langsam gesprochen. Meistens ist das Sprechtempo zu hoch. Das strengt die Zuhörer an. Die Rednerin auch: Nach einiger Zeit stellt sich Atemnot ein. Reden Sie deshalb nicht „ohne Punkt und Komma“. Machen Sie Pausen.
Pausen sind

- ein rhetorisches Mittel: Lassen Sie eine wichtige Aussage oder Frage wirken, indem Sie eine kurze Pause anschließen;
- ein Gliederungsmittel: Signalisieren Sie nach jedem Hauptgedanken durch eine Pause, dass eine neue Überlegung folgt;

- eine Wohltat für Sie und die Zuhörerinnen und Zuhörer: Sie geben Gelegenheit, Luft zu holen und nachzudenken;
- wichtig, um sich zu sammeln und bei Aufregung ruhiger zu werden.

Präsentieren, referieren

Inhalte und Sie zählen. Nicht das Medium ist die Message

Man „präsentiert das Gewehr", die neue Winterkollektion und Konzepte, Bilanzen und Planungen. Stets gibt es etwas zu sehen: zackige Soldaten, attraktive Models und Folien. Das Medium ist die Message: *Hier wacht ein strammer Soldat. So schön können auch sie aussehen – in Wintermänteln von … Achten sie nicht auf mich, sondern auf die Diagramme und Bullet-Points.*

Die Rede im klassischen Sinne kommt ohne Medien aus. Weder die Kanzlerin noch die Oppositionsführerin präsentieren im Bundestag. Bei Preisverleihungen, Ehrungen und Festvorträgen kommt man mit dem gesprochenen Wort aus und steht vor der Herausforderung, *Sprach*-Bilder zu erzeugen.

Der klassische akademische Vortrag ist noch anzutreffen. In vielen Fachbereichen wird ein Vortrag ohne *PowerPoint*-Präsentation allerdings als „Nacktvortrag" etikettiert; Studierende referieren nicht mehr, sie präsentieren. Ich wechsle im Folgenden zwischen Präsentation, Vortrag und Referat; gemeint ist stets: zur Sache zu Menschen reden.

Haben Sie *PowerPoint* oder etwas zu sagen?

PowerPoint ist heute *das* Präsentationshilfsmittel. Mit PowerPoint haben sich Vorträge und Referate, die Vorstellung von Projekten verändert. Meist nicht verbessert. Deshalb kommen Tag für Tag in Hunderten von Hörsälen, Büros, Konferenz- und Tagungsräumen die Fragen auf: „Was soll das?" „Wann ist das endlich vorbei?" „Was mache ich eigentlich hier?"

Das Publikum hat Mühe, die Augen offen zu halten, weil die Mehrheit der PowerPoint-Präsentationen ermüdet. Geboten wird zu viel Text. Das überfordert die Aufnahme*bereitschaft* und unterfordert die Aufnahme*fähigkeit*.

Zwar wird Präsentieren in vielen Schulen als „Schlüsselkompetenz" vermittelt. Aber mit der *technischen* Beherrschung eines Präsentationsprogramms geht nicht automatisch die Kompetenz einher, das Medium *sozial- und ziel*angemessen zu nutzen. Wer weiß, wie eine Software funktioniert, vermag sie noch nicht situationsangemessen einzusetzen.

Darf man dem Hammer die Schuld für den schief eingeschlagenen Nagel geben? Fragt Valentin Gillich zur Ehrenrettung von PowerPoint (2014, S. 17). Die Analogie hinkt: Ein Hammer verführt nicht. Die vielen Vorlagen von PowerPoint, 1987 mit einer klaren Orientierung auf Verkaufspräsentationen auf den Markt gekommen, schon. Der „Visualisierungspapst" Edward R. Tufte urteilt: „PP has a distinctive, definite, well-enforced, and widely-practiced cognitive style that is contrary to serious thinking. PP actively facilitates the making of lightweight presentations" (zit. nach Hartmann u. a. 2012, S. 113).

Kurz: Die PowerPoint-Präsentation ist in Verruf geraten.[21] Deshalb spotten Profis: „Beamen Sie noch oder begeistern Sie schon?" Der Karriere-Coach Martin Wehrle:

> „Das beste Schlafmittel dieser Erde ist nicht apothekenpflichtig. Man muss es schlucken, sobald man eine Kongresshalle betritt, sich an einen Konferenztisch setzt oder nicht schnell genug flieht, wenn ein Vertriebler zu einem Vortrag ausholt. Dieses Schlafmittel lässt Gedanken erstarren, verwandelt Säle in Schlafsäle und macht lebendige Gesichter zu Masken. Sein Name ist – PowerPoint.
> In der Computer-Steinzeit mag diese Präsentationstechnik die Zuhörer überrascht haben … Doch heute fällt PowerPoint unter das Betäubungsmittelgesetz, zumindest in der Form, wie es die meisten verabreichen." (2011, S. 73)

Selbst im Verkaufsgeschäft warnten Profis bereits vor über zehn Jahren, PowerPoint unreflektiert einzusetzen: „Verbieten Sie PowerPoint-Präsentationen im Erstgespräch. Ihre Verkäufer wissen noch nichts von ihrem Kunden. Was sollen sie denn da präsentieren? (…) Der Verkäufer muss sich selbst einbringen, Vertrauen aufbauen und als authentische Person erkannt werden … PowerPoint Präsentationen sind nicht authentisch – sondern autistisch." (Vertrieb 2004).

Präsentation: Worauf es ankommt

Wie vermeidet man, als PPP aufzutreten – als *PowerPoint*-Plagegeist? Präsentationen sind kein Nachweis technischer Kompetenz. Im Vordergrund steht das Thema. An zweiter Stelle steht die Person, die über dieses Thema spricht. Analysen, Schlussfolgerungen oder Beispiele können beeindrucken, Menschen können überzeugen – technische Hilfsmittel nicht.

Die Grundregel des Medieneinsatzes lautet daher: *Inhalte zuerst.* Zunächst ist zu klären: Was will ich sagen? Wie strukturiere ich das, was ich sagen will? Was stelle ich in den Mittelpunkt? Welche Beispiele und Belege ziehe ich heran?

21 PowerPoint ist *die* Präsentationssoftware, aber nicht die einzige. Es gibt Alternativen. Zum Beispiel *Prezi* (www. prezi.com). Dieses Programm orientiert sich nicht mehr an der Folie und damit an der sequenziellen Präsentation, sondern setzt auf das Vorbild Poster. Das ist mit zwei Vorteilen verbunden: Man ist flexibler in der Reihenfolge der Präsentation, und man kann leichter einen Gesamtüberblick über die Inhalte der Präsentation geben. Einen Überblick über Präsentationsprogramme und PowerPoint-Online-Portale gibt Lobin (2012, S. 192ff.). Sie können auch, mit hohem Aufmerksamkeitswert, unplugged präsentieren. Zum Beispiel mit dem Flipchart.

Sind diese Fragen beantwortet, lässt sich sinnvoll über den Einsatz von Medien entscheiden und überlegen, wie man was visualisiert. Wer den zweiten Schritt vor dem ersten macht, kommt leicht ins Stolpern – und zeigt eine Folie nach der anderen oder liest vor, was auf den Folien steht.

Wenn die Informationen auf einer Folie nicht genügend Stoff bieten, um drei Minuten darüber zu sprechen, dann enthält sie nichts Wesentliches, dann ist die Folie entbehrlich. Der Einsatz von Medien verliert seinen Sinn, wenn zu (fast) jeder Folie nur das gesagt wird, was auf der Folie steht. Die Zuhörenden werden zu „Zuleserinnen" und „Zulesern". *Präsentieren* ist etwas anderes.

Eine Vielzahl von Textfolien ist einer gelungenen Präsentation ebenso abträglich wie Bemühungen, alles und jedes ins Bild zu setzen. „In der Beschränkung zeigt sich erst der Meister" (Goethe).

Wollte man für einen Vortrag über Brecht seine Lebensstationen auf einer Karte präsentieren, würde man sich unnötige Arbeit machen – mehr nicht. Wer sich mit Brecht beschäftigt, weiß, wo Augsburg, München oder Berlin liegen. Und es ist nicht sonderlich interessant, wo genau in Dänemark Svendborg, Santa Monica in Kalifornien oder andere Orte liegen, in denen er sich während seines Exils aufhielt. Eine solche Karte wäre in der Grundschule nützlich. Aber in der Grundschule beschäftigt man sich noch nicht mit Brecht.

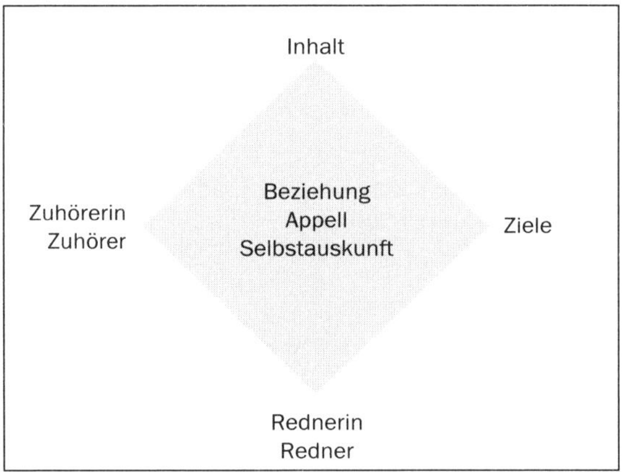

Abbildung 21: Kommunikationsdimensionen einer Präsentation

Was setzt man ins Bild? Visualisiert wird, was wichtig ist. Ins Bild werden zentrale Aussagen gesetzt. Folien, auf denen das Vortragsthema steht oder gar „Guten Tag" oder „Vielen Dank für Ihre Aufmerksamkeit", zeigen: Hier beamt ein Laie, hier wurde nachgemacht, was man hundertfach gesehen hat.

Für die Begrüßung und den Dank braucht das Publikum keine Verstehenshilfe. Zum Thema eines Vortrags sollte interessant hingeführt werden, statt es einfallslos auf eine Folie zu schreiben. Auch Beispiele und Einzelheiten werden nicht visualisiert. Zahlen mit der dritten Stelle nach dem Komma kommen nicht auf Folien, sondern in ein Handout. Zu viele Bilder führen zu einer visuellen Übersättigung und provozieren die Frage, ob die Bilder ein Ersatz für treffende Worte sind.

Jede Visualisierung soll *Sie* und *Ihre Argumentation* unterstützen – und nicht ersetzen. Visualisieren lässt sich mit dem Einsatz von Zitaten in einem Vortrag oder einer Rede vergleichen: Mit einer *gelungenen* Visualisierung können Sie – wie mit einem *treffenden* Zitat – Ihre Gedanken unterstützen: anschaulicher oder eindringlicher präsentieren, Ihrer Präsentation Glanz verleihen. Bilder, Fotos, Grafiken, Diagramme dienen in Präsentationen vor allem dazu, …

- Aufmerksamkeit und Interesse zu wecken und aufrechtzuerhalten;
- (komplexe) Sachverhalte zu veranschaulichen und so das Verstehen zu unterstützen.

In der Schule mag es wichtig sein, das Behalten zu unterstützen. Das Behalten der Inhalte einer Präsentation hängt primär davon ab, ob es gelingt, die Relevanz eines Anliegens, die Bedeutung eines Vorschlags deutlich zu machen, zu berühren, Emotionen zu wecken.

Die Neurobiologen-Mode der Fokussierung auf „gehirngerechte" Präsentationen reduziert Menschen auf 1,3 Kilo ungesellschaftliches Gehirn. Für Kemper und Naughton kommt es zum Beispiel im Hauptteil einer Präsentation darauf an, „die Inhalte möglichst reibungslos ins Langzeitgedächtnis der Zuhörer einzuspeisen" (2014, S. 30). Dort mögen die Inhalte gut aufgehoben sein; vielfach geht es jedoch darum, mithilfe einer Präsentation zeitnah zu einer Entscheidung zu kommen, zu informieren, was künftig warum wie geändert werden soll (und um Zustimmung für diese Veränderung zu werben). Es geht also meist nicht um Behalten, sondern um Verstehen und Aufmerksamkeit, um Interesse und Einsicht und um Vertrauen.

Aufmerksamkeit und Interesse wecken

Ein Bild sagt zwar nicht immer mehr als tausend Worte, aber die folgende Zeichnung (Abb. 22) ersetzt eine lange Einführung ins Thema Teamarbeit und kann auf den Punkt bringen, was viele in einem Unternehmen oder einer Arbeitsgruppe denken oder spüren. Deshalb ist sie ein geeigneter Aufmerksamkeitswecker.

Im September 2015 ging das Foto eines syrischen Jungen am Strand durch die Welt, der die Flucht über das Mittelmeer nicht überlebt hatte. Das Bild war entschieden eindringlicher als viele Reden, Appelle oder Zahlen und Fakten, die das Elend flüchtender Menschen belegen. Ein Bild ist kein Ersatz für Argumente. Es erhöht aber die Wahrscheinlichkeit, dass die Zahlen und Fakten Menschen erreichen.

Abbildung 22: Aufmerksamkeitsstarke Themen-Visualisierung (Hartmann u. a. 2012, S. 44)

Ein Vortrag über den Leistungsdruck, den viele Eltern auf ihre Kinder ausüben, lässt sich beginnen mit Zahlen über psychische Beeinträchtigungen von Heranwachsenden. Oder man beginnt mit einem Bild, das eine Mutter zeigt, die ihrem Zwölfjährigen, der vor einem riesigen Stapel Bücher sitzt, zwanzig weitere Bücher mit der Bemerkung heranschleppt: „Hier bringe ich Dir noch sehr interessante Literatur über moderne Kunst!“.

Ich bin sicher: Sie hätten lieber dieses Bild gesehen, als meine Beschreibung zu lesen.

Veranschaulichen

Abbildung 23 vermittelt auf einen Blick eine Vorstellung vom Ganzen. Solche Orientierungen erleichtern das Verständnis von Zusammenhängen, die verbal nur nach und nach entwickelt werden können.

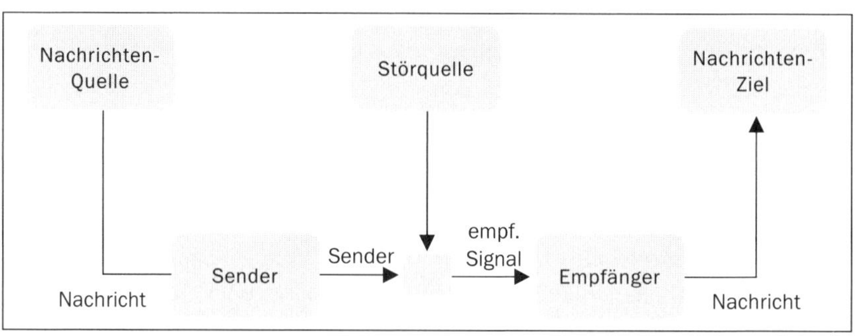

Abbildung 23: Das Kommunikationsmodell von Shannon und Weaver

Visualisierungen sind auch dann sehr hilfreich, wenn …

- Strukturen und Prozesse erläutert werden sollen, die der sinnlichen Wahrnehmung nicht zugänglich sind (Abb. 24.);
- über Sachverhalte gesprochen wird, die die Zuhörenden nicht aus eigener An-

schauung kennen – vom Kunstwerk bis zur Pflanze oder einen PC aus den Anfangsjahren der Computer-Entwicklung (Abb. 25);

- politische oder soziale Prozesse plastisch gemacht werden sollen. Zum Beispiel lässt sich der Einfluss der Auto-Konzerne auf die Politik mit Bildern der handelnden Personen sinnlich erfahrbar machen (Abb. 26).

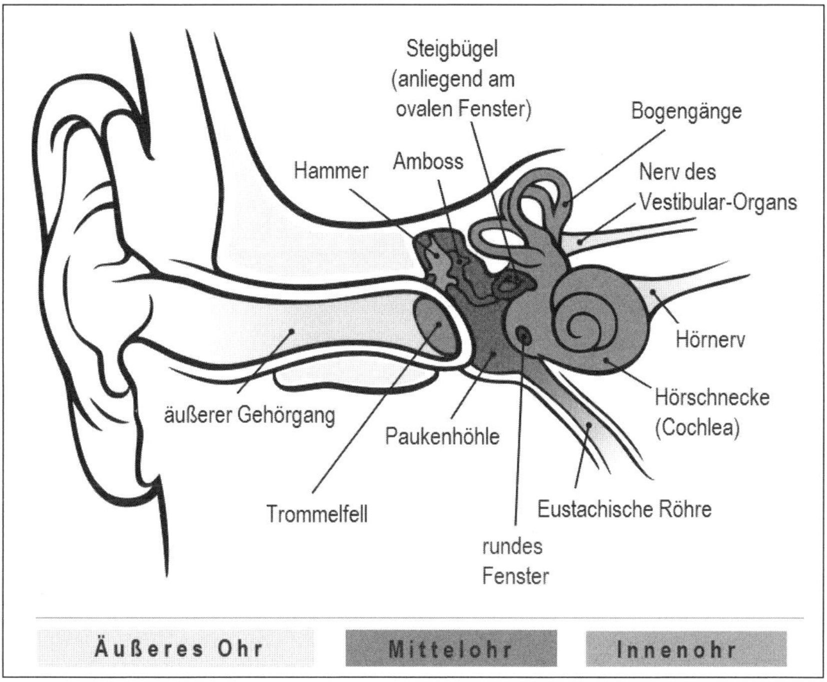

Abbildung 24: Das menschliche Ohr (Quelle: Geo-Science-International – Eigenes Werk, CC-BY-SA 4.0)

Abbildung 25: IBM-PC (iStock © MauMyHaT)

Abbildung 26: Internationale Automobilausstellung 2009: Die Kanzlerin besucht den BMW-Stand (© BMW AG)

Visualisierungen können zudem helfen, Handlungen zu steuern, zu zeigen, wie man zum Beispiel einen Seemannsknoten macht, eine Krawatte bindet oder ein Regal aufbaut. Und sie sind ein gutes Mittel der → *Moderation.*

Zur Sache zu Menschen reden

Wie gekonnt anfangen und wie aufhören? Wie führt man durch eine Präsentation? Und was kann man tun, wenn ein Satz verunglückt oder ein Wort fehlt? Darum geht es auf den nächsten Seiten.

Einstimmen. Der Anfang

Ein gelungener Einstieg *weckt Interesse*, *hebt* den Nutzen für die Zuhörerinnen und Zuhörer *hervor* und gibt einen Überblick über das, was folgt.

Interesse wecken

Am Ende des klassischen Dramas steht der Höhepunkt und am Ende der meisten Krimis die Auflösung. Beim Vortrag sollten Ihre ersten Sätze die Aufmerksamkeit auf Ihre Worte lenken und Interesse wecken. Acht *Aufmerksamkeitswecker* stelle ich vor:

- *Eine provokante Frage oder These:* Ist unser Gesundheitssystem noch zu retten? Notendruck statt Leistungsanreiz, Fachwissen ohne Sozialkompetenz,

Pauken im Stundentakt statt Lernen im Kontext: Unsere Schulen rufen Gegengewalt hervor.

- *Ein kurzer, anschaulicher (Erfahrungs-)Bericht, der zum Thema führt:* Ein Einführungsseminar im Fach Kunstgeschichte. Anfangs diskutieren (fast) alle 24 Studentinnen und Studenten lebhaft mit. Doch nach und nach wird die Diskussion zum „Gefecht" zweier Studenten, die schwere verbale Geschütze auffahren. Die anderen 22 hören nur noch – mehr oder minder genervt – zu. Seminaralltag.
- *Personalisieren:* Sie können einen Vortrag über die Rekrutierung politischer Eliten in der Demokratie mit einer Definition beginnen. Und Sie können mit der Frage beginnen, wie Angela Merkel, Andrea Nahles oder Sahra Wagenknecht Spitzenpolitikerinnen wurden. Ich rate zur zweiten Variante.
- *Ein aktuelles Ereignis, das zum Thema passt:* „Gestern konnte man wieder einmal fünf in den Tagesthemen etwas unbeholfen in den Räumen der Bundespressekonferenz herumstehen sehen: Professoren, die einer Ministerin eine dicke Studie überreichen. Solche Studienübergabe-Termine können nicht darüber hinwegtäuschen, dass es kaum noch Wissenschaftlerinnen und Wissenschaftler gibt, deren Wort in der Politik oder Gesellschaft Gewicht hat." (Franck 2019A) Der historische Vergleich ist nur dann erste Wahl, wenn er sehr treffend ist (oder einen Unterhaltungswert hat).
- *Eine widersprüchliche Aussage:* Wir wissen immer mehr und werden immer dümmer.
- *Ein Gedankenspiel:* Was wäre, wenn es zuerst die digitalen Computernetzwerke gegeben hätte und dann erst gedruckte Wissensspeicher auf Papier? In der digitalen Zeit war alles gut. Die Welt war effizient sortiert. Man konnte blitzschnell durch alle Texte scrollen und blieb trotzdem Herr seiner selbst, denn die absorbierten einen nicht. Dann aber kamen die jungen Revoluzzer, die Texte auf Papier druckten. Immer mehr solcher „Bücher" wurden produziert. Die Jugendlichen entfremdeten sich von ihren Eltern und entwickelten ihre eigene Sprache. Experten warnten: Die neuen Informationsspeicher seien gefährlich. Sie könnten einem auf den Fuß fallen, manche enthielten sogar gefährliche Schimmelsporen. Zudem isolierten sich die Bücherleser aus der Gemeinschaft. (Nach Groebner 2014, S. 39f.)
- *Eine Allegorie, die alle verstehen:* Der Igel hat den Wettlauf mit dem Hasen gewonnen. Das Rennen mit dem Menschen wird er verlieren, wenn wir die Natur weiter mit rasanter Geschwindigkeit dem Straßen- und Wohnungsbau opfern.
- *Ein originelles Zitat oder Motto:* Die „vermeintlich immaterielle cloud ist", desillusioniert Groebner, „nichts anderes als ein Ensemble riesiger fensterloser Gebäude an möglichst trockenen und kühlen Orten, um Strom für die Kühlung der Zehntausenden von Festplatten zu sparen." Oder: „Pressefreiheit ist

Einstimmen statt verstimmen. Klassische Fehleinstiege

Vier Fehleinstiege beobachte ich häufig – „Fehltritte", die schlechte Beispiele kopieren oder aus Verlegenheit und Unsicherheit passieren.

Entschuldigungen, Geständnisse

- „Meine Vorbereitungszeit war so kurz, dass ich nur ..."
- „Leider kann ich Ihnen einige Ausführungen über ... nicht ersparen."
- „Ich bin zwar kein guter Redner, ich will aber trotzdem versuchen ..."

Machen Sie sich und Ihr Referat nicht vorab schlecht. Das schafft kein Wohlwollen, sondern eine negativen Erwartungshaltung.

Auch das Versprechen, sich kurzzufassen, macht nicht beliebt. Die Zuhörenden wollen wissen, ob das, was geboten wird, interessant zu werden verspricht, einen Unterhaltungs- oder Nutzwert hat.

Drohungen

Vermeiden Sie Drohungen:

- „Mein Thema ist zwar außerordentlich kompliziert, dennoch ..."
- „Ich kann Ihnen einige Details nicht ersparen, weil ..."

Mein Thema

„Mein Thema lautet Personal- und Organisationsaspekte im Geschäftsprozessmanagement. Im Vordergrund steht dabei ..."

Lesen Sie bitte einmal laut: „Guten Tag, meine Damen und Herren. Mein Thema lautet ..." – Das klingt steif und langweilig. Führen Sie zu Ihrem Thema mit einigen Sätzen hin, die Interesse wecken. Start strong. „Not with a cliché ..., not with a banality ..., but with a contentful observation that provokes curiosity" (Pinker 2015, 13).

Definitionismus

„Mein Thema lautet Personal- und Organisationsaspekte im Geschäftsprozessmanagement. Im Vordergrund steht dabei die Modularisierung von Organisationsstrukturen, wobei Modularisierung mit Picot, Reichwald und Wigand verstanden wird als, ich zitiere, ‚eine Restrukturierung der Unternehmensorganisation auf der Basis ...'."

Warum sollte man sich dafür interessieren, was dieser unter jenem versteht, solange man nicht erfahren hat, warum und wofür eine Definition oder Begriffsbestimmung notwendig ist?

die Freiheit von zweihundert reichen Leuten, ihre Meinung zu vertreten." (Paul Sethe)
Zitate sind Gedanken aus zweiter Hand. Prüfen Sie deshalb kritisch, ob ein Zitat oder Motto verständlich, griffig und passend ist. Lassen Sie den „verbalen Gebrauchtwagen" stehen, wenn diese drei Kriterien nicht erfüllt sind.

Wie können Sie sicher sein, einen guten Aufmerksamkeitswecker gefunden zu haben? Prüfen Sie, ob Ihr Aufmerksamkeitswecker Brücken baut zum Vorwissen, den Erfahrungen und Interessen des Publikums.

Sie können zum Beispiel ein Referat über die effektive Organisation von Unternehmen mit dem Satz eröffnen, im Zeitalter der Globalisierung sei die „Restrukturierung der Unternehmensorganisation ein Gebot der Stunde".

Brücken bauen Sie, wenn Sie mit dem Hinweis beginnen, dass Hierarchien krank machen oder hohe Kosten verursachen. – Gesundheit und Geld interessieren fast alle.

Den Nutzen hervorheben

Stellen Sie sich bitte vor, Sie wollten für Ihren Vortrag werben: Was würden Sie in der Werbung betonen? Sie müssten überlegen: Warum sollte jemand kommen? Was ist an meinem Thema interessant? Was biete ich Neues? Worin besteht der Vorzug meiner Präsentation gegenüber einem gedruckten Text?

Sind diese Fragen geklärt, können Sie den Nutzen Ihrer Präsentation hervorheben – zum Beispiel: neue Informationen, ein kompetenter Überblick, eine originelle Problemlösung. Das sollten Sie auch in der Einleitung tun. Die meisten Menschen haben nur einen Grund, zu einem Vortrag zu gehen: Sie erwarten einen Nutzen.

Betonen Sie diesen Nutzen am Anfang. Machen Sie deutlich, was Sie zu welchem Zweck in den Mittelpunkt stellen. Hat Ihr Publikum den Eindruck, es lohnt, Ihnen zuzuhören, haben Sie seine Aufmerksamkeit und Vorschusslorbeeren. Zudem beugen Sie falschen Erwartungen vor, wenn Sie den Nutzen präzise herausstellen.

Einen Überblick geben

Eine Orientierung über den Aufbau der Präsentation erleichtert es den Zuhörenden, Ihnen zu folgen. Sagen Sie, dass sich Ihr Vortrag – zum Beispiel – in drei Teile gliedert: „Ich beleuchte zunächst das Wachstumspotenzial, die das Internet eröffnet. Dann analysiere ich die Probleme, die mit der Ausweitung des Onlinehandels verbunden sind. Abschließend skizziere ich, wie eine nachhaltigkeitsorientierte Politik auf diese Probleme reagieren könnte und sollte."

Der nächste Satz kann den Hauptteil eröffnen. Sagen Sie ausdrücklich, was folgt: „Ich beginne mit dem ersten Teil, mit dem Wachstumspotenzial des Online-Handels."

Zusammenhänge herstellen

Ist Ihr Vortrag Teil einer Vortragsreihe, sollten Sie den Zuhörerinnen und Zuhörern Hinweise geben,

- wie sich Ihr Vortrag in den Zusammenhang einordnet,
- ob und wie Ihr Beitrag einen Sachverhalt vertieft oder im Widerspruch zu dem steht, was bisher vorgetragen wurde,
- worauf Sie nicht eingehen, weil dieser oder jener Aspekt in einem der folgenden bzw. vorangegangenen Vorträge behandelt wird bzw. wurde.

Es gibt zwei Möglichkeiten, auf Zusammenhänge hinzuweisen: entweder nachdem Sie Interesse für Ihr Thema geweckt haben oder nach der Erläuterung der Vortragsziele. Für jede Variante ein Beispiel:

- Wir wissen immer mehr und werden immer dümmer *(Interesse wecken)*. Diese Feststellung widerspricht den optimistischen Aussagen über den Zuwachs an Wissen, die wir am Vormittag gehören haben *(Zusammenhänge herstellen)*. Ich will zeigen, dass mehr wissen und dümmer werden kein Gegensatz ist. Im Mittelpunkt steht der Nachweis, dass … *(Nutzen hervorheben)*.
- Wir wissen immer mehr und werden immer dümmer *(Interesse wecken)*. Ich will zeigen, dass mehr wissen und dümmer werden kein Gegensatz ist. Im Mittelpunkt steht der Nachweis, dass … *(Nutzen hervorheben)*. Ich widerspreche damit den optimistischen Aussagen über den Zuwachs an Wissen, die Frau ABC vorgetragen hat *(Zusammenhänge herstellen)*.

Begrüßen und danken

Ein Vortrag soll informativ, anregend, interessant sein. *Wie* Sie einen Vortrag beginnen, ist nicht vorgeschrieben. Wenn Sie das Wohlwollen des Publikums gewinnen wollen, das für Abwechslung dankbar ist, und Aufmerksamkeit auf sich und Ihr Thema lenken wollen, dann

Beginnen Sie originell:

Millionen sind ständig in Kontakt – online. Und fühlen sich nicht nur abends allein. Sie teilen mit, was sie shoppen und wohin sie als Nächstes gehen. Aber kein Wort, wie es ihnen wirklich geht. Die Zahl der Freunde auf Facebook ist wichtiger als die im analogen Leben.

Aufmerksamkeits-wecker

Guten Morgen, liebe Kolleginnen und Kollegen.	*Begrüßen*
Warum ist das so? Sind die inzwischen nicht mehr ganz neuen Medien daran schuld? Anders gefragt: Bezeichnen dieses Feststellungen überhaupt ein Problem oder sind sie nur wertkonservative Kulturkritik? Diese Fragen will ich beantworten und die Konsequenzen aufzeigen, die sich aus den Antworten für die Schule ergeben.	*Nutzen hervorheben*
Mein Name ist … Ich bin Doktorandin am Fachbereich Kommunikationswissenschaft der Universität Münster und koordiniere zurzeit ein Projekt über Kommunikationswandel, an dem sich Kolleginnen und Kollegen von elf Hochschulen beteiligen. Ich habe mich über die Einladung zu diesem Kongress gefreut, denn es ist eine große Chance, meine Überlegungen einem kompetenten Kreis vorstellen zu können.	*Vorstellen (danken und schmeicheln)*
Ich skizziere zunächst …	*Überblick*

Die Begrüßung muss nicht am Anfang stehen, und die Reihenfolge im vorangegangenen Beispiel ist nicht verbindlich und Schmeicheln und Danken sind kein Muss:

> 1088 wurde in Bologna die erste Universität Europas gegründet. Heute liegt sie in Trümmern. Nicht die *Università di Bologna*, nicht die schöne Stadt, sondern die Idee der Universität, die Hochschulreform, die 1999 unter dem Namen „Bologna-Prozess" auf den Weg gebracht wurde.
> Warum ist dieser Prozess so grandios gescheitert? Um Antworten auf diese Frage geht es in meinen Vortrag.
> Guten Tag, meine Damen und Herren.
> Ich werde zeigen, …

Eine Anmerkung zur *Vorstellung:* Stapeln Sie weder hoch noch tief. Understatement ist allenfalls dann angebracht, wenn man (halbwegs) berühmt ist.

Wenn Sie Einfluss darauf nehmen wollen, wie Sie vorgestellt werden, dann schicken Sie den Verantwortlichen für die Organisation der Tagung oder Konferenz eine Wunsch-Vorstellung. Schreiben Sie, was Sie bisher gemacht bzw. erreicht haben und was Sie sonst noch mitteilenswert finden. Mit diesem Text wollen Sie niemandem etwas vorschreiben, sondern nur den Betreffenden die Arbeit erleichtern.

Im Zentrum: Hauptteil

Stimmt die Einleitung, erhalten Sie von den Zuhörern einen Vorschuss. Machen Sie etwas daraus. Sollte ich vor Medizinern einen Vortrag halten, warum viele Rednerinnen mit dem Hauptteil ihren Vorschuss verspielen, würde ich den Hauptteil meines Vortrags in fünf Punkte gliedern:

1. *Anamnese:* Patient sagt viel und bringt nichts erkennbar auf den Punkt. Leistungen des Patienten und Nutzen für die Zuhörerinnen bleiben unklar.
2. *Ätiologie:* Patient weiß nicht, dass
   - seine Zuhörer ein Lexikon besitzen;
   - ein roter Faden erkennbar sein muss.
3. *Diagnose:* WIAW-Syndrom
4. *Therapie:* Mehrmals täglich zwei Sätze von Tucholsky lesen:
   - „Der Redner sei kein Lexikon. Das haben die Leute zu Hause."
   - „Was gestrichen ist, kann nicht durchfallen." (Bd. 8, S. 292)
5. *Prognose:* Bei strikter Befolgung der Therapie gute Chancen auf einen strukturierten Vortrag.

Klar strukturieren

WIAW-Syndrom ist kein medizinischer Fachausdruck, sondern die Abkürzung für eine klassische Vortragsschwäche: *W*as-*i*ch-*a*lles-*w*eiß, bringe ich auch in meinem Vortrag unter. Viele verwechseln einen Vortrag mit einem Wissensnachweis. Diese Verwechslung kann unterschiedliche Formen annehmen: Manche müssen unbedingt Rand- und Klammerbemerkungen machen:

- „Lassen Sie mich in Klammern hinzufügen, dass …"
- „Gestatten Sie mir in diesem Zusammenhang folgende Randbemerkung: …"

Andere meinen, alles und jenes müsse auf seinen historischen Ursprung zurückgeführt werden. Tucholsky:

> „Fang immer bei den alten Römern an und gib stets, wovon du auch sprichst, die geschichtlichen Hintergründe der Sache. Das ist nicht nur deutsch – das tun alle Brillenmenschen. Ich habe einmal in der Sorbonne einen chinesischen Studenten sprechen hören, der … begann zu allgemeiner Freude so: ‚Lassen Sie mich Ihnen in aller Kürze die Entwicklungsgeschichte meiner chinesischen Heimat seit dem Jahre 2000 vor Christi Geburt …' Er blickte ganz erstaunt auf, weil die Leute so lachten.

> So mußt du das auch machen. Du hast ganz recht: man versteht es ja sonst nicht, wer kann denn das alles verstehen ohne die geschichtlichen Hintergründe“ (Bd. 8, S. 291).

Viele können sich nicht von dem lösen, was für die *Erarbeitung* ihres Themas wichtig war, aber für die *Darstellung* des Themas, für die Argumentation unwichtig ist. Ihr Motto: Wenn ich mich schon mit dieser Materie beschäftigt habe, dann kommt das auch in meinem Vortrag vor. Die Folge: Der Hauptteil ist kein „Beef in the Burger“, kein saftiges „Mittelstück“ zwischen Anfang und Schluss, sondern unverdauliche Kost, die auf wenig Begeisterung stößt.

Deshalb: Ob Sie informieren, analysieren, Vorschläge machen, vergleichen, bewerten oder Lösungen präsentieren – es kommt darauf an, das Wesentliche in den Mittelpunkt zu stellen. Prüfen Sie deshalb jede Information, ob sie

- notwendig ist, weil sie zum Verständnis der Sache beiträgt,
- Ihre Argumentation stützt (oder die Argumentationslinien verdeckt),
- den Ertrag Ihrer Ausführungen und den Nutzen für die Zuhörerinnen und Zuhörer deutlich macht,
- last, but not least: Ihre Leistungen erkennbar werden lässt.

Auch wenn es schwerfällt, sich von Formulierungen zu trennen, um die man hart gerungen hat: Meistens gewinnen Vorträge, wenn sie gekürzt werden. Weniger ist oft mehr. In den Worten von Voltaire: „Alles sagen zu wollen, ist das Geheimnis der Langeweile.“

Wegweiser aufstellen

Streichungen schaffen Platz für Wegweiser, die darüber informieren, wo Sie gerade sind, wie es weitergeht und wohin es geht.

Nicht genügend Informationen enthält folgender Wegweiser: „Ich komme zum zweiten Punkt“ (zur dritten Frage, zum vierten Teil). Wenn Sie wandern, reicht es Ihnen nicht, wenn auf einem Wegweiser steht: „Hier geht es weiter“. Sie erwarten den Hinweis, „Hier geht es nach ABC“. Zuhörerinnen und Zuhörer erwarten bei Vorträgen Hinweise wie diese:

- „Was kennzeichnet diesen Vorschlag? Zum einen ein verkürztes Verständnis von Personalentwicklung und zum anderen ein Mangel an perspektivischem Denken. Was meine ich mit verkürztem Verständnis von Personalentwicklung?“
- „Ich komme zur dritten Frage, zum Zusammenhang von Arbeitsmotivation und Personalfluktuation. Ich untersuche zwei Aspekte: 1. Wie … 2. Warum … Zunächst zur Frage nach dem Wie.“
- „Der These der Unternehmensverbände, Bildung sei für Hochschulen im Zeitalter der Globalisierung kein sinnvoller Auftrag mehr, wird vor allem von … widersprochen. Auf ihre Argumente gehe ich nun näher ein.“

Ein Manuskript ist keine Schande, sondern ein legitimes Hilfsmittel.
Wenn Sie es nicht vermeiden können, bestimmte Passagen abzulesen, achten Sie darauf, Pausen nicht nur nach Satzzeichen zu machen.
Lesen Sie den letzten Satz bitte einmal laut, und machen Sie nach jedem Komma eine kleine Pause. Sie merken: Das klingt abgelesen.
Gesprochene Sprache klingt etwa so: Wenn Sie es nicht vermeiden können bestimmte Passagen abzulesen / achten Sie darauf / Pausen / nicht nur / nach Satzzeichen zu machen.
Sprechpausen stimmen nicht mit der Zeichensetzung überein. Über manche Kommata sprechen wir hinweg und machen dafür an Stellen eine kleine Pause, an denen kein Satzzeichen steht.
Wenn Sie einen längeren Text zitieren, können Sie so den Blickkontakt mit dem Publikum beibehalten:

1. Zitat mit Blickkontakt ankündigen,
2. Zitat langsam vortragen,
3. mit Blickkontakt auf das Ende des Zitats hinweisen.

Happy End: Schluss

Was zuletzt gesagt wird, wirkt meist am längsten nach. Geben Sie sich deshalb besondere Mühe mit dem Schluss.

Zunächst: Der Schluss muss wirklich der Schluss sein. Alles hat ein Ende. So mancher Vortrag hat zwei: Der Redner kündigt an, „ich komme zum Schluss" – und redet munter eine Viertelstunde weiter.

> „Kündige den Schluß deiner Rede lange vorher an, damit die Hörer vor Freude nicht einen Schlaganfall bekommen … Kündige den Schluß an, und dann beginne deine Rede von vorn und rede noch eine halbe Stunde. Dies kann man mehrere Male wiederholen." (Tucholsky Bd. 8, S. 292)

Halten Sie den Schluss Ihres Vortrags schriftlich fest. Verlassen Sie sich nicht darauf, dass Ihnen ein guter Schluss spontan einfällt. Oft kommt dann nicht mehr heraus als Entschuldigungen oder Hoffnungsfloskeln:

- „Ich danke Ihnen für Ihre Aufmerksamkeit."
- „Ja, das war eigentlich schon das Wichtigste. Vielen Dank für Ihre Aufmerksamkeit."
- „Nun habe ich Eure Geduld schon genug strapaziert."
- „Ich habe leider vieles nur anreißen können."
- „Ich hoffe, ich konnte dazu beitragen, …".

Am Ende des Vortrags steht zunächst eine kurze Zusammenfassung der Hauptgedanken:

- Ich fasse zusammen. Mir ging es erstens um …, zweitens um … und drittens um …
- Zusammengefasst: Ich habe gezeigt, dass erstens …, dass zweitens … und dass schließlich …

Wie Sie im Anschluss an diese Zusammenfassung wirksam schließen können, hängt vom Ziel und Inhalt des Vortrags ab. Versuchen Sie eine „Take-home-message" zu formulieren, die den Vortrag auf den Punkt bringt. Das kann eine Schlussfolgerung, ein Ausblick, ein einprägsames Bild, ein Leitgedanke bzw. Motto sein. Zwei Beispiele, die an die Einleitung anknüpfen (vgl. Seite 176):

- „Angesichts der anhaltenden Medienkonzentration ist Paul Sethes Feststellung, Pressefreiheit sei die Freiheit von *zweihundert* reichen Leuten, heute eine Erinnerung an gute alte Zeiten."
- „Alle Fakten sprechen also dafür, dass eher ein Kamel durch ein Nadelöhr gelangt, als dass die Parteien bereit sind, unser Gesundheitssystem zukunftstauglich zu reformieren."

Die folgenden Sätze haben Teilnehmerinnen meiner Seminare nach einer Übungssequenz über den Schluss eines Vortrags formuliert:

- „Der Autor appelliert also an das Herz aller Gutmütigen und an den Verstand aller Einfältigen. Die große Schnittmenge beider Gruppen erklärt seine Verkaufserfolge."
- „Jean Paul meinte vor 200 Jahren, Humor sei ‚überwundenes Leiden an der Welt'. Wenn diese Feststellung zutrifft, dann müssen Dieter, Mario, Ingo und die anderen Mitglieder der deutschen Comedy-Familie eine glückliche Kindheit und Jugend gehabt haben."

Den Auftritt proben

Rehearsal ist das englische Wort für die Probe im Theater. Streichen Sie die letzten drei Buchstaben und Sie haben eine Probeanleitung: rehear. Hören Sie sich Ihren Vortrag viermal an. Dann „sitzt" er. Versuchen Sie nicht, das Referat auswendig zu lernen, sondern sprechen Sie ihn sich viermal laut vor, und prüfen Sie,

- ob Sie die vorgegebene Zeit einhalten. Sie können über alles reden – aber nie länger als 45 Minuten;
- ob an bestimmten Stellen Formulierungen verunglücken oder Sätze geschraubt klingen;

- ob die Übergänge stimmen und verständlich sind;
- ob Sie Beispiele und Fragen, den Anfang und das Ende frei sprechen können.

Die Sprechprobe erfüllt drei Funktionen:

1. Sie ist Voraussetzung, um an der Präsentation gezielt feilen zu können, ihr den letzten Schliff zu geben.
2. Sie dient dazu, sich mit dem Manuskript wirklich vertraut zu machen: Pausen zu „sehen", Anschlüsse mühelos zu „finden".
3. Im Kopf entstehen „Klangbilder": Für viele Formulierungen brauchen Sie nicht ins Manuskript zu schauen, über bestimmte Übergänge müssen Sie nicht mehr nachdenken. Sie entstehen „wie von selbst", und sie klingen nicht – wie auswendig Gelerntes – steif.

Diese Phase der Vorbereitung ist Teil der Arbeit am Vortrag. Wer sich keine Rehear-Time nimmt, ist unzureichend vorbereitet. Geschliffene Vorträge sind wohltuend, weil das Geräusch des Schleifens bereits verklungen ist.

Und der Dank für die Aufmerksamkeit? Der ist nicht notwendig; schließlich haben Sie etwas geboten. Und er ist einfallslos. „Ich danke Ihnen für Ihre Aufmerksamkeit" signalisiert: Zu einem runden Schluss hat es nicht gereicht (bitte applaudieren Sie trotzdem).

Wenn Sie befürchten, das Publikum würde ohne das obligatorische „Vielen Dank für Ihre Aufmerksamkeit" nicht merken, dass der Vortrag zu Ende ist, können Sie mit folgender Formulierung das Vortragsende ankündigen: „… und damit komme ich zum letzten Satz" (oder „mit dieser Feststellung schließe ich").

Ich schließe diesen Abschnitt mit einer „Bedeutungsskala", die nochmals unterstreichen soll, wie wichtig die Einleitung und der Schluss für den Gesamteindruck sind, den man hinterlässt.

Vortrag	Anteil am Vortrag	Anteil an der Gesamtbewertung
Einleitung	1/10 (max. 2/10)	1/3
Hauptteil	8/10 (7/10)	1/3
Schluss	1/10	1/3

Abbildung 27: Umfang und Bedeutung von Einleitung, Hauptteil und Schluss einer Präsentation

Vom Umgang mit kleinen Missgeschicken

Was Sie über Körpersprache bei einem Vortrag, einer Rede oder Präsentation wissen sollten, erläutere ich im Kapitel → *Nonverbale Kommunikation*. Im Folgenden geht es um kleine Vortragspannen. Die Frage lautet: *Und wenn ich …*

… mit einem Satz nicht zurechtkomme?

Niemand spricht fehlerfrei. Es ist kein Drama, einen Satz mit kleinen Verstößen gegen die Grammatik zu beenden. Sprechen Sie weiter, sofern problemlos zu verstehen ist, was Sie meinen. Sie können auch (ohne Entschuldigung) das entsprechende Wort verbessern.

Kommen Sie mit Ihrem Satz nicht mehr klar, brechen Sie ihn ab und fangen neu an. Sie können schlicht sagen: „Ich beginne den Satz noch mal neu." Oder Sie bluffen ein bisschen:

- „Ich möchte es besser formulieren."
- „Präziser ausgedrückt …"
- „Genauer gesagt …"

Der Bluff wird durchschaut, wenn Sie solche Formulierungen oft verwenden. Beugen Sie vor: Formulieren Sie kurze Sätze.

… rot werde?

Akzeptieren Sie es! Wenn es gelingt, das Rot-Werden nicht so wichtig zu nehmen, verringert sich das Problem mit der Zeit deutlich. Haben Sie während des Vortrags den Eindruck, Sie würden einen knallroten Kopf bekommen, fragen Sie im Anschluss einen Kommilitonen oder eine Freundin, ob er oder sie das bemerkt hat. Häufig täuscht der eigene Eindruck. Sie meinen, Ihr Kopf glüht, doch Ihr Publikum nimmt allenfalls ein leichtes Erröten wahr.

… zu leise rede?

Dagegen gibt es ein Mittel: üben, lauter zu reden. Gehen Sie nicht mit einem Tadel an den Start: Fordert man Sie nach den ersten Sätzen auf, „Sprich bitte lauter", ist der beste Anfang verpatzt.

An unserer Stimm*lage* lässt sich nur wenig ändern. An unserer *Lautstärke* können wir arbeiten.

… mich verspreche?

Gehen Sie über kleine Versprecher hinweg, die den Sinn der Aussage nicht entstellen. Niemand ist perfekt. Wird der Sinn entstellt, korrigieren Sie sich ohne Entschuldigung: „Ich meine natürlich nicht Finanz*krise*, sondern Finanz*kreise*."

Mit der Größe des Wortschatzes nimmt die Wahrscheinlichkeit zu, sich zu versprechen. Betrachten Sie deshalb einen klassischen Versprecher – *hormonisch* leben – als Kompliment. Wenn Ihnen das *endliche Amtsergebnis* passiert, wenn Sie *im Fischen trüben* oder vom *Kalb um den goldenen Tanz* sprechen – merkt es niemand. Oder Sie haben für einen Moment der Heiterkeit gesorgt. Das ist erfreulich. Und deshalb besteht kein Anlass, sich hektisch zu korrigieren; zumal aus der *h-Meß-Molle* leicht die *h-Moß-Melle* wird.

… Dialekt spreche?

Freuen Sie sich! Vielen ist eine Dialektfärbung sympathisch. Ein Dialekt stört nur dann, wenn die Verständlichkeit beeinträchtigt wird.

… nicht das treffende Wort finde?

Das kommt vor. Setzen Sie mit einer Umschreibung oder einem anderen treffenden Wort Ihre Rede fort. Gelingt Ihnen das nicht, sagen Sie: „Mir fehlt das treffende Wort." Sie werden sehen, Sie bekommen Hilfe von den Zuhörenden – und haben aus der „Not" eine Dialogsituation gemacht, Ihr Publikum aktiviert.

Sie können es auch „eleganter" sagen: „Wie kann es ich treffend formulieren?" – und sich so eine Denkpause verschaffen.

… den roten Faden verliere?

Das ist keine Katastrophe. Ihre Zuhörerinnen und Zuhörer wissen nicht, was Sie als Nächstes sagen wollen. Und sie registrieren auch nicht jeden kleinen Fehler im Ablauf. Ist der Faden gerissen, entsteht eine kleine Pause. Nur Sie wissen: Diese Pause tritt deshalb ein, weil Sie stecken geblieben sind.

Schauen Sie auf Ihr Manuskript, wie es weitergeht. Suchen Sie in aller Ruhe die Anschlussstelle. Es ist üblich, und so wird es auch von den Zuhörenden registriert, nach einer gewissen Zeit der freien Rede einen Blick auf die Vorlage zu werfen, um sich zu vergewissern, was als Nächstes angesprochen werden soll.[22]

Ein anderes Mittel, den Anschluss wiederzufinden, sind (Zwischen-)Zusammenfassungen:

- „Ich fasse diesen Punkt kurz zusammen."
- „Ich möchte noch einmal betonen …"

… etwas vergessen habe?

Ihr Publikum weiß nicht, was Sie alles sagen wollten. Ihm fällt also auch nicht auf, dass Sie etwas weggelassen haben. Wenn Sie ein zentrales Argument, eine

22 In meinen Seminaren haben Teilnehmerinnen und Teilnehmer nach einem Blackout meist den Eindruck, dieser hätte „ewig" gedauert. Die Videoaufnahmen zeigen: „Ewig" war zwei oder drei Sekunden.

wichtige Passage übersprungen haben, tragen Sie diesen Punkt bei passender Gelegenheit – aber nicht in der Zusammenfassung – nach:

- „Ein wichtiger Gesichtspunkt fehlt noch …"
- „In diesem Zusammenhang ist zu ergänzen …"
- „Dabei ist allerdings zu berücksichtigen, und das habe ich bisher noch nicht getan, dass …"

Und wenn Sie durch Fragen unterbrochen werden? Dann können Sie …

- die Fragen beantworten oder übergehen,
- darauf hinweisen, dass Sie Fragen erst im Anschluss an den Vortrag beantworten möchten,
- versprechen, die Frage im Laufe des Vortrags zu beantworten.

Zum Weiterlesen

Martin Hartmann, Rüdiger Funk, Horst Nietmann: Präsentieren. 10. Aufl. Weinheim und Basel: Beltz 2018

Schriftlich kommunizieren

Nur mit Worten auskommen: Briefe und E-Mails

Es wird mehr geschrieben, seit man mit (fast) aller Welt kommunizieren kann. Zunehmend mehr Menschen erleben die Möglichkeiten zur Kommunikation ohne Grenzen als grenzenlose Zumutung. Es wird viel darüber geschrieben, dass zu viel geschrieben wird, Informationen uns überfluten.

Kein Fortschritt ohne Risiko. Niemand nahm vor zwanzig Jahren seine Post mit zu einer Verabredung, um sie während des Gesprächs zu bearbeiten. Heute wird das mobile Postfach auf den Restaurant-Tisch gelegt und stets im Auge behalten. *WhatsApp* könnte sich melden oder eine SMS eingehen.[23]

Diese Gewohnheit ist für Schmid ein Symptom für die Tendenz, das Leben ins Netz zu integrieren und nicht das Netz ins Leben (2007, S. 165) – und „so wird das Selbst zum Cyborg, zum ‚kybernetischen Organismus', der sich in endlosen Verknüpfungen, in Myriaden von Möglichkeiten der Information und Kommunikation verliert, die pausenlos verfügbar sind, deren verführerische Präsenz jedoch jede Wirklichkeit unterläuft" (ebd.).

Wie (kultur-)kritisch auch immer man *WhatsApp*, Social Media, Internet und beurteilt: Die geschriebene Sprache gewinnt an Bedeutung. Kommunikation in der Online-Welt erfolgt überwiegend textbasiert. Das ist eine Herausforderung, derer sich viele nicht bewusst sind, wie ein Blick ins elektronische Postfach, in Blogs oder auf *Facebook*-Seiten zeigt.

Schriftliche Kommunikation muss sich vollständig aufs Wort verlassen. Missverständnisse können, anders als im Gespräch, nicht umgehend aufgeklärt werden. Im Gespräch kann man sehen, ob sich der Gesprächspartner nicht wohlfühlt oder über eine Aussage irritiert ist. Eine SMS bietet diese Möglichkeit nicht. Am Telefon können wir Freude, Ärger oder Verwunderung der Gesprächspartnerin hören. Eine E-Mail ermöglicht das nicht. Wir sind auf das Wort angewiesen.[24]

Das ist bei klassischer Korrespondenz nicht anders. Sie ist sehr häufig *Sachbearbeitung* statt Kommunikation. Wie professionelle Korrespondenz gelingt, ist Thema der folgenden Seiten.

23 Die *Telekom* rät in ihren *101 Leitlinien für die digitale Welt:* „Lege Dein Handy im Restaurant immer mit dem Display nach unten auf den Tisch. Sobald eine Tischdecke aufliegt, sollte das Telefon in der Tasche bleiben" (2010, Leitlinie 45). An anderer Stelle heißt es: „Aktiviere vor einem Rendezvous den ‚Romantik-Modus' Deines Handys: Schalte es aus." (Leitlinie 90)

24 Emoticons (Smileys) sind der, allenfalls in privaten E-Mails akzeptable, ungelenke Versuch, Gefühle auszudrücken.

Empfängerorientiert und individuell: Briefe

Briefe sind ein wichtiges Kommunikationsmittel. Sie enthalten, wie jede → *Kommunikation,* mehrere Dimensionen. Nehmen wir als Beispiel folgende Eingangsbestätigung, die eine Universität in Süddeutschland verschickte:

> **„Ihre Bewerbung um ...**
> **Hier: Eingangsbestätigung**
>
> Sehr geehrte Frau ...,
>
> die Bewerbungsunterlagen für die o. g. Stelle sind hier am 02.09. 2... eingegangen.
> Zu gegebener Zeit erhalten Sie weitere Nachricht.
>
> Mit freundlichen Grüßen
> Köhn
> Verwaltungsangestellter"

Dieser Zwischenbescheid informiert nicht nur, dass die Bewerbung eingegangen ist. Neben dieser Sachaussage signalisiert der Verzicht auf einen Dank:

- *Sie haben mir Arbeit gemacht (Beziehungsaspekt);*
- *an unserer Hochschule kümmert sich niemand darum, dass Bewerberinnen freundlich behandelt werden (Selbstauskunft).*

Der Hinweis, „Zu gegebener Zeit erhalten Sie weitere Nachricht" bringt zum Ausdruck: *Verschonen Sie mich mit Fragen* (Appell).

Das ist Sachbearbeitung, die den Absender in ein schlechtes Licht rückt. Wenn Ihre Briefe eine andere Wirkung erzielen sollen, dann kommt es vor allem darauf an, dass die *Schreibperspektive* stimmt und Ihr Brief ein *individueller Brief* ist statt einer Aneinanderreihung von Textbausteinen aus dem letzten Jahrhundert.

Die richtige Schreibperspektive wählen

Der Verwaltungsangestellte Köhn hat getan, was ihm aufgetragen wurde – aus seiner Sicht lästige Sachbearbeitung.

Schriftliche Kommunikation kann gelingen, wenn man die richtige Schreibperspektive wählt: die der Empfängerinnen und Empfänger. Geschieht dies nicht, können kuriose Briefe entstehen – wie der folgende Brief einer Betreuungseinrichtung an eine Patientin:

„Betreuungspauschale

Sehr geehrte Frau …,

die Betreuungskosten wurden ab dem 01.05.2… von 186,45 € auf 180,54 € geändert. Sie haben jedoch für die Monate Mai bis August noch 186,45 € bezahlt. Somit ergibt sich eine Überzahlung in Höhe von 23,64 €.
Wir bitten Sie, in Zukunft nur noch 180,54 € zu überweisen und die Überzahlung bei Ihrer nächsten Zahlung zu verrechnen.
Für Ihr Bemühen danken wir Ihnen im Voraus und verbleiben

mit freundlichen Grüßen“

Die Buchhalterin, die diesen Brief schrieb, hatte nur die Arbeit vor Augen, die ihr dieser Brief macht, nicht die Perspektive der Patientin. So wird aus einer guten Nachricht ein Vorwurf: „Sie haben jedoch …“ Die Kosten wurden nicht *gesenkt*, sondern „geändert“, und die Patientin hat kein *Guthaben*, sondern sich einer „Überzahlung“ schuldig gemacht.

Nimmt man die Perspektive der Patientin ein, entsteht ein völlig anderer Brief:

Weniger Kosten für eine gute Betreuung

Guten Tag, Frau …,

ich habe eine gute Nachricht für Sie: Zum 1. Mai 2… wurden die Betreuungskosten von 186,45 € auf 180,54 € gesenkt.
Da Sie von Mai bis August noch den alten Betrag überwiesen haben, beträgt Ihr Guthaben bei uns 23,64 €.
Bitte ziehen Sie diese Summe bei der nächsten Überweisung ab.

Mit freundlichen Grüßen

Leben in Briefe lassen

Würde ich das in einem Gespräch auch so sagen? Diese Frage ist eine gute Leitlinie für Korrespondenz. Würde ich ohne „Guten Tag“ eine Mitarbeiterin fragen: „Haben wir schon das Angebot der Schaub AG?“ Würde ich einen Freund ohne ein „Hallo“ direkt bitten, mir 5 Euro zu leihen? Um zu wem würde ich „Guten Tag“ und zu wem „Hallo“ sagen?

Vor einigen Jahren ließ ein Jura-Professor aus Gießen die Studierenden wissen, dass er Mails nicht mehr beantwortet, in denen er mit „Hallo“ angeredet wird (Belz 2011). Wahrscheinlich wären die Studierenden, die ihm Hallo-Mails schrieben, nie mit einem „Hallo“ in seine Sprechstunde gekommen, sondern hätten „Guten Tag Herr Gutzeit“ oder „Guten Tag Herr Professor Gutzeit“ gesagt.

Manche Studierende schaffen den Transfer von der mündlichen in die schriftliche Kommunikation nicht. Das ist kein Ausdruck von Respektlosigkeit oder Unhöflichkeit, sondern „schlichte Unkenntnis sprachlicher Normen“ (Kutter 2012).

Gegen „Guten Tag Herr Professor“ hätte der Professor aus Gießen sicher nichts einzuwenden. Die Professoren, die auf „Sehr geehrter“ bestanden, sind emeritiert. Mein *Guten Tag*-Vorschlag steht für das Prinzip, Leben in Korrespondenz zu lassen. Sprache ist lebendig. Deshalb sollte Korrespondenz es auch sein.

Viele schleppen noch Formulierungen aus dem letzten und vorletzten Jahrhundert mit sich herum: Textbausteine, aus denen steife, leblose Briefe ohne einen Anflug von Individualität zusammengestellt werden. Man beginnt zum Beispiel ganz automatisch mit „in der Anlage“ oder „anbei“ oder „Bezug nehmend auf Ihr Schreiben vom …“ – und es entsteht ein bürokratischer Einstieg, der uns schon unzählige Male zugemutet wurde.

Dabei geht es mühelos anders: Man muss nur eigene – alltagsnahe – Formulierungen wählen:

- „Vielen Dank für Ihr Interesse. Gerne schicken wir Ihnen Information über …“
- „Über Ihr Interesse an unseren Pflegeeinrichtungen haben wir uns gefreut. Ihren Wunsch, sich persönlich einen Eindruck zu verschaffen, erfüllen wir gerne.“

Ich sage nie *LOL* (Laughing Out Loud) oder *MfG* (Mit freundlichen Grüßen). Deshalb schreibe ich auch nicht im Netzjargon – auch keine SMS. Ich würde in einem Gespräch sagen:

- *Wir kommen am Samstag* – statt: „Unsererseits steht einem Besuch nichts im Wege“.
- *Ich bin für Dich da* – statt: „Ich stehe zur Verfügung“; wir „hoffen *gedient* zu haben“; ein Relikt aus der Feudalzeit.
- *Vielen Dank* – statt: „Ich darf mich für … bedanken“
- *Wie gesagt* – statt: „w. g.“; deshalb kommen *o. g.* oder *u. g.* in meiner Korrespondenz nicht vor.
- *Ich bitte Sie* – statt: „Ich bitte Sie höflichst“; bitten ist höflich.
- *Ich schicke Dir* – statt: „übersenden“.

Ein Telefongespräch beende ich mit „ein vergnügtes Wochenende“ oder „viele Grüße an Ihre Frau“, „gute Reise“ oder „einen schönen Abend“. Ich „verbleibe“ nie – auch nicht mit *freundlichen Grüßen*.

So halte ich es auch mit Briefen: Ich schließe nicht mit „Hochachtungsvoll“ oder „Mit freundlichen Grüßen“; das sind Grußformeln. *Formel* bedeutet: Ich muss nicht nachdenken. Und das ist eine unausgesprochene Beziehungsaussage: Der Empfänger ist mir keine eigene Formulierung wert. Für alle Empfängerinnen genügen die *freundlichen Grüße*. Kommunikation sollte formelfrei sein. Schriftliche auch.

Last, but not least: Frauen sind keine Männer. Wenn der Kunde eine Kundin ist und unter den sehr geehrten Herren viele Damen sind, dann ist ein Brief ebenso misslungen wie eine Mitteilung an alle Studenten, in der die Studentinnen nicht vorkommen. Frauen wollen nicht mitgemeint sein, sondern angesprochen werden – als Kundin und als Studentin oder Kollegin. Frauen lassen sich auch nicht mehr damit abspeisen, lediglich in der Anrede als Frau angesprochen zu werden. Sie wollen auch im Text als Expertin oder Spenderin usw. vorkommen. Deshalb sollte von Spenderinnen und Spendern die Rede sein.

Es bedarf „nur ein wenig Mühe, um geschlechtergerecht zu formulieren ohne die Lesbarkeit zu beeinträchtigen[25]:

- Geschlechtsneutrale Formulierungen: Reisende und Freiwillige, Studierende und Lehrende, Fachkraft und Fans.
- Ein wenig Fantasie: Alle, die diesen Ansatz kritisieren … (statt: Alle Kritiker …); wer den Sozialstaat verteidigt (statt: Die Verteidiger des Sozialstaates …).
- Man wechselt, wie in diesem Buch, zwischen männlichen und weiblichen Bezeichnungen: Der Student und die Professorin, der Doktorand und die Forscherin.
- Das Binnen-I“ (Franck 2019).

Schnelle Briefe: E-Mails. Ein Dutzend Empfehlungen

Mit elektronischen Briefen kann man Zeit und Geld sparen – und nerven. Das spricht für einen sorgfältigen Umgang mit diesem Medium. Nur für private Mails gilt die Regel: Erlaubt ist, was gefällt. Geschäftspartnerinnen, Kunden, Kolleginnen und Vorgesetzte erwarten eine angemessene Kommunikation: Höflichkeit und Sorgfalt. Als besonders störend wird der Verzicht auf Anrede, Gruß und das laxe „Hi“ oder, „Hallo“ empfunden.

Ein professioneller Umgang mit E-Mails erfordert Klarheit darüber, welche Funktion eine E-Mail erfüllen soll – ersetzt sie den konventionell verschickten Brief oder ein Gespräch bzw. Telefonat? Und die Beachtung einiger Netz-Etikette.

25 Warum die Mühe nicht nur aus pragmatischen Gründen lohnt, begründen Henning Lobin und Damaris Nübling, die eine geschlechtergerechte Sprache für eine „demokratische Pflicht“ ansehen (2018, S. 11).

Damit das Plus ein Plus bleibt: Zurückhaltung mit Füllwörtern, Ausrufe- und Fragezeichen

E-Mails ersetzen häufig Telefonate oder bei virtueller Teamarbeit die Diskussion in einer Gruppe. Das kann ein Plus sein. Etwa dann, wenn man eine Frage an einen Kollegen hat, dieser aber gerade telefoniert oder nicht an seinem Platz ist. Man schickt ihm eine kurze E-Mail. Die kann gründlich daneben gehen: Der Absender setzt zwei Fragezeichen hinter seine Frage, um auszudrücken, dass ihm die Antwort wichtig ist, und die Empfängerin interpretiert diese Fragezeichen als Vorwurf oder Befehl. Oder: Frau Stern kann Herrn Frey nicht erreichen. Sie schickt eine E-Mail an alle Kolleginnen und Kollegen: „Weiß jemand, wo Herr Frey ist?" Die Frage liest sich anders, wenn Frau Stern schreibt: „Weiß jemand, wo Herr Frey ist???" Ob ein, zwei oder drei Fragezeichen: Herr Frey wird über diese Suchaktion nicht erfreut sein. – Was tun?

- Schreiben Sie nur das, was Sie dem Empfänger auch unter vier Augen sagen würden.
- Seien Sie zurückhaltend mit Füllwörtern; schreiben Sie zum Beispiel nicht: „Ich würde *wirklich* gerne wissen, warum dieser Termin nicht eingehalten wurde."
- Nie mehr als ein Ausrufe- oder Fragezeichen setzen.
- Erst am nächsten Tag fragen, ob jemand ein WG-Zimmer für den neuen Praktikanten hat, wenn bereits drei hausinterne Mails vom Typ „Ich vermisse meine Tasse mit den Eulen" verschickt wurden. Nur wenige Kolleginnen schmunzeln auch noch über die vierte Mail dieser Art am Tag.

Vor allem jedoch: (Wieder) öfter das persönliche Gespräch suchen, zum Telefonhörer greifen. Das schont Augen und Nerven.

Netiquette: Nachfragen ersparen, Nerven schonen

Vertrauliche Daten und Informationen gehören nicht in eine E-Mail. *Wichtiges* sollte, wenn es geht, persönlich gesagt werden. Was ist noch zu beachten, um nicht gegen Netz-Etikette zu verstoßen, professionelle E-Mails auf den Weg zu bringen?

- Prüfen Sie, ob die E-Mail wirklich notwendig ist: Lautet die Antwort „Nein", lassen Sie das Schreiben sein.
- *Schreiben Sie korrekt:* Für geschäftliche E-Mails gelten die gleichen Regeln wie für andere Formen der Geschäftskorrespondenz: Eine höfliche Anrede und

ein freundlicher Gruß sind ebenso selbstverständlich wie die Einhaltung der Rechtschreib- und Grammatikregeln. Eine E-Mail mit vielen Tippfehlern ist unhöflich. Abkürzungen, die im privaten Chat oder in SMS-Nachrichten üblich sein mögen, gehören nicht in dienstliche oder geschäftliche E-Mails.

- *Schreiben Sie verständlich und präzise, so kurz wie möglich und so vollständig wie nötig:* So ersparen Sie anderen Nachfragen und vermeiden, dass Ihre Mail im virtuellen Papierkorb landet.
- *Formulieren Sie einen aussagekräftigen Betreff:* Wer täglich viele Mails erhält und sich vor Viren schützen möchte, entscheidet auch anhand des Betreffs, ob er eine E-Mail öffnet oder ungelesen löscht.
- *Machen Sie sich nicht wichtig:* Weisen Sie Ihren E-Mails häufig hohe Priorität zu, gelten Sie bald als Wichtigtuer. Hohe Priorität sollte daher die Ausnahme sein.
- *Nerven Sie nicht:* Die Bitte um Empfangsbestätigung wirkt großspurig und nervt viele Empfängerinnen. Diese Bitte sollte nur in Ausnahmefällen geäußert werden.
  E-Mails sollen Zeit sparen und die Arbeit erleichtern. Das Gegenteil ist der Fall, wenn Informationen angefordert werden, aber keine Anschrift angegeben wird. Liegen die gewünschten Informationen nur in gedruckter Form vor, muss zunächst nach der Postanschrift gefragt werden. Das ist lästig.
- *Gehen Sie sorgfältig mit Anhängen um:* Wenn man nicht sicher ist, dass der Empfänger über eine schnelle und belastbare Datenverbindung verfügt, sollten Dateianhänge nicht größer als 12 MB sein. Dateien sollten in Formaten verschickt werden, die keine Viren übertragen und für die kostenlose Programme angeboten werden – zum Beispiel PDF.
  Der Inhalt des Anhangs sollte in der Mail kurz erläutert werden, damit die Empfängerin entscheiden kann, ob sie den Anhang sofort oder später öffnen möchte.
- *Keine CC-Manie:* Die Funktionen *Carbon Copy* ist nützlich, weil ohne große Mühe viele Menschen informiert werden können. Aber ist das immer erforderlich und von den Empfängerinnen gewünscht? Wer oft mit vielen Adressen im CC-Feld mailt, macht sich unbeliebt – zumal dann, wenn CC Kritik verschickt wird.
- *Verschicken Sie Informationen:* Wer viele Menschen mit einer E-Mail informieren will, sollte darauf achten, Informationen zu verschicken – und nicht die Adressen aller Empfänger: Es ist indiskret, E-Mail-Adressen breit zu streuen. Und eine lange Empfängerliste ist lästig, wenn man eine Mail ausdruckt.
- *Zahlen Sie nie mit „gleicher Münze heim“:* E-Mails verleiten eher als der klassische Brief, der mehr Aufwand bedeutet, zu schnellen Reaktionen – und die sind manchmal unüberlegt. Deshalb: Drehen Sie nicht mit an der Eskalationsschraube, wenn Sie unsachlich kritisiert werden.

- *Verschicken Sie keine schlechten Nachrichten:* Überbringen Sie schlechte Nachrichten im Gespräch. Seien Sie zurückhaltend mit Kritik: Der Mail-Anpfiff wird unangenehmer empfunden als mündliche Kritik. Leiten Sie zudem nie E-Mails an Dritte weiter, in denen Konflikte angesprochen werden.

Zum Weiterlesen

Norbert Franck: Schreiben wie ein Profi. 5. Aufl. Frankfurt/Main: Bund-Verlag 2011

Small Talk

Small kann beautiful sein

Der Schriftsteller Ferdinand von Schirach bekannte in einem Interview mit dem Magazin der Süddeutschen Zeitung, wenn er zu einer „offiziellen Einladung" müsse, sei ihm „alles daran unangenehm: die Fotografen, das Händeschütteln, der Smalltalk" (Haberl 2014, S. 17).

Der Small Talk hat keinen guten Ruf. Die „beiläufige Konversation" (so der *Duden*) wird als „oberflächliches", als „nichtssagendes" Gespräch abgetan. Die kleine Plauderei habe keinen Informationsgehalt und führe zu nichts. Manche derer, die das Kurzgespräch als zu „leichtfüßig" ansehen und lieber „beredt" oder „vielsagend" schweigen, wünschen sich heimlich, besser smalltalken zu können.

Dem Vorbehalt mag das unfreiwillige Mithören vieler unsäglicher Smartphone-Unterhaltungen zugrunde liegen, denen wir kaum noch entgehen können. Auf jeden Fall liegt ihm ein Missverständnis zugrunde.

Worum geht es?

Tilman Spengler hat sehr gekonnt auf einen Mangel hingewiesen:

> „Unsere Gesellschaft und Wirtschaft offerieren ihren Subjekten mannigfaltige Möglichkeiten, ein gefälliges Bild ihrer selbst zu entwerfen oder entwerfen zu lassen.
> Aber nachdem scheinbar alles gerichtet ist, die Frisur, die Bügelfalte, die Tischblumen, nachdem der Personal Trainer fürstlich entlohnt, das Aftershave gewandt einmassiert wurde, kommt es unweigerlich zu einer Situation, auf die uns keine herkömmliche Erziehung vorbereitet hat … Wir müssen den Mund aufmachen und ein Gespräch führen.
> Ein Gespräch!
> Bedenkt man allein die Beträge, die seit undenklichen Zeiten Jahr für Jahr in Deutschland für die Erhaltung des Zahnbestandes ausgegeben werden, für die sozusagen schlicht materiellen Voraussetzungen einer Konversation, und vergleicht man diese Summe mit den Investitionen in die Kunst der Unterhaltung, wird deutlich, worin das Problem liegt. Alle Gelder gehen, marxistisch gesprochen, in die Basis, nichts bleibt für den Überbau.
> Das ist nicht nur ein deutsches Problem, es ist aber ein in Deutschland besonders garstiges Problem." (2009, S. 9 f.)

„Sehr gekonnt", mein Kompliment für Spenglers Formulierungskunst, ist ein zentrales Moment gelungenen Small Talks: anderen eine Freude zu machen. Beim Small Talk geht es nicht in erster Linie um den Informationsgehalt des Gesagten, sondern um *Aufmerksamkeit* für die Gesprächspartnerin, den Gesprächspartner: Wir sind in aller Regel erfreut, wenn wir Aufmerksamkeit finden, wenn man uns zuhört. Zeigt jemand Interesse für mich und geht auf das ein, was ich sage, dann freut mich das, weckt meine Sympathie und das Interesse an der Person. Gelungener Small Talk bedeutet: Man hat einander Freude bereitet. Wer so smalltalked, wird nicht als versierter Smalltalker wahrgenommen, sondern als sympathisch. Und das ist doch was!

Beim Small Talk steht also vor allem die Beziehungsseite von ⇨ *Kommunikation* im Vordergrund – nicht die Sachaussage.

Daher hat Small Talk auch eine zeitliche Dimension: Zehn bis fünfzehn Minuten genügen, um einen ersten Eindruck von jemandem zu gewinnen: Was macht sie, was interessiert ihn, wie aufgeschlossen erscheint sie mir, wie interessiert zeigt er sich? Bleibt unser Gegenüber über diese Viertelstunde hinaus beim Small Talk, dann lässt das zwei Vermutungen zu: Sie oder er ist oberflächlich oder möchte bewusst auf Distanz bleiben. Mit Sicherheit können wir das nicht entscheiden – aber uns das Recht nehmen, das Gespräch (erst einmal) zu beenden.

Was geht? Themen und Non-Themen

Small Talk ist freiwillig. Wenn ich im Zug mit einem älteren Herrn ins Gespräch komme und eine seiner ersten Fragen lautet: „Haben Sie gedient?", verliere ich prompt das Interesse an einem Gespräch und antworte: „Wenn Sie mit *dienen*, heute doch eher ein antiquierter Begriff, der aus prämodernen Zeiten herrührt, meinen, ob ich bei der Bundeswehr war, lautet meine Antwort: Nein."

Welche Themen sollte man vermeiden, wenn man mit jemandem Unbekannten ins Gespräch kommen möchte, wenn man mit einem Kollegen, den man nur vom Sehen kennt, zu einer Fortbildung fährt, wenn man beim Fest des Fachbereichs neben der Dekanin sitzt, mit der man bisher allenfalls zwanzig Worte gewechselt hat? Alles, was traurig oder besorgt stimmt, was in Verlegenheit bringt, was leicht ein Anlass für Meinungsverschiedenheiten sein kann und nicht zuletzt: Alles, was nervt. Nonthemen sind demnach:

- Krankheit und Tod,
- persönliche Krisen,
- Politik,
- Geschichten von erfolgreichen Schnäppchen-Jagden – egal, ob online oder offline,
- Klagen über andere Länder und Kulturkreise, über „die" Franzosen oder

„die" Engländer auf Mallorca, „die" .... Und Klagen über das, was in der Welt passiert: die Bahn, die immer zu spät kommt, der Lehrermangel, der ... sowie

- Themen, die mit „Sie müssen unbedingt ..." anfangen und mit unerbetenen Ratschlägen (oder gar Vorschriften) fortgesetzt werden.

Was bleibt dann noch? Alles, was die Chance bietet, Gemeinsamkeiten zu entdecken, Sympathie zu wecken und Interesse zu zeigen. Zum Beispiel das Thema *Wetter* – wenn man Sonne oder Regen, wie im Kapitel → *Kommunikation* gezeigt (vgl. S. 32), als Anlass nutzt, etwas über sich mitzuteilen – und deshalb in der ersten Person spricht.

Weitere Klassiker sind: Wo wir wohnen und wo wir aufgewachsen sind, was wir studieren oder arbeiten und was wir in unserer Freizeit machen, wohin wir im Urlaub fahren oder woher wir die Gastgeber einer Party oder den Veranstalter einer Tagung kennen, Kinder und was noch auf unserer Lebenswunschliste steht.

Essen und Diät darf es auch sein. Wie für die anderen Klassiker gilt es auch bei diesem Thema, Sinn und Zweck eines Small Talks im Auge zu behalten – und deshalb zu verzichten auf:

- Belehrungen, was wirklich gesund ist (die Steigerung: der Bekehrungsversuch, warum man zum Beispiel unbedingt aufhören muss zu ...),
- Beratung, wie der optimale Speiseplan aussieht,
- Fachvorträge, zum Beispiel über Bio-Landwirtschaft,
- Kettenfragen, die als Verhör erlebt werden können,
- Bildungsnachweise. In England „gilt das allzu auffällige Hervorzeigen der eigenen Gelehrsamkeit (oder dessen, was man dafür hält,) ... nachgerade als obszön" (Spengler 2009, S. 10).

Erleichtert wird der Small-Talk-Einstieg, wenn man Bezug nehmen kann auf den Vortrag oder Diskussionsbeitrag, auf die Eröffnungsrede oder eine Bemerkung:

- „Ich fand Ihren Hinweis auf ... besonders spannend."
- „Ihre Bemerkung über ... hat mich sehr amüsiert."
- „Seit wann beschäftigen Sie sich mit dieser Frage?"

Wie geht's? Persönlich werden und Interesse zeigen

Kritisieren und Verbessern garantieren das Misslingen eines Small Talks – Übertrumpfen tut dies mit hundertprozentiger Sicherheit: „Wir waren diesen Sommer in Südtirol." „Wir auf den Seychellen, in einem Fünf-Sterne-Superior-Hotel." So verscherzen sich vor allem Männer Sympathie, betont Cornelia Topf: Angeber sind bei Frauen unbeliebt (2012, S. 51).

Sieben Faktoren sind besonders wichtig für das Gelingen eines Small Talks:

1. Offene Fragen stellen

„Hat es Dir auf Korsika gefallen?“ Mit dieser geschlossenen Frage laufen Sie Gefahr, ein knappes „Ja, sehr“ als Antwort zu erhalten. Schließen Sie noch zwei oder drei solcher Fragen an, wird Ihr Gegenüber das Weite suchen. Deshalb: „Was hat Dir denn besonders gut auf Korsika gefallen?“ Die Antwort wird länger ausfallen und Ihnen Anknüpfungspunkte für die Fortsetzung des Gesprächs geben: „*Ich* finde die Kombination von Meer und Berge auch toll.“ „Ach, *Du* magst *auch* ...“

Wenn Sie einen persönlichen Grund für Ihre Frage haben, nennen Sie ihn: „Ich frage deshalb, weil ich vorhabe, im Spätsommer 14 Tage nach Korsika zu fahren.“

Wenn Sie Kinder haben, haben Sie ein ideales Trainingscamp für offene Fragen. Johannes oder Johanna kommt aus der Schule und sagt: „Heute war es ganz toll in der Schule.“ Sie: „Was war denn *ganz toll*?“ „Was ist denn passiert?“ „Das interessiert mich, erzähl mal.“ Sie werden in strahlende Kinderaugen blicken.

2. Auf Zack sein

Ohne Aufmerksamkeit, ohne Mitdenken lassen sich keine gesprächsfördernden Fragen stellen. Konzentrieren Sie sich deshalb auf das Gespräch.

3. Zuhören

Beim Small Talk muss man *nicht* ständig talken. „Das Schweigen ist eine der großen Künste der Konversation“, meinte der englische Essayist William Hazlitt. Wenn Sie reden, wirken Sie vielleicht sympathisch. Wenn Sie → *zuhören,* wirken Sie garantiert sympathisch.

4. Persönlich werden

„*Ich* finde die Kombination von Meer und Berge auch toll.“ Diese Selbstauskunft ist ein ganz anderes Gesprächssignal als die unpersönliche Feststellung: „Die Kombination von Meer und Berge *ist* ideal.“

Persönlich werden meint nicht: Ich offenbare meinem Gegenüber intime Geheimnisse, sondern ich sage zum Beispiel, was *mir* an Korsika gefällt, statt zu sagen, was ein ideales Reiseziel ausmacht. Persönlich werden meint: in der ersten Person sprechen und → *Gefühle äußern.* Es schafft Nähe, wenn deutlich wird, mein Gegenüber geht nicht gleichgültig durchs Leben.

Teilen Sie es mit, wenn Sie etwas freut oder begeistert, wenn Sie Grund zur Fröhlichkeit haben oder erwartungsfroh sind – als Ich-Aussage. Gute Nachrichten hören (fast) alle gerne, und Freude teilt sich leichter als Kummer.

5. Großzügig sein

Sie stehen auf einer Party mit fünf Gästen zusammen und zitieren irgendwann Galtung. Der Chemiedozent in der Runde hält Galtung für einen Verteidiger von

Werder Bremen. Ihre Reaktion: „Das ist ja ein Zufall, dass der Verteidiger genauso heißt wie der norwegische Friedensforscher.“ Sie haben bei dem Chemiedozenten einen Stein im Brett, weil Sie ihn nicht bloßstellten.

6. Zuwenden

Interesse am Gegenüber wird auch durch → *nonverbale Kommunikation* ausgedrückt – durch

- Blickkontakt,
- ein ermunterndes Kopfnicken sowie
- ein Lächeln (wenn es themenangemessen ist).

7. Selbstironie. Die Kür

Wenn Sie sich auch einmal (in Maßen) selbst auf die Schippe nehmen können und den Mut und die Fähigkeit zur Selbstironie zeigen, dann haben Sie die Small-Talk-Profistufe erreicht. Humor tut es aber auch.

Small Talk beenden

Wie beendet man einen Small Talk – wenn man zum Beispiel auf einer Party ist und noch mit anderen Gästen sprechen möchte, oder man sitzt in der Bahn und möchte noch Unterlagen studieren oder in einem spannenden Buch weiterlesen?

Die Party: „Ich habe mich gefreut, Dich kennenzulernen. Ich möchte noch mit ein paar anderen Gästen reden.“

Und wie weiter? Das hängt davon ab, ob Sie die Person interessant finden. Wenn nein: „Ich wünsche Ihnen noch einen schönen Abend.“ Wenn ja: „Ich fände es schön, wenn wir unser Gespräch später fortsetzen.“

In der Bahn: „Es war nett, mit Dir zu plaudern. Aber jetzt möchte ich noch arbeiten.“ Oder: „Es war nett, mit Ihnen zu plaudern. Jetzt zieht es mich zu meinem Roman. Ich komme so selten zum Lesen und nutze deshalb gerne Bahnreisen dazu.“

Zum Weiterlesen

Tilman Spengler: Sind Sie öfter hier? Von der Kunst, ein kluges Gespräch zu führen. 3. Aufl. Berlin: Ullstein 2009

Störungen anmelden

Themenzentrierte Interaktion

Fahren Sie weiter, wenn in Ihrem Auto eine Warnleuchte mit dem Symbol für Motorstörungen blinkt? Oder halten Sie bei der nächsten Möglichkeit an und prüfen, ob Sie die Störung beheben können? Und fahren Sie, sollte das nicht gelingen, mit reduzierter Geschwindigkeit zu einer Werkstatt? Die meisten Menschen beachten die Störungsmeldungen ihres Autos. Es liegt nahe, sich selbst die gleiche Aufmerksamkeit zu schenken.

Wenn das Telefon klingelt, während Sie an einem Bericht arbeiten oder ein neues herausforderndes Kochrezept ausprobieren, dann werden Sie gestört. Das Klingeln beeinträchtigt Ihre Aufmerksamkeit. Sie können das Klingeln in der Hoffnung ignorieren, dass die Anruferin nicht mehrfach versuchen wird, Sie zu erreichen. Emotionen gehen nicht so schnell vorüber wie eine Störung durch einen Anruf.

Freude und Angst, Ärger und Schmerz fragen nicht, ob sie stören dürfen; sie verschaffen sich Geltung und beeinflussen unsere Aufmerksamkeit, unsere Konzentrations- und Aufnahmefähigkeit – allgemeiner: unser Verhalten.

Störungen haben Vorrang: Teamsitzungen und Besprechungen

Wenn Gefühle, Erschöpfung oder Schmerzen daran hindern, sich auf eine Teamsitzung oder Arbeitsgruppenbesprechung einzulassen, einem Seminar aufmerksam zu folgen und sich konzentriert zu beteiligen, dann sollte man sich nicht zwingen, bei der Sache bleiben zu wollen, sondern diese Störung ansprechen.

Störungen haben Vorrang – lautet die Maxime von Ruth Cohns Modell der Themenzentrierten Interaktion (TZI). Niemandem ist gedient, wenn ein Gruppenmitglied wegen einer Störung sich stumm aus einer Besprechung ausklingt oder gar gereizt, genervt, unsachlich reagiert. Unterdrückte Emotionen „schleichen sich meist auf Nebenwegen als Fehlerquelle in Entscheidungen und Gedankengänge ein" (1975, S. 184). Will man, so Cohn, Entscheidungen nicht der „Diktatur der Störungen" ausliefern (1975, S. 122), sollten Störungen vorrangig besprochen werden. Im Interesse der oder des Betroffenen und im Gruppeninteresse.

Erreicht werden soll damit eine Balance der an Gruppenprozessen beteiligten Faktoren:

- des einzelnen Gruppenmitglieds,
- der Gruppe,
- des Themas, mit dem sich die Gruppe auseinandersetzt.

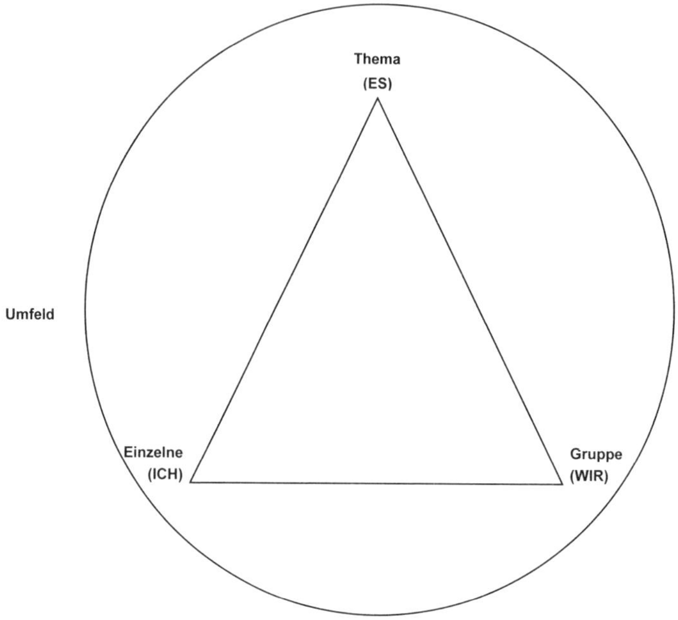

Abbildung 28: Das Modell der Themenzentrierten Interaktion (Cohn 1975)

TZI setzt auf Selbstverantwortung. Jedes Gruppenmitglied ist gefordert, die eigenen Bedürfnisse und Befindlichkeiten so zu vertreten, dass seine Arbeitsfähigkeit nicht beeinträchtigt wird. Daraus leitet sich die TZI-Regel ab, in der ersten Person zu sprechen. Eigene Bedürfnisse und Befindlichkeiten lassen sich nur mit „ich" und nicht mit „man" artikulieren (zu weiteren Kommunikationsregeln siehe Seite 146).

Störungen können sehr unterschiedlich sein: Langeweile, Ärger über den Kommunikationsstil eines Gruppenmitglieds oder darüber, dass es nicht vorangeht, Müdigkeit … Manche Störung lässt sich daher mit einer kleinen Pause und kräftigem Lüften beheben. Andere Probleme müssen besprochen werden. Das kostet Zeit. Die ist dann nicht verloren, wenn es gelingt, die Störung zu beheben, und alle wieder ganz bei der Sache sind.

Eine Variante dieses Prinzips besteht darin, nicht die Störung anzusprechen („Ich kann der Diskussion nicht folgen, weil zu viel vorausgesetzt wird"), sondern zu sagen, was man braucht, um die Störungen zu beheben („Ich möchte, dass zunächst einmal die Haushaltssituation übersichtlich dargestellt wird").

Störungen kann vorgebeugt werden: Zu Beginn einer Teamsitzung teilen alle kurz mit, wie es ihnen gerade geht, was sie in die Sitzung „mitbringen". Wenn man weiß, dass Frau Wieland wegen Zahnschmerzen kaum geschlafen hat, Marius aufgeregt ist, weil er in drei Stunden seinen neuen Online-Kontakt erstmals offline trifft, wird man Rücksicht auf sie nehmen und Verständnis dafür haben, dass er ab und an auf die Uhr schaut. Und niemand muss spekulieren: *Warum sagt sie so wenig? Langweilt er sich?*

Ist eine Störung so gravierend, dass sie während der Besprechung nicht behoben werden kann, sollte verbindlich vereinbart werden, wann und in welchem Rahmen über diese Störung gesprochen wird.

TZI als Arbeitsprinzip eines Teams oder als Teil einer Besprechungskultur muss ausdrücklich vereinbart und sorgfältig eingeführt werden; eine professionelle → *Moderation* ist für die Anfangsphase hilfreich.

Niemanden zurücklassen, gemeinsam vorankommen – von diesem TZI-Gedanken gehen auch Impulse zur Gestaltung von Besprechungen und Teamsitzungen aus: Wurde die Relevanz des Themas für alle Beteiligten deutlich gemacht? Haben alle Teammitglieder die Möglichkeit, sich einzubringen? Nehmen die Beteiligten aufeinander Bezug? → Feedback → Metakommunikation.

Störungen haben Vorrang: Beziehungen

Störungen haben Vorrang. Dieser Grundsatz ist auch für Beziehungen hilfreich. Ein Beispiel: Urlaubsplanung. Anton möchte auf die Ostfriesischen Inseln, Antonia an die niederländische Nordsee. Eigentlich liegen die beiden nicht weit auseinander. Trotzdem widerspricht Anton umgehend allen Überlegungen Antonias. Er reagiert heftig, wenn sie – ruhig und sachlich – Einwände formuliert.

Das stört Antonia. Sie spricht es an. Oder besser: Anton merkt, dass sein Verhalten unangemessen ist. Er spricht es an: „Ich reagiere so unwirsch. Das ist völlig unangebracht und überhaupt nicht zweckdienlich. Ich vermute, mich stört irgendetwas, das nichts mit der Frage zu tun hat, Ostfriesische Inseln oder Holland."

Damit ist noch keine Störung behoben, aber das Problem auf dem Tisch. Und, noch ein Plus, Anton übernimmt Verantwortung. Die Anmeldung der Störung schafft die Voraussetzung für eine problemlösende → *Metakommunikation.*

Die TZI-Intention einer Balance zwischen Ich, Wir, Es und Umfeld verweist zugleich auf eine mögliche Problemquelle in Beziehungen: Fehlt ein gemeinsames – tragfähiges – Es, ein verbindendes Drittes, kann das eine Beziehung belasten. Das ist vor allem dann zu beobachten, wenn die Kinder aus dem Hause sind und materiell erreicht ist, was man erreichen wollte: Gibt es außer gemeinsamen Hobbys noch Anliegen, die Fundament einer Beziehung sein können? Ist das nicht der Fall, helfen auch (Paar-)Therapien nur sehr begrenzt weiter. – Doch das ist keine Frage der Kommunikation.

Zum Weiterlesen

Ruth Cohn: Von der Psychoanalyse zur Themenzentrierten Interaktion. 15. Aufl. Stuttgart: Klett-Cotta 2013

Unsicherheitssignale vermeiden

Sich nicht klein machen

Es gibt eine Fülle von Formulierungen, mit denen Sie die Wirkung einer Aussage, eines Referats oder Diskussionsbeitrags schmälern, weil sie als Unsicherheitssignale aufgenommen werden können. Was als höfliche Formulierung gemeint ist, kann wie eine Demutsgeste wirken. Auf sechs solcher Signale, ich nenne sie *Weichmacher*, gehe ich im Folgenden ein (nonverbale Unsicherheitssignale, Körperhaltung, Blickkontakt etc. sind Thema im Kapitel → *Nonverbale Kommunikation*).

Da diese Signale oft unbewusst gesendet werden, führe ich zahlreiche Formulierungsbeispiele zur Selbstüberprüfung an: Gehören solche Formulierungen zu Ihrem Sprachrepertoire?

Die Weichmacher, die ich anführe, werden überhört, wenn sie von Vorgesetzten oder Prominenten formuliert werden, denen der Status einer Autorität oder Koryphäe zugeschrieben wird. Wenn zwei das Gleiche sagen, ist es also – in der Wirkung – nicht dasselbe. Wenn in einem Seminar, einer Teamsitzung oder Besprechung der Status der Beteiligten erst ausgelotet wird, wenn Autorität sich erst im Verlauf einer Diskussion herstellt – dann sind Weichmacher ein Klotz am Bein.[26]

Das Licht unter den Scheffel stellen. Um Redeerlaubnis bitten

Vermeiden Sie Formulierungen, die Ihre Leistungen als Zufall oder Glücksfall darstellen und die eigenen Fähigkeiten durch Diminutive abschwächen:

- „Alles fügte sich so glücklich zusammen, dass ich die Arbeit rechtzeitig fertigstellen konnte."
- „Ich habe das ziemlich (eigentlich, irgendwie) gut hinbekommen."
- „Ich möchte ein bisschen über die Ergebnisse meiner Recherchen erzählen."

Wer etwas geleistet hat, braucht das nicht kleinzureden (an dieser Arbeit versuchen sich häufig genug andere). Deshalb (ohne dick aufzutragen):

26 Keine Unsicherheitssignale senden Sie aus, wenn Sie um Rat fragen oder Schwächen einräumen. Im Gegenteil: Wer Kommilitonen oder Kolleginnen um Rat fragt, wirkt in deren Augen kompetent. Wer Schwächen einräumt, erscheint mutig (Herrmann 2018, S. 16).

- „Ich habe die Masterarbeit fristgerecht fertiggestellt."
- „Ich habe das gut hinbekommen."
- „Ich informiere Sie gerne über die Ergebnisse meiner Recherchen" (nie *ein bisschen. Erzählen* bleibt Geschichten aus dem Urlaub oder Märchen für die Kinder vorbehalten).

Beginnen Sie zudem einen Diskussionsbeitrag nicht mit einer einleitenden Bitte um das Rederecht.
- „Wenn ich auch einmal etwas dazu sagen darf."
- „Ich würde gerne einmal fragen …"

Dieses Recht steht Ihnen zu. Sprechen Sie einleitungsfrei. Wenn Sie höflich sein möchten, dann richtig:
- „Das ist eine *interessante* These. Ich stimme ihr in einer Hinsicht nicht zu: …"
- „Das sind *spannende* Befunde. Haben Sie auch Daten über … erhoben?"

Höflichkeits*floskeln* wirken wenig souverän.

Demutskonjunktiv und Entschuldigungen

- „Ich würde sagen, es geht an diesem Punkt um die Entscheidung, ob …"
- „Ich fände es besser, …"
- „Eigentlich wollte ich …"

In diesen Sätzen wird der Konjunktiv falsch eingesetzt. Ein Sprachschnitzer ist kein Problem; die unausgesprochene Botschaft ist problematisch: *Gestatten Sie mir, dass ich das sage. Ich bin bereit, es jederzeit anders zu sehen.* Sprechen Sie „würde"-los:
- „Ich meine, es geht um die Entscheidung, ob …"
- „Ich finde es besser, …"
- „Ich möchte (meine) …"

Wer bin ich denn schon? Dieses Signal wird mit folgenden Formulierungen gesendet:
- „Ich bin keine Expertin auf diesem Gebiet."
- „Das ist nur so eine Idee von mir."
- „Mehr fällt mir dazu nicht ein."
- „Ich meine bloß."
- „Ich weiß ja nicht, ob das jetzt passt (dazugehört)."
- „Es tut mir leid, aber ich kann keinen Zusammenhang zwischen … sehen."
- „Vielleicht bringt uns das nicht weiter, aber …"

Mit solchen Sätzen ist eine Selbstabwertung verbunden: *Mit mir ist nicht viel los.* Und damit auch die Beziehungsaussage: *Nehmen Sie nicht so wichtig, was ich sage.* Wenn Sie diese Botschaft nicht aussenden möchten, sollten Sie Ihre Aussagen nicht abschwächen, sich oder Ihre Meinung nicht abwerten oder klein machen. Mit Dementi dieser Art untergraben Sie Ihre Autorität und laden zur Kritik ein. Deshalb:

- „Ich mache folgenden Vorschlag: …“ (Statt: *Das ist nur so eine Idee vor mir*).
- „So weit meine Überlegungen zu diesem Punkt.“ (Statt: *Mehr fällt mir dazu nicht ein).*
- „Ich sehe keinen Zusammenhang zwischen …“ (Statt: *Es tut mir leid, aber ich kann …).*

Fragen statt Aussagen. „Wir“, „man“ oder „es“ statt „ich“

- „Diese Auffassung ist doch nicht haltbar, nicht wahr?“
- „Ist das nicht eine unzulässige Verallgemeinerung?“

Wenn Sie wissen möchten, ob eine Behauptung oder These haltbar ist, stellen Sie eine Frage. Wenn Sie der Auffassung sind, dass eine These nicht haltbar ist, vertreten Sie Ihre Meinung:

- „Ich meine, dass diese Auffassung nicht haltbar ist, weil …“
- „Ich halte das für eine unzulässige Verallgemeinerung.“

Diese Formulierungen sind angemessen und selbstbewusst. In die Kategorie der Weichmacher, die signalisieren: *Ich brauche Zustimmung*, gehören auch:

- „Könnte es nicht sein …?“
- „Meinst Du nicht auch …?“
- „Sollten wir nicht besser …?“[27]

27 Nicht konkret und direkt sprechen kann lebensgefährlich sein. Das geht aus einem Bericht des „National Transportation Safety Board“ der USA hervor, in dem festgestellt wird: Zwischen 1978 und 1990 waren bei über 75 Prozent der Unfälle von Zivilflugzeugen Kommunikationspannen eine entscheidende Ursache. Besatzungsmitglieder hatten Probleme zwar erkannt, aber nicht bestimmt, sondern indirekt, fragend darauf hingewiesen. Tragischster Fall: der Absturz einer Boeing in den Pontiac River 1982, bei dem 78 Menschen ums Leben kamen. Der Co-Pilot hatte das Problem der Vereisung des Flugzeugs erkannt, jedoch nur sehr zurückhaltend, fragend den Kapitän darauf hingewiesen. Der Dialog im Cockpit:
„Wir *sollten* noch mal die Oberfläche checken, denn wir haben jetzt eine ganze Weile rumgestanden.“
Kapitän: „Wir heben in einer Minute ab.“
(Dem Co-Piloten fällt auf, dass etwas mit den Triebwerksanzeigen nicht stimmt.)
„Das *kann doch nicht* stimmen, *oder?* Nein, das kann nicht sein …“
Kapitän: „Doch, das stimmt …
„Nee, ich *glaube* nicht, dass das stimmt. Na, *vielleicht* doch“ (Erlinger 2016, S. 85 – Herv. N. F.).

Auch die folgenden Formulierungen sind Weichmacher:
- „Vielleicht sollten wir …"
- „Müsste man nicht erst klären, ob …?"
- „Wir sollten wieder zum Thema zurückkommen."
- „Jetzt wäre es gut, eine Pause zu machen."

In diesen Aussagen wird die eigene Person versteckt; Meinungen werden als Frage formuliert. Selbstbewusst wirken Ihre Aussagen, wenn Sie Verantwortung übernehmen und sich keine Rückzugsmöglichkeiten offenhalten:
- „Ich möchte, dass wir zum Thema zurückkommen."
- „Ich meine, wir müssen erst klären, ob …"
- „Ich schlage vor, eine Pause zu machen."

Es gibt noch weitere Varianten des Verzichts auf die erste Person:
- „Namhafte *Experten* haben herausgefunden, …"
- „Neue *Untersuchungen* belegen, …"
- „Die *Erfahrung* zeigt, …"

Die Vermeidung des Personalpronomens *ich* mag als ein Kennzeichen von Höflichkeit oder Bescheidenheit verstanden werden. In Gesprächen macht ein offenes *Ich* interessant, in Diskussionen und Vorträgen macht ein *Ich* Eindruck. Meine ich.[28]

28 Unangebracht ist ein *Ich meine*, wenn es um Fakten geht, die unabhängig von unserem Denken und Meinen sind – zum Beispiel die Tatsache, dass im Juni 2018 in Deutschland knapp 2,3 Mio. Menschen arbeitslos gemeldet waren.

Verständnisorientierte Kommunikation

Verstehen wollen und verstehen können

„Meine Freundin will mich verlassen!" – sagt Andreas zu seinem Freund. Der ist Zyniker und antwortet: „Prima, da können wir ja wieder öfter zusammen wandern."

Wie reagieren Nicht-Zyniker? Unsicherheit, wie man auf eine solch schwerwiegende Feststellung reagieren soll, kann zu einem Vermeidungsverhalten führen: Man geht Gesprächen aus dem Weg, wenn man befürchtet, dass gravierende Probleme angesprochen werden. Weiter führt ein solches Verhalten nicht; wohl aber oft zu einem schlechten Gewissen.

Andreas ist, um beim Beispiel zu bleiben, für sich selbst verantwortlich. Er war für seine Beziehung verantwortlich. Er ist für seinen Umgang mit dem Trennungswunsch seiner Freundin verantwortlich. Niemand sonst. Deshalb gibt es keinen Grund, das Gespräch mit ihm zu meiden.

Was ist notwendig, damit das Gespräch gelingt? Man sollte eine Voraussetzung und zwei Grundsätze beachten. Die *Voraussetzung*: verstehen *wollen,* sich für das Gegenüber interessieren und ihm Raum und Zeit einräumen.

Das Gegenteil illustriert folgendes Gespräch mit Henry, mit dem ich mich während einer Fahrradtour in der Nähe seines Wohnortes zu einem Glas Wein verabredet hatte:

> Ich: „Ich habe vor dem Start meiner Tour eine Woche an der Ostsee gefastet. Das war eine sehr interessante Erfahrung."
> Henry: „Für mich wäre das nichts. Ich habe schon alle möglichen Diäten gemacht, aber die Pfunde waren immer schnell wieder drauf. Ich ernähre mich lieber das ganze Jahr über vernünftig. Ich genieße mit Maß. Im März verzichte ich ganz auf Zucker, und im April trinke ich keinen Alkohol."

Damit war alles über meine Fastenwoche gesagt. Wir kamen auf seinen Weinberg zu sprechen.

Die *Grundsätze:*
- Alle Seiten einer Äußerung hören und
- nicht von sich auf andere schließen und (deshalb) vorschnell meinen, verstanden zu haben.

„Meine Freundin will sich von mir trennen!" Wer in einer unglücklichen Beziehung steckt, mag mit „Glückwunsch!" reagieren – und einen Freund verlieren. Wer auch nach zwanzig Jahren noch eine glückliche Ehe führt, mag mit „mein Gott, Du Armer" reagieren – und vielleicht ebenso daneben liegen, weil Andreas nur interessiert, ob er die gemeinsame Wohnung übernehmen und finanzieren kann.

Die 5 Verständnishelfer

Geht man nicht davon aus, man könnte (oder müsste) sofort verstehen, was alles in einer Aussage wie „Meine Freundin will sich von mir trennen!" steckt, kann man verständnisorientiert erkunden, wie es dem Betroffenen geht, was ihn umtreibt. Ob er einen Rat haben will oder Trost braucht. Fünf „Helfer" können einen solchen Gesprächszugang unterstützen:

1. Aufmerksamkeit zeigen,
2. Echo geben,
3. Fragen stellen,
4. Konflikte deutlich machen,
5. Nichts sagen.

1. Aufmerksamkeit zeigen

Das ist die Grundvoraussetzung für verständnisorientierte Kommunikation. Schauen Sie Ihre Gesprächspartnerin an, lehnen Sie sich nicht zurück, sondern wenden Sie sich ihr zu. Zeigen Sie Ihrem Gesprächspartner, dass Sie zuhören. Unterstützen Sie seine Mitteilungen durch ein gelegentliches Kopfnicken oder ein „Hm-hm" → *Zuhören.*

2. Echo geben

Wiederholen Sie, wenn es Ihnen wichtig erscheint, die Aussage Ihrer Gesprächspartnerin in eigenen Worten – als Aussage, nicht als Frage.

3. Fragen stellen

- Informationsfragen: „Ich habe Dich nicht ganz verstanden. Was stört Dich an …?"
- Weiterführende Fragen: „Und was passierte dann?"
- Fragen nach dem Gefühl: „Wie hast Du Dich gefühlt, als Claudia das sagte?"
- Fragen nach der Erwartung an Sie: „Möchtest Du, dass ich …"
- Fragen zur Vorgehensweise: „Wie wollen Sie jetzt vorgehen?"

Geben Sie immer den Grund der Frage an („Ich habe Dich nicht ganz verstanden"), und halten Sie die Zahl der Informationsfragen gering.

Fragen müssen wirkliche Fragen sein. Kleiden Sie einen Vorschlag nicht in eine Frage („Willst Du nicht einmal versuchen, …?"). Wenn Sie einen Vorschlag machen möchten, machen Sie das deutlich („Ich schlage vor, Du …") – aber prüfen Sie vorher, ob ein Vorschlag angebracht ist.

4. Konflikte deutlich machen

- „Auf der einen Seite möchtest Du am liebsten kündigen, auf der anderen Seite bist Du auf das Geld angewiesen."
- „Auf der einen Seite möchtest Du gerne alleine verreisen, auf der anderen Seite befürchtest Du, dass Dein Freund das nicht versteht."

5. Nichts sagen

Nichts sagen, eine produktive Pause, kann eine große Hilfe sein. Räumen Sie Ihrer Gesprächspartnerin Zeit ein, ihre Gedanken zu entwickeln. Reagieren Sie nicht vorschnell, wenn Ihr Gesprächspartner kurze Zeit nichts sagt → *Zuhören.*

Verstehen und Verständnis

Die Hinweise zur verständnisorientierten Kommunikation sollen das Bemühen unterstützen, *verstehen* zu wollen. Verstehen heißt nicht: *einverstanden* sein. Verstehen heißt zum einen: den Sinn der Worte oder nonverbalen Signale erfassen. Zum anderen: die Beweggründe bzw. Ziele des Gegenübers nachvollziehen können. Um diesen zweiten Aspekt geht es meist, wenn gesagt wird: „Mein Partner versteht mich nicht." Oder: „Ich verstehe Dich einfach nicht." Oft ist mit diesen Aussagen gemeint: Ich habe kein *Verständnis* für Dein Verhalten. – Ich komme darauf zurück.

Schulz von Thun weist darauf hin, dass sich Verstehen nicht nur durch Empathie vollzieht, sondern auch durch Betrachtung und Analyse des „äußeren Kräftefeldes", auf dem die oder der andere steht: „Aha, du hast in diesem System jene Rolle inne, bist umgeben von …, wirst daran gemessen, ob und wie es dir gelingt …, und musst folglich das Interesse haben …" (2010, S. 15).

Wenn wir auf Menschen treffen, die uns in diesem Sinne verstehen wollen, können wir uns glücklich schätzen: Viele bewerten schnell. Auch weil sie nicht zwischen Motiv oder Ziel und Verhalten unterscheiden. Ich kann den Wunsch von Hans nachvollziehen (also verstehen), sich nicht binden zu wollen. Ich habe aber kein Verständnis dafür, dass er seine Partnerin darüber im Unklaren lässt.

Ich kann mich heftig darüber aufregen, dass so viele Menschen eine Partei wählen, die am äußerst rechten Rand des politischen Spektrums agiert. Wenn ich versuche, die Gründe ihrer Wahlentscheidung zu verstehen, werde ich ein wenig klüger. Verständnis für ein solches Wahlverhalten habe ich nicht.

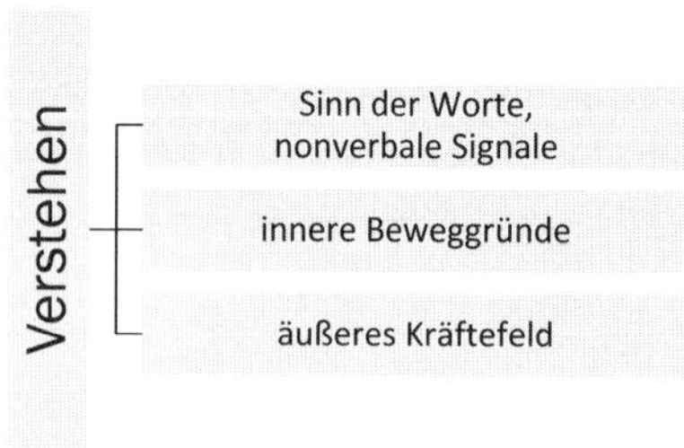

Abbildung 29: Die drei Dimensionen von Verstehen (nach Schulz von Thun 2010, S. 16)

Vom Eigennutz verständnisorientierter Kommunikation

Wenn Sie wissen, dass Sie in der Lage sind, ein verständnisorientiertes Gespräch zu führen, werden Sie gelassener reagieren, wenn Ihr Partner oder andere Menschen, die Ihnen wichtig sind, mit Problemen zu Ihnen kommen. Zudem wird sich die Belastung Ihrer Gesprächspartnerin nicht so leicht auf Sie übertragen. Sie können sich also als ruhig und gelassen erleben. Das erleichtert es, sich auf das Gegenüber zu konzentrieren und dadurch wirklich hilfreich zu sein.

Diese Erfahrung macht es unnötig, Gesprächssituationen auszuweichen, die Sie bisher als belastend oder konflikthaft empfunden haben. Diese Sicherheit schließlich gibt Ihnen die Möglichkeit, sich zunächst umfassend zu informieren und dann zu entscheiden, ob Sie weitergehende Hilfe oder Unterstützung geben wollen oder nicht.

Wenn Sie damit vertraut sind, welche Gesprächsmuster eine verständnisorientierte Kommunikation verhindern, können Sie sich selbstbewusst verhalten, wenn andere Menschen Kommunikations-„Killer“ verwenden. Das ist eine große Hilfe, um auf die Unzulänglichkeiten anderer nicht mit Resignation zu reagieren, sich nicht enttäuscht, gekränkt oder beleidigt zurückzuziehen, sich nicht abgelehnt oder verunsichert zu erleben. Sie können eindeutig benennen, was Sie stört, welche Gesprächsmuster Ihnen nicht helfen, welche Reaktionen Sie sich wünschen:

- „Ich möchte, dass Du meine Unsicherheit ernst nimmst, statt mir zu sagen, was ich alles schon gepackt habe.“
- „Bitte hören Sie sich erst meine Gründe an, bevor Sie meinen Vorschlag bewerten.“
- „Mit Ratschlägen ist mir im Moment nicht gedient.“
- „Du sollst meinen Entschluss, mich von Robert zu trennen, nicht gutheißen. Mir ist aber wichtig, dass Du verstehst, aus welchen Gründen ich die Scheidung beantragt habe.“

Wenn Sie unmissverständlich sagen, wie Sie sich eine verständnisorientierte Kommunikation wünschen, die Ihnen hilft, vermeiden Sie ein Denkmuster, das das Leben immens erschweren kann: Sind die anderen doch selbst schuld, wenn ich mich enttäuscht zurückziehe und mit meiner Belastung allein dastehe. Sie hätten ja mehr Verständnis für mich aufbringen können.

Zum Weiterlesen

Friedemann Schulz von Thun: Verstehen – Verständnis – Einverständnis. In: Schulz von Thun, Friedemann; Kumbier, Dagmar (Hrsg.): Impulse für Kommunikation im Alltag. Kommunikationspsychologische Miniaturen 3. Aufl. Reinbek: Rowohlt 2010, S. 13-39

Zuhören – Die Tugend des 21. Jahrhunderts

„Ich hör' doch noch gut!" Eine klassische Reaktion, wenn ein Gegenüber laut wird. Wer gut hören kann, muss nicht unbedingt auch gut zuhören können. Das *Zu* macht den Unterschied!

Wir hören Musik, lauschen Vögeln oder den Wellen; wir müssen uns eine „Gardinenpredigt" anhören (oder auch nicht), horchen auf, wenn die Regierung eine Modernisierung ankündigt, und wir sind ganz Ohr, wenn unsere Ärztin uns die Laborbefunde erläutert.

Zuhören als Element der Gesprächsführung und Voraussetzung erfolgreicher Kommunikation meint: Informationen aufnehmen und verarbeiten. Das ist einfacher formuliert als getan, geht es doch darum, zu verstehen und zu interpretieren – und darum, deutlich zu machen: Ich höre zu.

Voraussetzung fürs Zuhören ist *Empfangsbereitschaft*. Das heißt vor allem: Ich bin interessiert, mir ist das Gespräch wichtig. Und ich bin nicht erschöpft. Ich habe den Kopf frei und nicht voller Probleme. Ich nehme mir Zeit und bin nicht auf dem Sprung zum nächsten Termin.

Schließlich sollte das Setting (vor allem: keine Störungen) stimmen.

Was hilft, zu verstehen? Vor allem die folgenden sieben Tugenden:

1. Die Grundvoraussetzung eines Gesprächs einhalten: das Gegenüber *ausreden lassen.*
2. *Nachfragen*, wenn eine Aussage unvollständig oder unklar ist. Fragen sollten *keine Wertungen* enthalten – nach dem Muster: „Wie kommen Sie auf die Idee, ...?". So formulierte Fragen werden als Vorwurf gehört.
3. Sich vergewissern, ob man eine Aussage richtig verstanden hat: Wenn ich Sie richtig verstanden habe, schlagen Sie vor ..." „Du meinst also ..."
   Diese Mühe ist unangebracht, wenn Sie angegriffen werden. Reagierten Sie auf den Vorwurf, „Mist gebaut" zu haben, mit „Sie scheinen sehr aufgebracht zu sein. Höre ich da sogar Wut in Ihrer Aussage?" – dann wird sich Ihr Gegenüber nicht ernst genommen fühlen und eine fruchtbare Auseinandersetzung kommt nicht zustande.
   Gibt Ihnen Ihr Gegenüber zu verstehen, dass er oder sie ein sehr persönliches Thema nicht vertiefen möchte, sollten Sie das respektieren und ebenfalls nicht nachfragen.[29]

29 Umschreibendes Zuhören ist auch in unkomplizierten und alltäglichen Kommunikationssituationen unangebracht. Der folgende „Treffen-sich-2-Psychologen"-Witz verdeutlicht das:
P1: „Guten Tag. Können Sie mir bitte sagen, wie ich von hier zum Hauptbahnhof komme?"
P2: „Verstehe ich Sie richtig, dass Sie den Weg zum Bahnhof nicht kennen?"

4. *Nicht vorschnell meinen*, eine Aussage *verstanden zu haben* – etwa weil man von sich auf den anderen oder die andere schließt.
5. *Nicht voreilig Kritik hören.*
6. Dem Gegenüber *erleichtern, in Ruhe* seine Meinung, ihr *Anliegen* zu *formulieren,* in dem man durch Blickkontakt, gelegentliches Kopfnicken und eine zugewandte Körperhaltung Aufmerksamkeit und Interesse signalisiert.
7. *Pausen zulassen,* die Nachdenken ermöglichen.

Eine angemessene *Interpretation* des Gehörten kann gelingen, wenn ich nicht nur aufnehme, *was* gesagt wird, sondern auch die mit der Sachaussage verbundenen Wünsche, Hoffnungen, Ängste etc. registriere. Und wenn ich darauf achte, ob – mehr oder minder deutlich – eine Erwartung an mich formuliert wird und was mein Gegenüber über unsere Beziehung aussagt → *Kommunikation,* → *Verständnisorientierte Kommunikation.*

„Ja, deshalb frage ich Sie ja."
„Sie sind also unsicher, wo der Bahnhof liegt und möchten deshalb von mir eine Auskunft. Richtig?"
„Ja, doch! Warum reden Sie denn so umständlich?"
„Ich höre eine gewisse Verärgerung. Trifft das zu?"
„Danke, vergessen Sie's! Auf Wiedersehen."
„Bitte. Gut, dass wir darüber gesprochen haben."

Zusammenfassung

Wertschätzend kommunizieren

Wertschätzend kommunizieren ist der leitende Gesichtspunkt dieses Buches. Wertschätzung als *Haltung* gegenüber anderen Menschen – eine Haltung, die sich nicht auf eine Fähigkeit, Leistung oder ein Verhalten bezieht, sondern auf die gesamte *Person*.

Ich trage die Anregungen aus den vorangegangenen Kapiteln zusammen, die das Bemühen unterstützen, wertschätzend zu kommunizieren. Ich fasse mich kurz: Die Begründungen für diese Anregungen werden nicht noch einmal angeführt. Ich fasse die Anregungen in zwölf Punkten zusammen.

1. Zuhören und ausreden lassen

Aus Respekt vor Ihrer Gesprächspartnerin, Ihrem Gesprächspartner halten Sie sich an ein Grundgebot der Höflichkeit: zuhören und ausreden lassen – besonders in Konfliktgesprächen und dann, wenn *Sie* eine Rückmeldung erhalten oder kritisiert werden: Sie widersprechen nicht vorschnell, verzichten auf Rechtfertigungen oder gar Retourkutschen. Sie vergewissern sich vielmehr, ob Sie alles richtig verstanden haben; erst dann entscheiden Sie, ob Sie sofort oder später antworten möchten.

Allen, Freunden, Kolleginnen, Eltern, Kindern, räumen Sie genügend Zeit ein, ihre Sicht der Dinge zu erläutern.

Ausreden lassen ist eine Grundvoraussetzung für wertschätzendes Zuhören. *Wertschätzend* meint: Sie können sich auf das Gespräch konzentrieren – sind nicht erschöpft, haben Zeit und den Kopf frei. Ist das nicht der Fall, weisen Sie darauf hin – eventuell verbunden mit dem Vorschlag, das Gespräch zu verschieben.

→ *Feedback*, → *Höflichkeit*, → *Kommunikation*, → *Verständnisorientierte Kommunikation*, → *Zuhören*.

2. Bitten und danken

Die meisten Unhöflichkeiten entstehen dann, wenn Menschen es nicht aushalten, *nichts* zu sagen. Schweigen kann wirklich Gold sein.

Nicht einmal Silber ist Schweigen dann, wenn es um Bitten und Danken geht. Deshalb verzichten Sie nie auf *bitte* und *danke*, wenn Sie etwas möchten, wenn man Ihnen einen Gefallen tut, einen Dienst erweist. Selbstverständlich: Es gehört zum Job des Kellners, Ihre Bestellung entgegenzunehmen und Ihnen das Bestellte zu bringen. Diese Rolle hindert Sie nicht an einem *Bitte* und einem *Danke*. Nicht nur bei Kellnerinnen und Kellern. Weil Sie Freundlichkeit schätzen und zwischen der Person und ihrer Rolle unterscheiden können.

→ Höflichkeit, → Ich-, Du-, Man-Botschaften, → Schriftlich kommunizieren.

3. Empathie

Mitfühlen und Verstehen setzt Aufmerksamkeit voraus. Deshalb räumen Sie der Freundin oder dem Kollegen Raum und Zeit ein, wenn sie Ihnen erzählt, sie habe seit einigen Wochen einen Liebhaber, wenn er Ihnen berichtet, seine Mutter sei gestorben. Vor allem schließen Sie nicht vorschnell von sich auf die Freundin oder den Kollegen, sondern versuchen durch Fragen zu erkunden: Habe ich ihn richtig verstanden? Kenne ich die Umstände, die ihre Gefühle, Gedanken oder Motive beeinflussen? Und Sie erkunden, wie sie sich fühlt (glücklich oder unbehaglich), was er braucht (Trost oder Unterstützung).

Von Ihnen ist nicht zu hören: „Ich versteh Dich (Sie) nicht", denn Sie können zwischen Motiv oder Ziel und Verhalten unterscheiden. Sie verstehen – zum Beispiel – den Wunsch Ihres Kollegen, sein Sohn möge in der Schule erfolgreich sein. Sie haben aber kein Verständnis dafür, dass er den Zwölfjährigen ständig zum Lernen antreibt. Diese Unterscheidung ermöglicht eine Diskussion über Erziehungsverhalten, ohne den Kollegen abzuwerten.

→ Verständnisorientierte Kommunikation, → Zuhören.

4. Wahrnehmungen kommunizieren

Sie lassen Freunde, Bekannte, Ihre Partnerin bzw. Ihren Partner wissen, was Ihnen gefällt, was Sie an ihnen schätzen und was Sie stört oder missfällt – und formulieren Ihr Feedback so, wie Sie möchten, dass Sie Rückmeldungen erhalten.

Für solche Rückmeldungen nehmen Sie sich Zeit und wählen einen Zeitpunkt, zu dem die anzusprechende Person in der Lage ist, das Feedback aufzunehmen.

Sie vermeiden Pauschalierungen und Herabsetzungen. Ihre Rückmeldungen beziehen sich auf ein konkretes Verhalten, das sie so präzise wie möglich und so ausführlich wie nötig beschreiben. Sie verzichten auf Spekulationen über die Motive oder Gründe für dieses Verhalten und formulieren Ihre Wahrnehmung als *Ihre* Wahrnehmung.

Sie knüpfen an ein Feedback nicht die Erwartung, dass die oder der Angesprochene Ihre Wahrnehmung teilt. Sie begreifen jedes Feedback vielmehr als Kommunikation – und sind deshalb auch bereit, Ihre Wahrnehmung zu überprüfen, Ihren Eindruck zu korrigieren.

→ Feedback, → Gefühle, → Ich-, Du-, Man-Botschaften, → Kritisieren und kritisiert werden, → Loben und gelobt werden, → Störungen anmelden.

5. Gefühle äußern

Sie sprechen immer dann über Ihre Gefühle, wenn es angebracht und situationsangemessen ist. Sie sprechen konkret und direkt und übernehmen Verantwortung für Ihre Gefühle: „Ich werde traurig, wenn …" (nicht: „Du machst mich traurig").

Über Ihre Gefühle sprechen Sie auch aus Selbstfürsorge, denn Sie wissen: Je deutlicher Sie sagen, wie Sie sich fühlen, desto höher ist die Wahrscheinlichkeit, dass Partner und Freundinnen, Eltern und Kollegen auf Ihre Gefühle eingehen (können).

Sie stecken oder schlagen bei unsachlicher Kritik nicht zurück, sondern sprechen entweder Ihre Gefühle an oder die des Gegenübers: Sie sagen dem Dozenten, der Kollegin oder dem Partner, dass unsachliche Kritik Sie ärgert (verletzt oder enttäuscht) und Sie sich einen anderen Stil wünschen: „Ihr Ton ärgert mich. Bitte bleiben Sie sachlich." Oder Sie äußern die Vermutung, die unangemessene Kritik sei Ausdruck von Ärger: „Ich schließe aus Ihrem Ton, dass es Sie sehr ärgert, dass …"

→ Feedback, → Gefühle, → Ich-, Du-, Man-Botschaften, → Konflikte austragen, → Kritisieren und kritisiert werden, → Loben und gelobt werden, → Störungen anmelden.

6. Höflichkeit

Höflichkeit ist Ausdruck der Wertschätzung des Gegenübers. Höfliche Menschen bedenken die Wirkung dessen, was sie sagen, und stampfen nicht wie ein Elefant im Porzellanladen durch ihr Beziehungsleben. Deshalb berücksichtigen Sie vor allem bei kritischen Rückmeldungen den Ort und den Zeitpunkt Ihres Feedbacks. Sie belehren nicht und übernehmen mit Ich-Aussagen Verantwortung für Ihr Urteil: „*Mir* gefällt Dein neues Kleid nicht", und Sie begründen Ihre Meinung: „*Ich* finde, Du siehst darin etwas bieder aus."

Sie stellen Ihre Stärken sachbezogen statt ich-zentriert unter Beweis und äußern Meinungen deutlich als Meinungen und nicht als Tatsache. Das Schlüsselwort hierfür ist *ich.*

→ Feedback, → Höflichkeit, → Ich-, Du-, Man-Botschaften, → Schriftlich kommunizieren.

7. Ich-Aussagen treffen

Sie übernehmen Verantwortung für das, was Sie meinen und wünschen, für Ihre Wahrnehmungen und Gefühle, Ihre Reaktionen und Urteile. Das bringen Sie durch Ich-Aussagen zum Ausdruck. Wenn Sie auf das Verhalten anderer eingehen, dann …

1. beschreiben Sie es und fällen kein Urteil,
2. teilen Sie mit, welchen Eindruck dieses Verhalten auf Sie macht bzw. welche Gefühle es auslöst,
3. erläutern Sie, warum dieser Eindruck entsteht oder jenes Gefühl aufkommt, und
4. sagen Sie, was Sie von Ihrem Gegenüber erwarten, was Sie ihm raten.

Du- oder Sie-Aussagen machen Sie nur dann, wenn sie angebracht sind – und ohne Übertreibungen oder Urteile über die Person:

- „Sie haben mir 5 Prozent Rabatt zugesichert und nicht 3 Prozent!" (Statt: *Sie wollen mich wohl übers Ohr hauen!*)
- „Du bist eine halbe Stunde zu spät." (Statt: Du bist wieder einmal [schon wieder] unpünktlich.)
- „Du hast mehr als die Hälfte der Matheaufgaben nicht richtig gelöst." (Statt: *Du bist eine Niete in Mathe.*)

→ Feedback, → Gefühle, → Ich-, Du-, Man-Botschaften, → Konflikte austragen, → Kritisieren und kritisiert werden, → Störungen anmelden.

8. Kritisieren und loben

Für Kritik gilt das Plasberg-Motto: Sie darf *hart, aber* muss *fair* sein. Wertschätzende Kritik wird so formuliert, dass sie umkehrbar ist. Deshalb …

- vermeiden Sie Angriffe und Pauschalierungen,
- machen Sie deutlich, warum Sie kritisieren,
- übernehmen Sie Verantwortung für Ihre Reaktion,
- geben Sie Ihrem Gegenüber den notwendigen Raum, seine Sicht darzustellen.

Ziel Ihrer Kritik ist die Verbesserung einer Situation oder Beziehung, nicht die Verurteilung einer Person. Deshalb ist es Ihnen wichtig, die Ursachen von Störungen, Fehlern oder unzureichenden Leistungen zu klären und mit der oder dem Kritisierten nach Alternativen zu suchen. Auch aus diesem Grunde schließen Sie, wenn immer es situationsangemessen ist, positiv: Sie heben hervor, dass Sie an einem gedeihlichen Miteinander interessiert sind.

Sie kritisieren wertschätzend und Sie loben. Ihre Maxime: Ich geize nicht mit dem Seelenfutter Anerkennung und serviere es richtig. Sie loben immer dann, wenn jemand etwas gut, schön oder Ihnen eine persönliche Freude gemacht hat. Und Sie loben umkehrbar: Sie beschreiben konkret, was für Sie Anlass zum Lob ist und formulieren das Lob als Ich-Aussage, denn die Du-Aussage ohne Beschreibung ist nicht umkehrbar – zum Beispiel das Lob der Dozentin: „Gute Arbeit, Daniel". Umkehrbar ist folgendes Lob: „Ich fand Deine Hausarbeit sehr informativ, Daniel: Mich hat vor allem Dein präziser Theorienvergleich beeindruckt."

Wenn Sie gelobt werden, wehren Sie das Lob nicht, sondern freuen und bedanken sich. Sind Sie unsicher, wie das Lob gemeint ist, fragen Sie nach: „Was genau war toll?"

→ *Feedback*, → *Kritisieren und kritisiert werden*, → *Loben und gelobt werden.*

9. Positiv formulieren

Sie formulieren, wenn möglich und sinnvoll, positiv, um auf der Beziehungsebene keine Kritik zu signalisieren und abschätzige Formulierungen zu vermeiden. Sie sagen nicht, welches Verhalten unterbleiben soll („Jetzt kritisieren Sie doch nicht dauernd" – „Mach die Musik nicht so laut"), sondern was getan werden soll („Was schlagen Sie vor?" – „Mach die Musik bitte leiser").

Vor allem bei Teamarbeit stellen Sie nicht die Kritik, sondern das Ziel in den Vordergrund. Sie fragen: „Was ist notwendig, damit Du eine pfiffige Kampagne für einen Mensa-Veggieday entwickeln kannst?"

→ *Feedback*, → *Ich-, Du-, Man-Botschaften*, → *Konflikte austragen*, → *Kritisieren und kritisiert werden.*

10. Von Unwissenheit wissen. Mit Ratschlägen zurückhaltend sein

Sie wissen, dass Sie nicht wissen, was in anderen Menschen vorgeht. Sie können es allenfalls vermuten. Deshalb unterlassen Sie Zuschreibungen – zum Beispiel: *Dem geht es immer nur um ...* Oder: *Die will doch gar nicht ... Der ist ...* Oder: *Der fehlt ...* Vielmehr unterstellen Sie – sofern nicht Erfahrungen deutlich dagegen sprechen – gute Absichten, Eigenschaften und Motive.

Ihre Vermutungen versuchen Sie zu fundieren, indem Sie sich in die Lage Ihres Gegenübers versetzen: *Wie ginge es mir, wenn ...?* Oder: *Wie ging es mir, als mein Vater ...?* Oder Sie vergewissern sich durch eine Frage, ob Ihr Eindruck stimmt.

Weil Sie nicht wissen, was in anderen Menschen vorgeht, sind Sie zurückhaltend mit Ratschlägen. Denn Ratschläge können auch Schläge sein. Besonders dann, wenn sie die erste Reaktion sind. Deshalb stellen Sie, bevor Sie einen Ratschlag geben, sicher, dass Ihr Gegenüber einen Rat will.

Sie sind sehr zurückhaltend mit Ratschlägen oder Appellen, die auf eine Gefühlsänderung abzielen – eingeleitet mit: „Sei doch nicht so" oder „Du musst" bzw. „Du darfst nicht". Der Grund: Mit Appellen oder Ratschlägen und Empfehlungen schafft man weder Angst oder Sorge noch Unsicherheit oder Zweifel aus der Welt. Meist wissen die so Angesprochenen, was sie „müssten" oder „sollten". Dass sie sich das von einem Freund oder der Partnerin noch einmal anhören müssen, macht sie nur unglücklicher!

→ *Feedback,* → *Ich-, Du-, Man-Botschaften,* → *Kommunikation,* → *Verständnisorientierte Kommunikation.*

11. Situationsangemessen kommunizieren

Wir kommunizieren nicht im luftleeren Raum, sondern mit Menschen, die bestimmte Erwartungen und Erfahrungen haben – zum Beispiel an ihrem Geburtstag zunächst einen Glückwunsch erwarten, bevor etwas anderes angesprochen wird. Die Gratulation zum Geburtstag ist situationsangemessen.

Nicht situationsangemessen ist es, die Erwartungen des Gegenübers zu ignorieren und seine bzw. ihre *Situation, Rolle* und *Verfassung*. Deshalb vermeiden Sie es, einem Hartz-IV-Empfänger zu erzählen, Ihnen käme ein Wein unter 15 Euro nicht auf den Tisch. Deshalb überlegen Sie sehr genau, ob es Ihre Rolle zulässt, einem Dozenten von Ihren geheimen Wünschen oder Ihrem Doktorvater von den Gründen der Trennung von Ihrer Partnerin zu berichten.

Und Sie hören nicht nur auf die Sachaussage einer Mitteilung, sondern auch auf die Selbstauskunft und die Beziehungsseite – und bieten deshalb einer Partnerin oder einem Freund nicht vorschnell technische Hilfe an, wenn sie oder er sagt: „Ich fühle mich so hilflos, wenn ich mit meinem Smartphone nicht klarkomme.“ Sie reagieren vielmehr auf den ersten Teil des Satzes – zum Beispiel mit dem Hinweis, Sie könnten das gut nachvollziehen.

→ Bewerbung, → Höflichkeit, → Kommunikation, → Metakommunikation.

12. Wünschen

Sie manipulieren nicht, sondern lassen Ihre Mitmenschen unmissverständlich wissen, was Sie von ihnen wollen. Sie verstecken deshalb einen Wunsch nicht hinter einer scheinbar neutralen Aussage („Das ist Dein viertes Bier“), einer Frage („Hast Du heute Abend schon was vor?“) oder einem Ratschlag („Dir würden ein paar Tage an der Ostsee auch guttun“), sondern äußern Sie ihn freundlich und direkt: „Ich würde mich sehr freuen, wenn Du am Wochenende mit mir an die Ostsee fährst.“

Sie äußern Wünsche nicht als Norm oder Vorschrift, sondern als *Ihren* Wunsch: „Ich möchte, dass wir jetzt eine Entscheidung treffen – statt: „Irgendwann muss man sich einmal entscheiden“. Und Sie adressieren Ihre Wünsche: „Ich würde gerne wieder einmal *mit Dir* ganz groß ausgehen“ (statt: „Ich würde gerne wieder einmal ganz groß ausgehen“).

Last, but not least: Sie verbinden mit einem Wunsch nicht die Vorstellung, er müsse stets erfüllt werden.

→ Feedback, → Ich-, Du-, Man-Botschaften, → Konflikte austragen, → Kritisieren und kritisiert werden, → Störungen anmelden.

Literaturempfehlungen auf einen Blick

Kommunikation
Friedemann Schulz von Thun: Miteinander reden. Band 1, 2 und 3. Reinbek: Rowohlt (verschiedene Ausgaben und Auflagen)

Argumentieren
Markus Herrmann u. a.: Schlüsselkompetenz Argumentation. 2 Aufl. Paderborn: Schöningh 2012

Er und sie
Dagmar Kumbier: Sie sagt, er sagt. Kommunikationspsychologie für Partnerschaft, Familie und Beruf. 4. Aufl. Reinbek: Rowohlt 2013

Fragen
Bertolt Brecht: Me-ti. Buch der Wendungen. Frankfurt/Main Suhrkamp 2000

Gefühle
Marshall B. Rosenberg: Gewaltfreie Kommunikation. 4. Aufl. Paderborn: Junfermann 2003

Höflichkeit
Rainer Erlinger: Höflichkeit. Vom Wert einer wertlosen Tugend. Frankfurt/Main: S. Fischer 2016

Ich-, Du-, Man-Botschaften – Wünschen und bitten
Marshall B. Rosenberg: Gewaltfreie Kommunikation. 4. Aufl. Paderborn: Junfermann 2003

Konflikte austragen
Eberhard Stahl: Konfliktinszenierungen. In: Schulz von Thun, Friedemann; Kumbier, Dagmar (Hrsg.): Impulse für Kommunikation im Alltag. Kommunikationspsychologische Miniaturen 3. Aufl. Reinbek: Rowohlt 2010, S. 40-62

Metakommunikation
Paul Watzlawick, Janet H. Beavin, Don D Jackson: Menschliche Kommunikation. 12. Aufl. Bern: Huber 2011

Moderation
Martin Hartmann, Michael Rieger, Rüdiger Funk: Zielgerichtet moderieren. 6. Aufl. Weinheim und Basel: Beltz 2012

Nein sagen
Martin Wehrle: Sei einzig, nicht artig! 3. Aufl. München: Mosaik Verl. 2015

Präsentieren
Martin Hartmann, Rüdiger Funk, Horst Nietmann: Präsentieren. 10. Aufl. Weinheim und Basel: Beltz 2018

Schriftlich kommunizieren
Norbert Franck: Schreiben wie ein Profi. 5. Aufl. Frankfurt/Main: Bund-Verlag 2011

Small Talk

Tilman Spengler: Sind Sie öfter hier? Von der Kunst, ein kluges Gespräch zu führen. 3. Aufl. Berlin: Ullstein 2009

Störungen anmelden

Ruth Cohn: Von der Psychoanalyse zur Themenzentrierten Interaktion. 15. Aufl. Stuttgart: Klett-Cotta 2013

Verständnisorientierte Kommunikation

Friedemann Schulz von Thun: Verstehen – Verständnis – Einverständnis. In: Ders., Dagmar Kumbier (Hrsg.): Impulse für Kommunikation im Alltag. Kommunikationspsychologische Miniaturen 3. Aufl. Reinbek: Rowohlt 2010, S. 13-39

Literatur[30]

Belz, Nina: „Hi, Prof, wann schreiben wir Klausur?“ Interview mit Martin Gutzeit. FAS, 25. Mai 2011.

Becker, Ruth, Kortendiek, Beate (Hrsg.): Handbuch Frauen- und Geschlechterforschung. Theorie, Methoden, Empirie. 3. Aufl. Wiesbaden 2010

Berg, Matthias: Kauf mich! Die Zeit. Nr. 2, 3. Januar 2013, S. 59

Cohn, Ruth: Von der Psychoanalyse zur Themenzentrierten Interaktion. Stuttgart 1975 (15. Aufl. 2013)

Dämon, Kerstin: Ja-Sager leben gefährlich. Sagen Sie endlich Nein! Wirtschaftswoche, 29. August 2014

Depenbrock, Moritz: Konservativ und sorgenvoll. Studentinnen denken noch immer ganz anders als Studenten. Die Zeit Nr. 33 vom 4. August 2016, S. 59

Deutsche Telekom AG (Hrsg.): eEtiquette. 101 Leitlinien für die digitale Welt. Bonn 2010

Erlinger, Rainer: Höflichkeit. Vom Wert einer wertlosen Tugend. Frankfurt/Main 2016

Fisher, Roger; Ury, William; Patton Bruce: Das Harvard-Konzept. Sachgerecht verhandeln – erfolgreich verhandeln. 25. Aufl. Frankfurt/Main 2015

Franck, Norbert: Handbuch Wissenschaftliches Schreiben. Paderborn 2019

Franck, Norbert: Karriereführer für Referenten. Frankfurt/Main, New York 2019A

Frauensprache, Männersprache. Interview mit Helmut Ebert. Süddeutsche Zeitung.de 17.5.2010. sz.de/1.494644

Gillich, Valentin: Elektronisch – praktisch – gut. In: Spektrum der Wissenschaft. Gehirn und Geist Ratgeber Kommunikation und Rhetorik. 2014, S. 16-22

Groebner, Valentin: Wissenschaftssprache digital. Die Zukunft von gestern. Konstanz 2014

Haberl, Tobias: Es geht nicht um Einsamkeit, es geht um Distanz. Interview mit Ferdinand von Schirach. Süddeutsche Zeitung Magazin H. 17, 2014, S. 17-22

Hartmann, Martin; Funk, Rüdiger; Nietmann, Horst: Präsentieren. 9. Aufl. Weinheim und Basel 2012

Hartmann, Martin; Rieger, Michael; Pajok, Brigitte: Zielgerichtet moderieren. Weinheim und Basel 1997 (6. Aufl. 2012)

Herrmann, Sebastian: Zeig dich. Süddeutsche Zeitung Nr. 182 vom 9.8.2018, S. 16

Höfle, Peter: Kommunikation. In: 100 Wörter des 20. Jahrhunderts. Frankfurt/Main 1999, S. 158-160

Kemper, Gertrud; Naughton Carl: Rettungsschwimmer in der Folienflut. In: Spektrum der Wissenschaft. Gehirn und Geist Ratgeber Kommunikation und Rhetorik. 2014, S. 24-30

Kumbier, Dagmar: Sie sagt, er sagt. Kommunikationspsychologie für Partnerschaft, Familie und Beruf. 4. Aufl. Reinbek 2013

Kumbier, Dagmar: „Ich hoffe, ich habe dich nicht ...!?“ Zu Risiken und Nebenwirkungen von Metakommunikation. In: Schulz von Thun, Friedemann; Kumbier, Dagmar (Hrsg.): Impulse für Kommunikation im Alltag. Kommunikationspsychologische Miniaturen 3. Aufl. Reinbek 2010, S. 234-251

Kutter, Inge: E-Mails von Studenten: Hallöchen, Herr Professor. Die Zeit vom 15. November 2012. www.zeit.de/2012/47/Professoren-Studenten-Korrespondenz

Lobin, Henning; Nübling, Damaris: Genus, Sexus, Nexus. Süddeutsche Zeitung Nr. 128 vom 7.6.2018, S. 11

Loriot: Männer und Frauen passen einfach nicht zueinander. 13. Aufl. Zürich 2006

30 Bei Standardwerken gebe ich neben der Ausgabe, aus der ich zitiert habe, ergänzend die neuste Auflage an. Alle Links wurden am 1.3.2019 überprüft.

Mehrabian, Albert: Silent Messages. Implicit Communication of Emotions and Attitudes. 2. Auflage. Belmont 1971
Oheim, Gertrud: Einmaleins des guten Tons. 37. Aufl. Gütersloh 1962
Pinker, Steven: The Sense of Style. London 2015
Pinker, Steven: Der Stoff, aus dem das Denken ist. Was die Sprache über unsere Natur verrät. Frankfurt/Main 2014
Reichstetter, Louisa: Frauen in der Wissenschaft. Stand der Forschung. Die Zeit Nr. 14 vom 28.3.2018
Rogers, Carl R.: Entwicklung der Persönlichkeit. Stuttgart 1973 (19. Aufl. 2014)
Rosenberg, Marshall B.: Gewaltfreie Kommunikation. 4. Aufl. Paderborn 2003
Rothhaas, Julia: Sorry! Süddeutsche Zeitung Nr. 251 vom 29./30.10.2016, S. 49. sz.de/1.3226251
Schoener, Johanna: Zu platt für den Aufstand. Die Zeit Nr. 34 vom 11.8.2016
Schöneck, Angela: Halte dich schön. Brigitte Woman H. 3, 2016, S. 20-21
Schmid, Wilhelm: Mit sich selbst befreundet sein. Von der Lebenskunst im Umgang mit sich selbst. Frankfurt/Main 2007
Schulz von Thun, Friedemann: Mehr oder minder authentisch. In: Praxis Kommunikation H. 6, 2015, S. 10-13
Schulz von Thun, Friedemann: Miteinander reden: Fragen und Antworten. 4. Aufl. Reinbek 2012
Schulz von Thun, Friedemann: Verstehen – Verständnis – Einverständnis. In: Schulz von Thun, Friedemann; Kumbier, Dagmar (Hrsg.): Impulse für Kommunikation im Alltag. Kommunikationspsychologische Miniaturen 3. Aufl. Reinbek 2010, S. 13-39
Schulz von Thun, Friedemann: Miteinander reden: Störungen und Klärungen. Psychologie der zwischenmenschlichen Kommunikation. Reinbek 1988 (51. Aufl. 2014 = Miteinander reden 1)
Schulz von Thun, Friedemann; Zach, Kathrin; Zoller, Karen: Miteinander reden von A bis Z. Lexikon der Kommunikationspsychologie. Reinbek 2012
Spengler, Tilman: Sind Sie öfter hier? Von der Kunst, ein kluges Gespräch zu führen. 3. Aufl. Berlin 2009
Stahl, Eberhard: Konfliktinszenierungen. In: Schulz von Thun, Friedemann; Kumbier, Dagmar (Hrsg.): Impulse für Kommunikation im Alltag. Kommunikationspsychologische Miniaturen 3. Aufl. Reinbek 2010, S. 40-62
Tannen, Deborah: Du kannst mich einfach nicht verstehen. Warum Frauen und Männer aneinander vorbeireden. Frankfurt/Main 1991 (München 2012)
Tendrjakow, Wladimir: Mondfinsternis. Frankfurt/Main 1981
Topf, Cornelia: Die Kunst des kleinen Gesprächs. pressesprecher H. 7, 2012, S. 50-52
Tucholsky, Kurt: Gesammelte Werke. Hrsg. von Mary Gerold-Tucholsky und Fritz J. Raddatz. Reinbek 1993
Ury, William: Nein sagen und trotzdem erfolgreich verhandeln. Frankfurt/Main 2009
Vertrieb: www.xing.com/net/vertrieb/verkaufs-vertriebs-methoden-58/so-geht-s-www-salesfirst-de-100-mio-ae-bei-21-kunden-und-135-verkaufern-in-2004-336345/
Watzlawick, Paul: Anleitung zum Unglücklichsein. München 1983 (19. Aufl. 2011)
Watzlawick, Paul; Beavin, Janet H.; Jackson Don D.: Menschliche Kommunikation. 9. Aufl. Bern 1996 (12. Aufl. 2011)
Wehrle, Martin: PowerPoint-Präsentation. Die Zeit. Nr. 8 vom 17.2.2011